WPS Office 高效办公入门与应用（微课版）

文杰书院◎编著

清華大学出版社
北京

内 容 简 介

WPS致力于打造一个集协作工作空间、开放平台、云服务于一体的办公环境，迎合云办公的现代化办公需求，因此受到了众多用户的喜爱。WPS Office可以实现日常办公中常用的文字、表格、演示等多种功能。本书从实际工作应用出发，以 WPS软件为平台，全面系统地讲解文字、表格、演示文稿等组件的应用技巧。本书从办公人员的工作需求出发，结合大量典型案例，以帮助读者轻松、高效地完成办公任务。本书的特点是不仅指导读者"会用" WPS Office软件，而且教会读者如何"用好"WPS Office软件，以达到高效办公的目的。本书以案例应用的形式进行内容的编排，非常适合读者阅读与查询使用，是一本不可多得的办公速查工具书。

本书既适合零基础并想快速掌握WPS的办公室小白、刚毕业或即将毕业的学生自学使用，又可以作为大/中专院校、计算机培训班或者企业的培训教材。对于经常使用WPS进行办公，但又缺乏实战应用经验和技巧的读者特别有帮助。

图书在版编目（CIP）数据

WPS Office高效办公入门与应用：微课版 / 文杰书院编著. —北京：清华大学出版社，2022.10
（微课堂学电脑）
ISBN 978-7-302-61827-0

Ⅰ. ①W… Ⅱ. ①文… Ⅲ. ①办公自动化—应用软件 Ⅳ. ①TP317.1

中国版本图书馆CIP数据核字(2022)第169289号

责任编辑：魏 莹
封面设计：李 坤
责任校对：李玉茹
责任印制：宋 林
出版发行：清华大学出版社
网 址：http://www.tup.com.cn, http://www.wqbook.com
地 址：北京清华大学学研大厦A座 **邮 编：**100084
社 总 机：010-83470000 **邮 购：**010-62786544
投稿与读者服务：010-62776969, c-service@tup.tsinghua.edu.cn
质量反馈：010-62772015, zhiliang@tup.tsinghua.edu.cn
印 装 者：三河市君旺印务有限公司
经 销：全国新华书店
开 本：187mm × 250mm **印 张：**13.25 **字 数：**289千字
版 次：2022年10月第1版 **印 次：**2022年10月第1次印刷
定 价：79.00元

产品编号：096722-01

前言

preface

WPS Office是由金山软件股份有限公司出品的一款办公软件套装，可以实现文档、表格、演示文稿等文件的制作，由于简单易用、内存占用少、运行速度快、体积小巧、有强大的插件平台支持、免费提供在线存储空间及文档模板等突出优点，受到许多办公人员的青睐，在企事业单位中的应用较为广泛。

一、从本书能学到什么

在创作本书之前我们做了大量调研，通过整理各渠道反馈回来的信息，获悉职场人士最渴望掌握的是办公软件的操作技巧。目前，市面上关于Office的各类参考书鱼龙混杂，经过深思熟虑后，我们决定创作本书，为越来越多的WPS用户提供操作支持和帮助。本书针对初级和中级读者的学习特点，注重理论知识与实际的结合，每章内容都从实际案例出发，循序渐进地对WPS文档、WPS表格以及WPS演示的操作方法和疑难问题进行详细阐述。本书的主要内容包括以下三大方面。

1. WPS 文字篇

第1～4章介绍了WPS文字的创建、保存、编辑、排版、各种元素的应用、审阅、共享及保护等操作。

2. WPS 表格篇

第5～7章全面介绍了WPS表格的创建与编辑、数据的输入技巧、表格的处理、数据的常规分析和高级分析、公式与函数的应用、图表的创建和编辑等操作。

3. WPS 演示篇

第8～10章全面介绍了WPS演示的基本操作、母版的设计、各类元素的选择及应用、动画及页面切换效果的设计、幻灯片的放映和输出等操作。

二、如何获取本书的学习资源

为帮助读者高效、快捷地学习本书知识点，我们不但为读者准备了与本书知识点有关的配套素材文件，而且还设计并制作了精品短视频教学课程，同时还为教师准备了PPT课件资源。

读者在学习本书的过程中，可以使用微信的扫一扫功能，扫描本书“课堂范例”标题左下角的二维码，在打开的视频播放页面中在线观看视频课程；也可以扫描下方二维码，下载文件“读者服务.docx”，获得本书的配套学习素材、作者官方网站链接、微信公众号和读者 QQ 群服务等。

读者服务

本书由文杰书院组织编写，参与本书编写工作的有李军、袁帅、文雪、李强、高桂华等。我们真切希望读者在阅读本书之后，可以开阔视野，增长实践操作技能，并从中学习和总结操作的经验和规律，提高灵活运用的水平。鉴于编者水平有限，书中纰漏和考虑不周之处在所难免，热忱欢迎读者予以批评、指正，以便我们日后能为您编写更好的图书。

编　者

目录

contents

第 1 章

输入与编排办公文档

- 输入与编辑文档内容
- 编排文字和段落格式
- 调整文档页面纸张类型
- 设计页眉和页脚
- 审阅文档

本章主要介绍了输入与编辑文档内容、编排文字和段落格式、调整文档页面纸张类型、设计页眉页脚和审阅文档方面的知识与技巧，在本章的最后还针对实际的工作需求，讲解了排版酒水销售合同的方法。通过本章的学习，读者可以掌握输入与编排办公文档方面的知识，为深入学习WPS知识奠定基础。

1.1 输入与编辑文档内容

WPS 是我国自主知识产权的民族软件代表，自 1988 年诞生以来，WPS Office 产品不断变革、创新和拓展，现已在诸多行业和领域超越了同类产品。本节将详细介绍使用 WPS 2019 创建与保存文档的相关知识。

1.1.1 新建文字文档

新建与保存空白文字文档是最基本的创建文档的方法。下面详细介绍在 WPS Office 中创建空白文字文档的方法。

操作步骤 Step by Step

第 1 步 启动 WPS Office，选择【新建】选项卡，如图 1-1 所示。

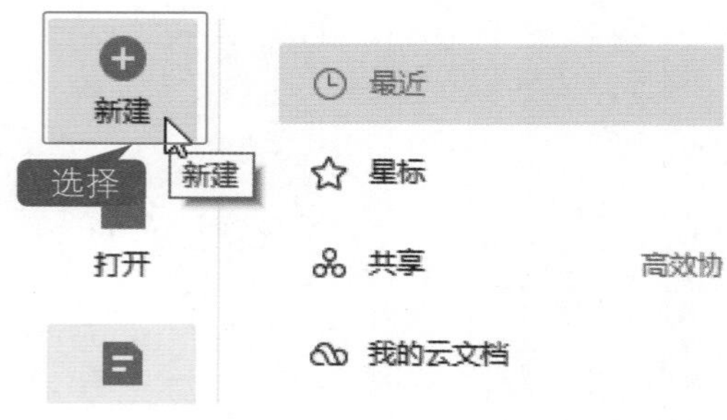

图 1-1

第 2 步 打开【新建】界面，❶选择【新建文字】选项卡，❷单击【新建空白文字】模板，如图 1-2 所示。

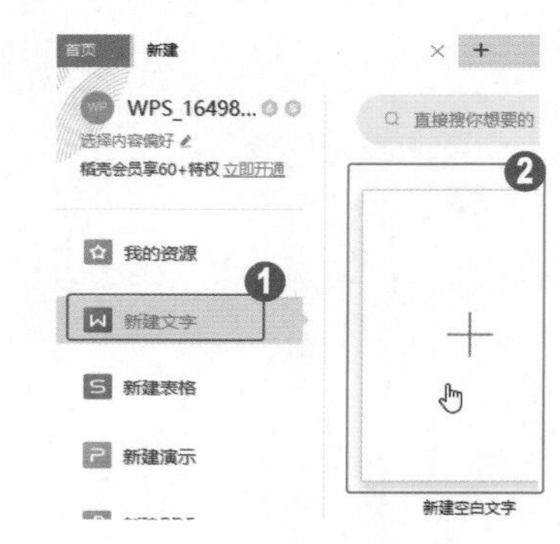

图 1-2

第 3 步 此时，便完成建立空白文字文档的操作，如图 1-3 所示。

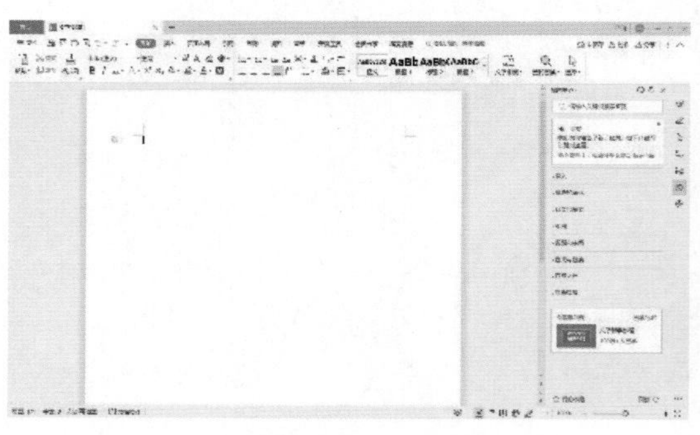

图 1-3

知识拓展：其他创建文档方式

启动 WPS Office 后，除了可以选择【新建】选项卡来创建文档外，按 Ctrl+N 组合键，也可以直接进入【新建】界面。

1.1.2 快速输入中文与英文

创建文档后，需要对文档进行编辑。在任何一个文档中，文本内容是必不可少的。下面介绍如何在 WPS 文字文档中输入中文与英文。

操作步骤 Step by Step

第 1 步 新建空白文字文档，在光标闪烁处按住 Shift 键可输入大写英文字母，如图 1-4 所示。

图 1-4

第 2 步 按空格键完成输入，继续输入中文文字，如图 1-5 所示。

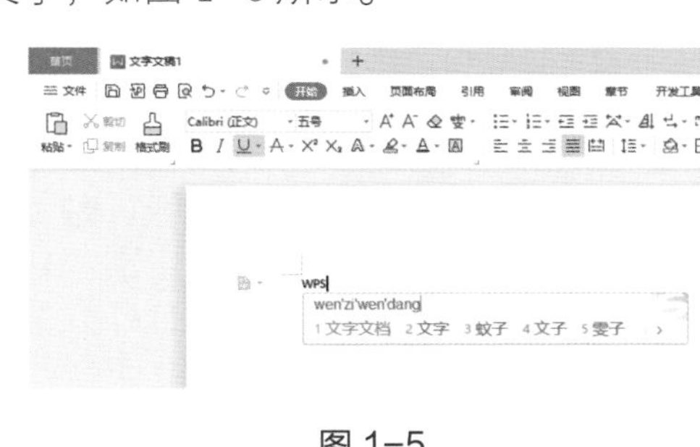

图 1-5

第 3 步 此时，便完成快速输入中文与英文的操作，如图 1-6 所示。

图 1-6

■ 指点迷津

选中“WPS”大写英文，按 Shift+F3 组合键，可将其改为“wps”小写英文。

1.1.3 输入特殊符号

用户在编辑文档的过程中，通常会遇到一些通过键盘无法输入的特殊字符。下面详细介绍输入特殊符号的方法。

操作步骤 Step by Step

第 1 步 打开文档，❶选择【插入】选项卡，❷单击【符号】下拉按钮，❸在下拉菜单中选择【其他符号】命令，如图 1-7 所示。

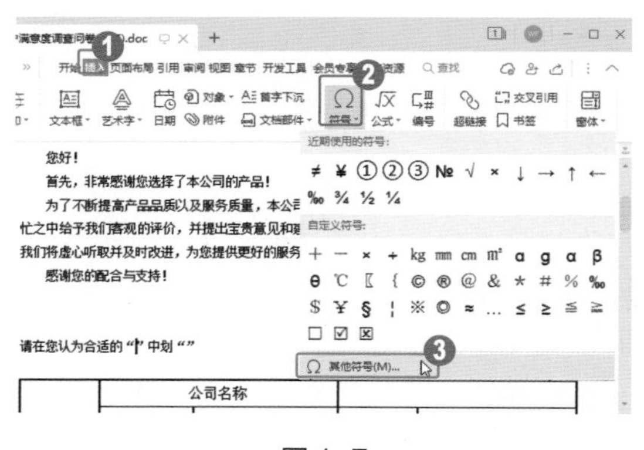

图 1-7

第 2 步 弹出【符号】对话框，❶在【子集】下拉列表框中选择【几何图形符】选项，❷选中准备插入的符号，❸单击【插入到符号栏】按钮，如图 1-8 所示。

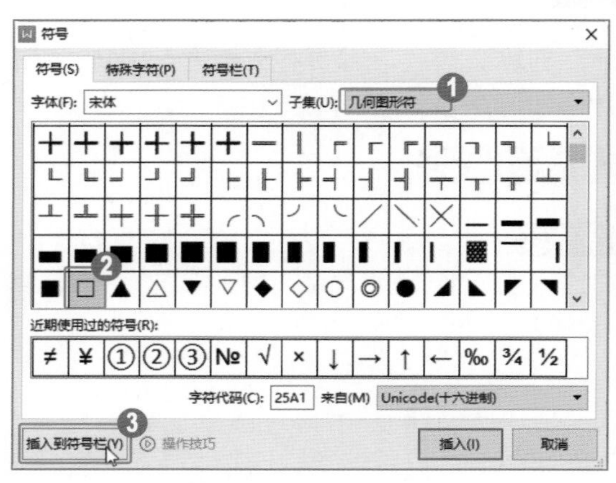

图 1-8

第 3 步 ❶选择【符号栏】选项卡，❷选中刚刚插入的符号，❸在【快捷键】文本框中定位光标，按键盘上的 F2 键，即可为该符号设置快捷键，❹单击【关闭】按钮，如图 1-9 所示。

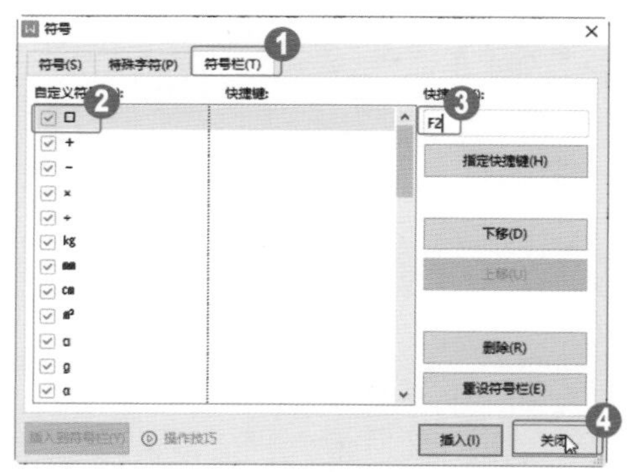

图 1-9

第 4 步 在光标定位处按 F2 键，即可插入特殊符号，使用相同的方法可以插入其他符号，如图 1-10 所示。

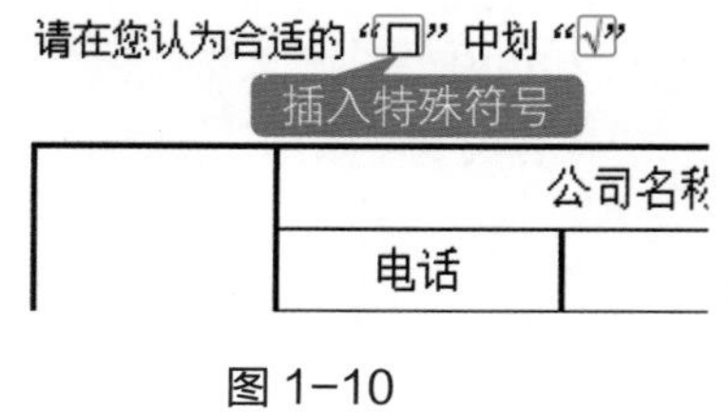

图 1-10

1.1.4 输入当前日期和时间

如果需要输入当前日期和时间，用户可以使用 WPS 自带的插入日期与时间功能。下面详细介绍输入当前日期和时间的方法。

操作步骤

Step by Step

第 1 步 新建空白文字文档，❶选择【插入】选项卡，❷单击【日期】按钮，如图 1-11 所示。

图 1-11

第 3 步 返回到文档中，可以看到已经插入了当前日期，再次单击【日期】按钮，如图 1-13 所示。

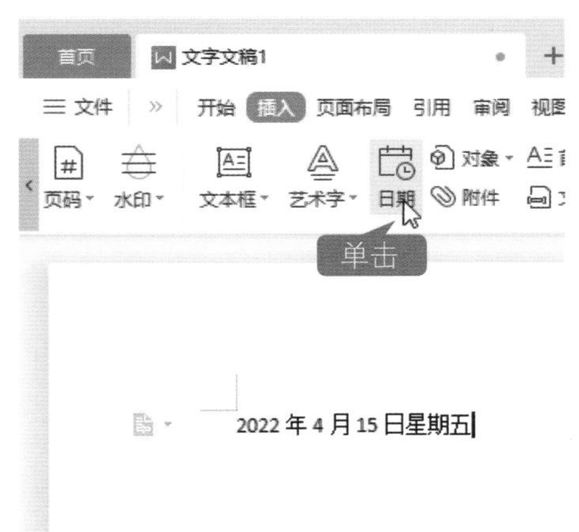

图 1-13

第 5 步 返回到文档中，可以看到已经插入了当前的日期和时间，如图 1-15 所示。

第 2 步 弹出【日期和时间】对话框，❶在【可用格式】列表框中选择一种日期格式，❷单击【确定】按钮，如图 1-12 所示。

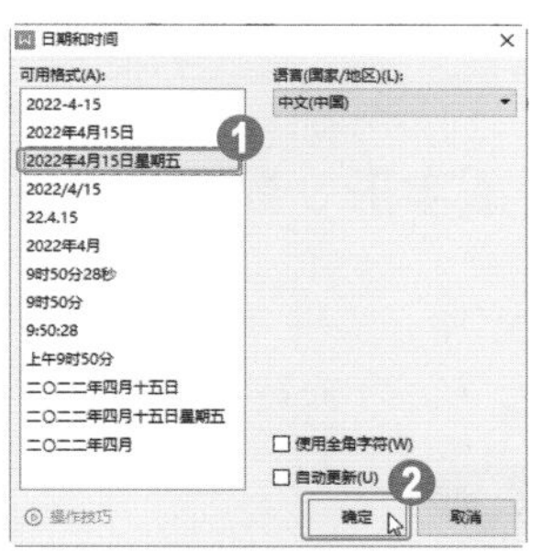

图 1-12

第 4 步 弹出【日期和时间】对话框，❶在【可用格式】列表框中选择一种时间格式，❷单击【确定】按钮，如图 1-14 所示。

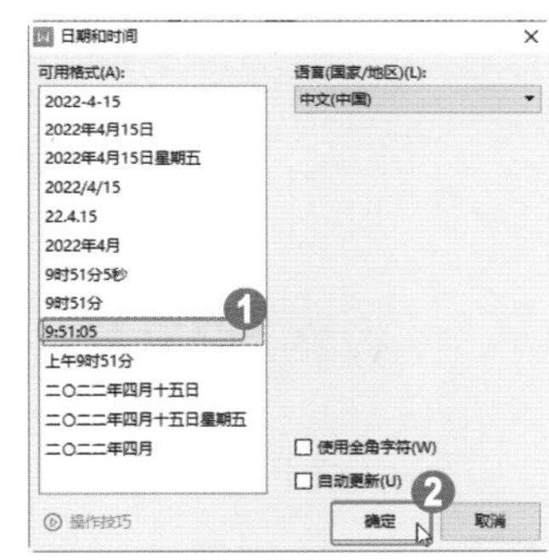

图 1-14

图 1-15

1.2 编排文字和段落格式

文本格式编排决定字符在屏幕上和打印时的显示形式。在输入所有内容之后，用户即可设置文档中的字体格式，并给字体添加效果，从而使文档看起来层次分明、结构工整。本节将详细介绍设置文字格式的操作方法。

1.2.1 设置字形、颜色和字符间距

WPS 提供了多种字体格式供用户对文本进行设置。下面详细介绍如何对文本的字体、字号、颜色、字体效果等进行设置。

操作步骤 Step by Step

第 1 步 选中文字，❶在【开始】选项卡中单击【字号】下拉按钮，❷选择一种字号，如图 1-16 所示。

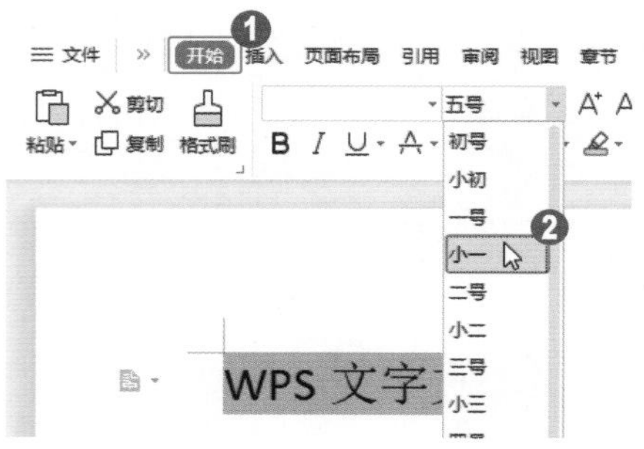

图 1-16

第 2 步 ❶单击【字体】下拉按钮，❷选择一种字体，如图 1-17 所示。

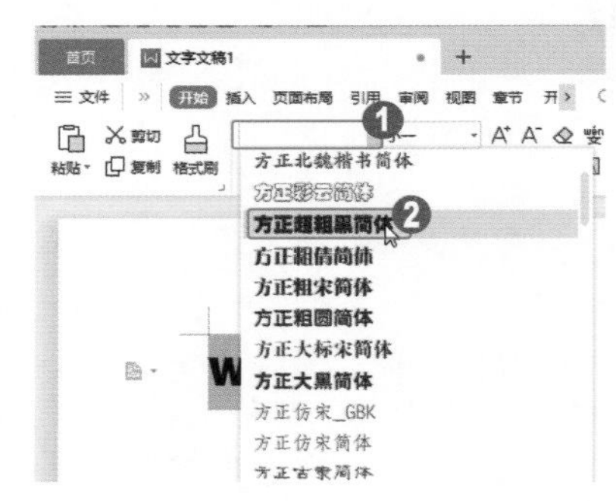

图 1-17

第 3 步 ❶单击【字体颜色】下拉按钮，❷选择一种颜色，如图 1-18 所示。

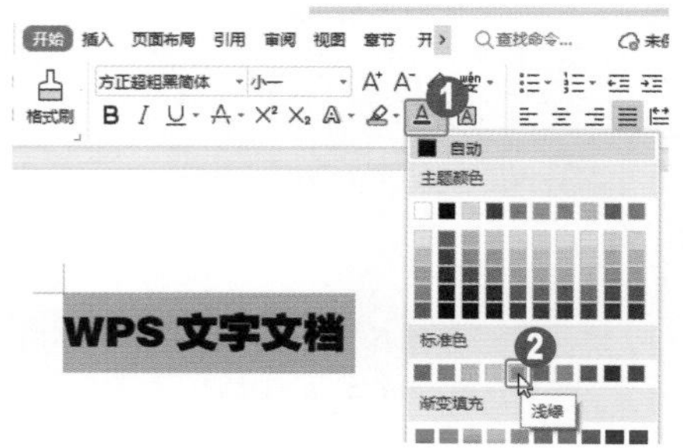

图 1-18

第 4 步 单击【字体启动器】按钮，如图 1-19 所示。

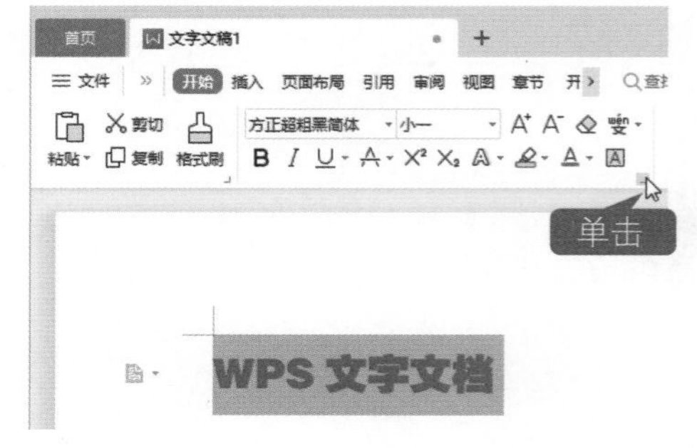

图 1-19

第 5 步 弹出【字体】对话框，❶选择【字符间距】选项卡，❷单击【间距】下拉按钮，选择【加宽】选项，❸在后面的【值】微调框中输入数值，❹单击【确定】按钮，如图 1–20 所示。

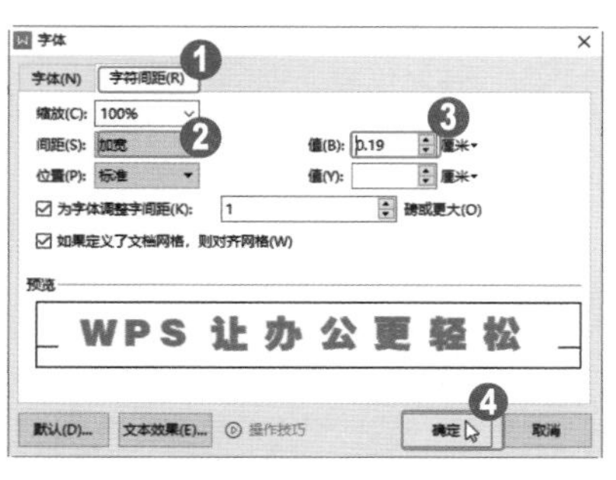

图 1–20

第 6 步 返回到文档中，可以看到文本的字体、字号、颜色以及字符间距都发生了变化，如图 1–21 所示。

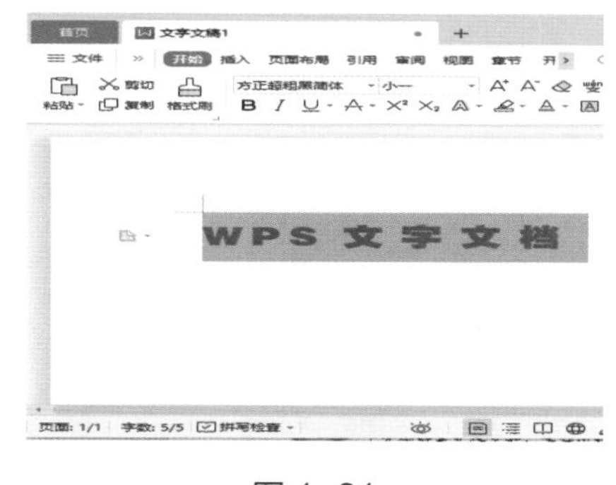

图 1–21

1.2.2 设置段落缩进、间距和对齐方式

设置段落缩进可以使文本变得工整，从而清晰地表现文本层次；而段落的对齐方式共有 5 种，分别为文本左对齐、居中对齐、右对齐、两端对齐和分散对齐。下面详细介绍设置段落缩进、间距和对齐方式的方法。

操作步骤 Step by Step

第 1 步 ❶选中第 1 行标题，❷在【开始】选项卡中单击【居中对齐】按钮，如图 1–22 所示。

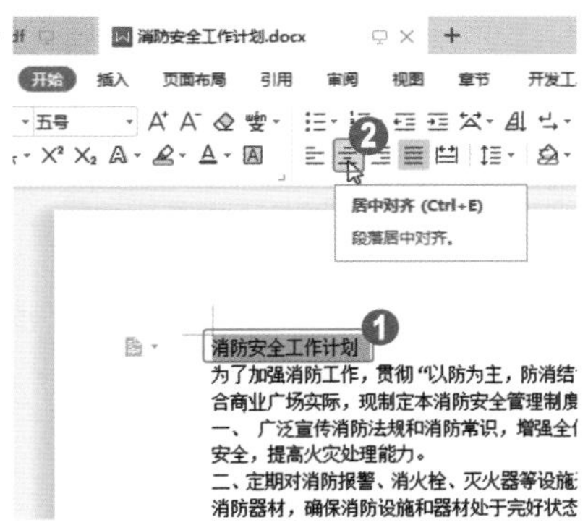

图 1–22

第 2 步 选中第 2 段文本，在【开始】选项卡中单击【段落启动器】按钮，如图 1–23 所示。

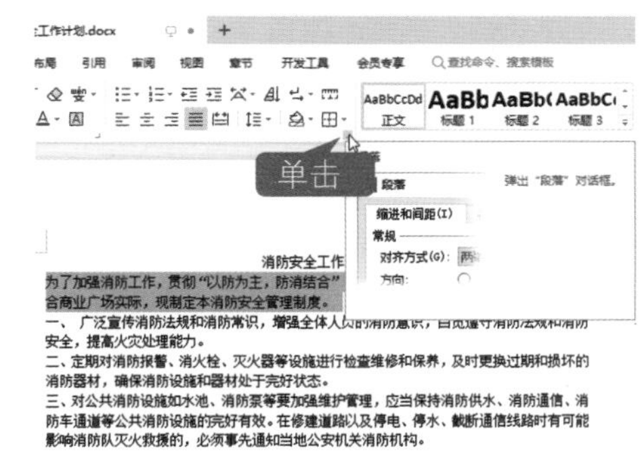

图 1–23

第 3 步 弹出【段落】对话框，❶在【缩进和间距】选项卡中单击【特殊格式】下拉按钮，选择【首行缩进】选项，❷在【间距】区域设置【段前】【段后】【行距】等选项参数，❸单击【确定】按钮，如图 1-24 所示。

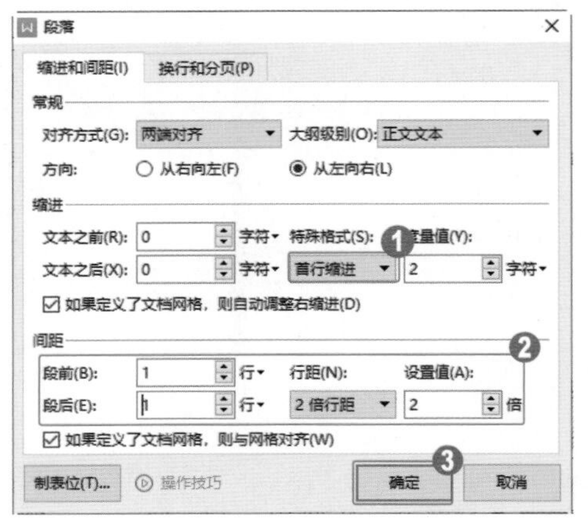

图 1-24

第 4 步 返回到文档中，可以看到标题居中对齐显示，选中段落的缩进、间距、行距也都发生了改变，如图 1-25 所示。

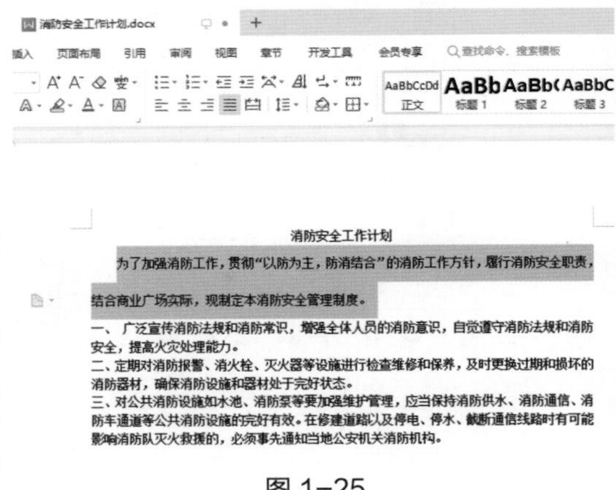

图 1-25

1.2.3 课堂范例——排版面试通知书

通知是用来发布法规、规章，转发上级机关、同级机关和不相隶属机关的公文，批转下级机关的公文，要求下级机关办理某项事务等。本范例将介绍排版面试通知书的方法。

<< 扫码获取配套视频课程，本节视频课程播放时长约为 42 秒。

配套素材路径：配套素材/第1章

素材文件名称：面试通知书.docx

操作步骤

Step by Step

第 1 步 打开素材，选中第 1 行标题，❶在【开始】选项卡中单击【字号】下拉按钮，❷选择一种字号，如图 1-26 所示。

第 2 步 ❶单击【字体】下拉按钮，❷选择一种字体，如图 1-27 所示。

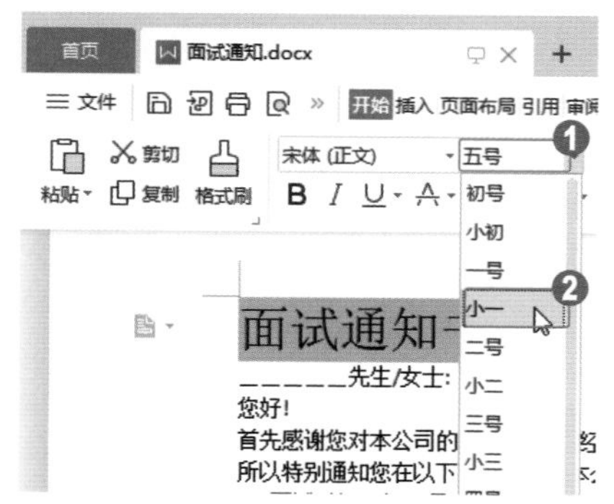

图 1-26

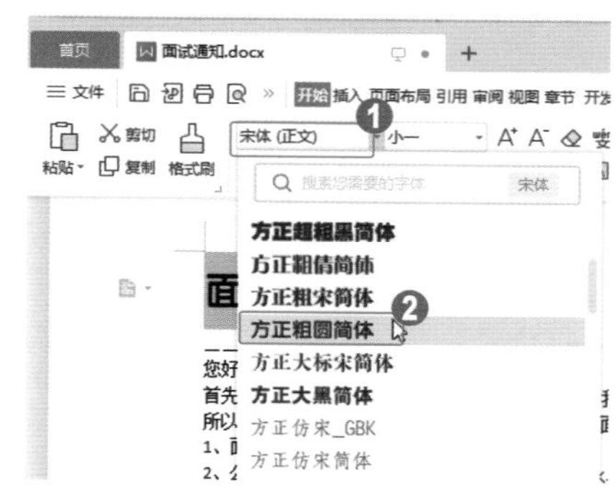

图 1-27

第 3 步 单击【居中对齐】按钮，如图 1-28 所示。

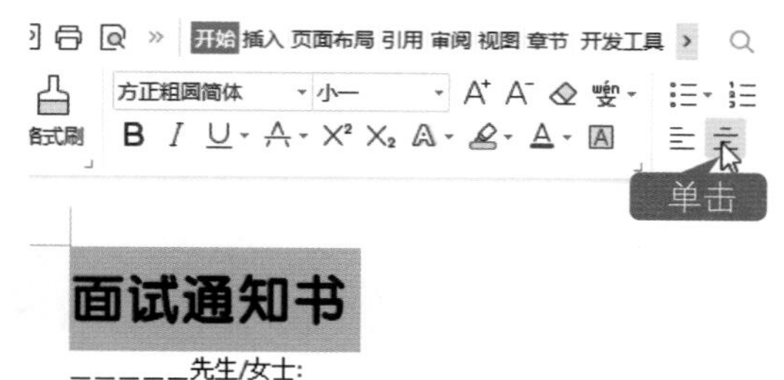

图 1-28

第 4 步 选中段落，在【开始】选项卡中单击【段落启动器】按钮，如图 1-29 所示。

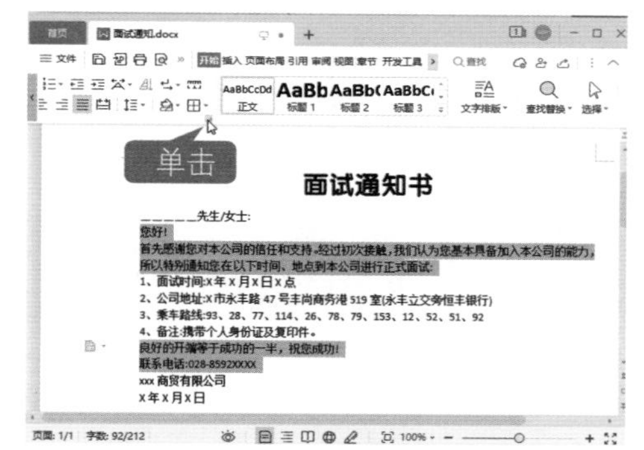

图 1-29

第 5 步 弹出【段落】对话框，❶在【缩进和间距】选项卡中单击【特殊格式】下拉按钮，选择【首行缩进】选项，❷设置【度量值】微调框参数为 2，❸单击【确定】按钮，如图 1-30 所示。

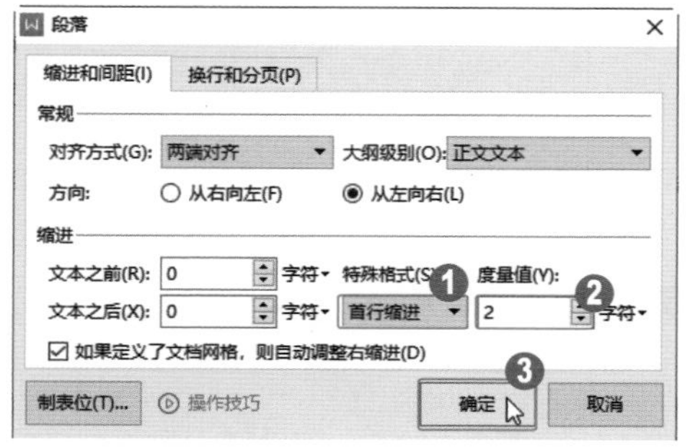

图 1-30

第 6 步 选中段落，在【开始】选项卡中单击【段落启动器】按钮，如图 1-31 所示。

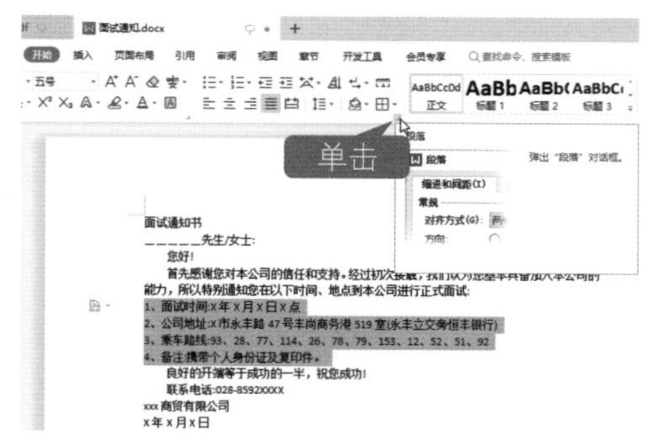

图 1-31

第 7 步 弹出【段落】对话框，❶在【缩进和间距】选项卡中单击【特殊格式】下拉按钮，选择【首行缩进】选项，❷设置【度量值】微调框参数为 3，❸单击【确定】按钮，如图 1-32 所示。

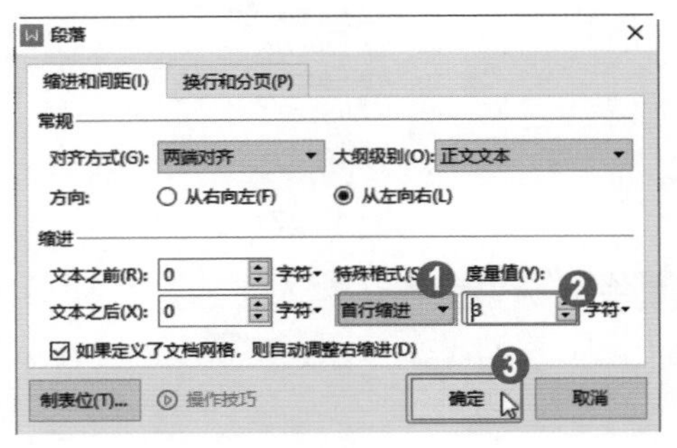

图 1-32

第 8 步 选中段落，单击【右对齐】按钮，如图 1-33 所示。

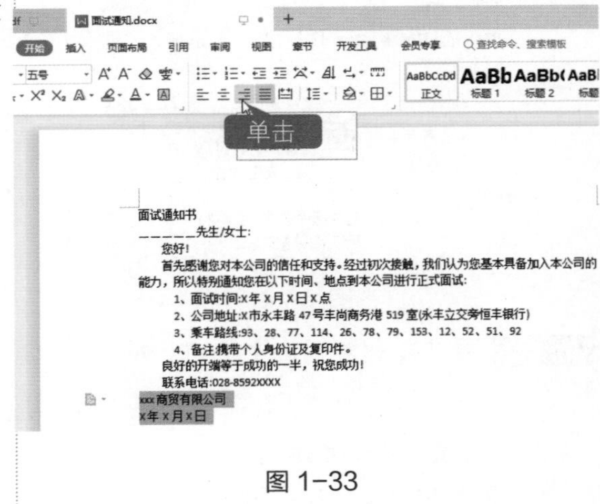

图 1-33

1.3 调整文档页面纸张类型

新建一个文档后，用户可以根据需要对文档的页面大小、页边距、显示方向等进行设置，还可以为文档添加水印、设置页面和边框效果，这些效果在文档打印时都会显示在纸张上，使文档看起来更加美观。

1.3.1 设置页面大小

WPS 文档默认的纸张尺寸为 A4 大小，用户也可以根据需要将纸张设置成其他尺寸，下面介绍其操作方法。

操作步骤 Step by Step

第 1 步 新建空白文档，❶选择【页面布局】选项卡，❷单击【纸张大小】下拉按钮，❸选择一个选项，如图 1-34 所示。

第 2 步 可以看到文档的宽度和高度都发生了变化，如图 1-35 所示。

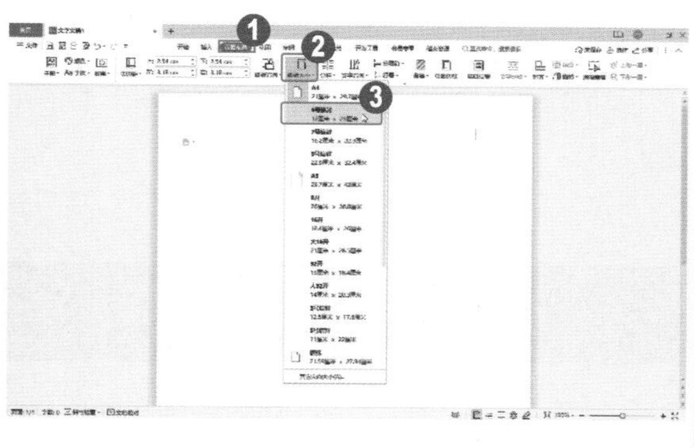

图 1-34

图 1-35

1.3.2 调整页边距

有时出于装订和美观的需要，用户可以调整文档的页边距。下面详细介绍调整文档页边距的操作方法。

操作步骤 Step by Step

第 1 步 新建空白文档，❶选择【页面布局】选项卡，❷单击【页边距】下拉按钮，❸在菜单中选择一个命令，如果没有满意的边距值，可以选择【自定义页边距】命令，如图 1-36 所示。

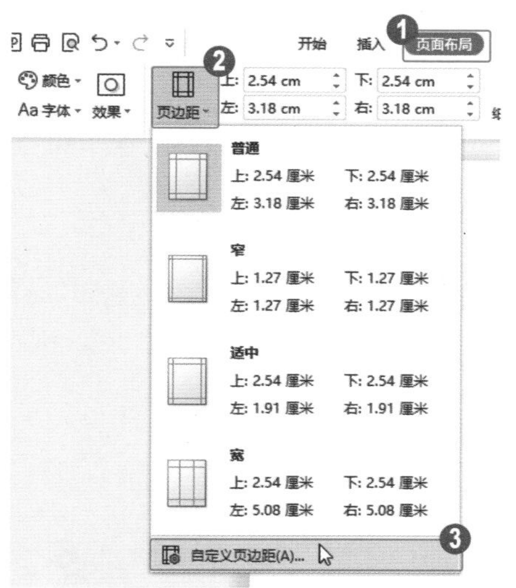

图 1-36

第 2 步 弹出【页面设置】对话框，❶在【页边距】选项卡的【上】【下】【左】【右】微调框中输入数值，❷单击【确定】按钮即可完成自定义页边距的操作，如图 1-37 所示。

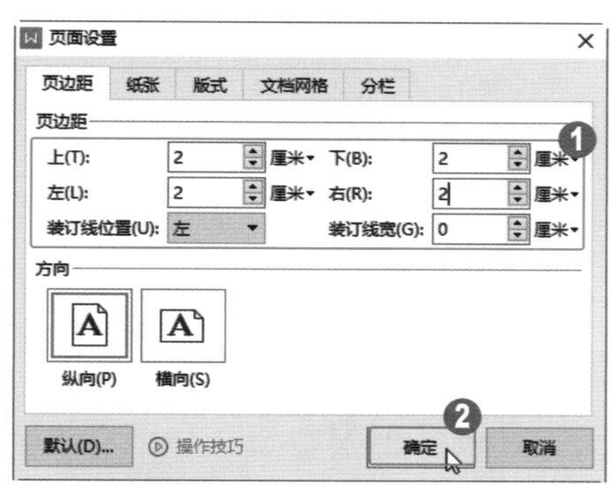

图 1-37

专家解读

用户还可以直接在【页面布局】选项卡【页边距】下拉按钮右侧的微调框中输入【上】【下】【左】【右】页边距的值。

1.4 设计页眉和页脚

页眉是每个页面页边距的顶部区域，页脚是页边距的底部区域。对页眉和页脚进行编辑，可起到美化文档的作用。本节将介绍设计页眉和页脚的操作方法。

1.4.1 在页眉中插入 Logo

为了使制作的文档看起来更加专业、正规，需要为其在页眉中添加 Logo，下面介绍在页眉中添加 Logo 的方法。

操作步骤 Step by Step

第 1 步 新建文档，❶选择【插入】选项卡，❷单击【页眉页脚】按钮，如图 1-38 所示。

图 1-38

第 2 步 页眉和页脚处于编辑状态，❶在【页眉页脚】选项卡中单击【图片】下拉按钮，❷单击【本地图片】按钮，如图 1-39 所示。

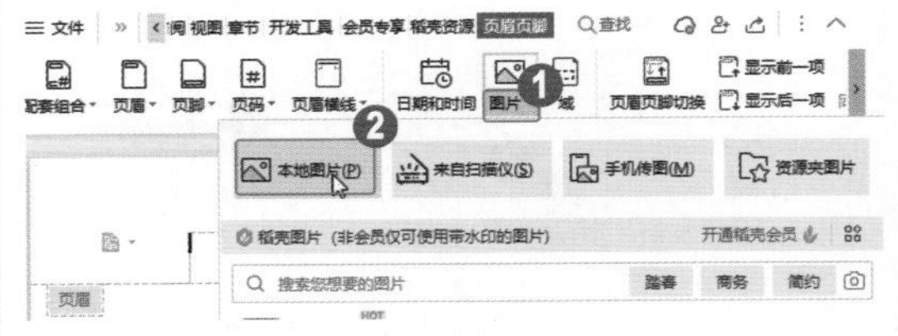

图 1-39

第 3 步 弹出【插入图片】对话框，❶选中要插入的图片，❷单击【打开】按钮，如图 1-40 所示。

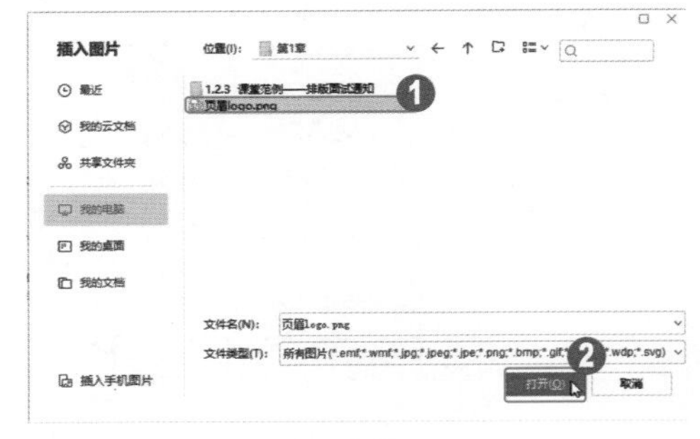

图 1-40

第 4 步 返回到编辑区，可以看到图片已经插入到页眉中，在【图片工具】选项卡中调整图片的【高度】和【宽度】数值，如图 1–41 所示。

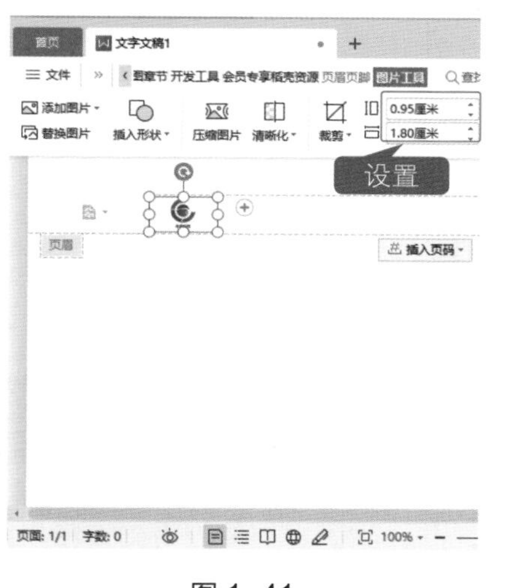

图 1–41

第 5 步 单击文档空白处，返回到【页眉页脚】选项卡，单击【关闭】按钮即可完成在页眉中插入 Logo 的操作，如图 1–42 所示。

图 1–42

1.4.2 页眉或页脚首页不同

用户在文档中插入页眉或页脚时，有时不需要显示文档首页的页眉或页脚，这时就需要将其删除。下面介绍设置页眉或页脚首页不同的方法。

操作步骤 Step by Step

第 1 步 打开文档，在页眉处双击，进入编辑状态，在【页眉页脚】选项卡中单击【页眉页脚选项】按钮，如图 1–43 所示。

图 1–43

第 2 步 弹出【页眉 / 页脚设置】对话框，❶勾选【首页不同】复选框，❷单击【确定】按钮，如图 1–44 所示。

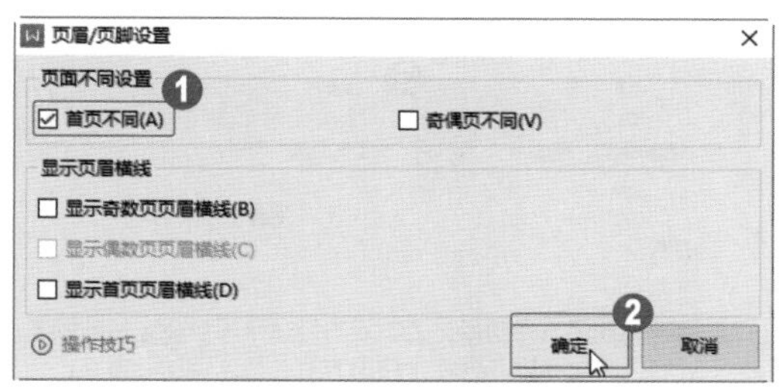

图 1–44

第 3 步 返回编辑区，单击【关闭】按钮，如图 1–45 所示。

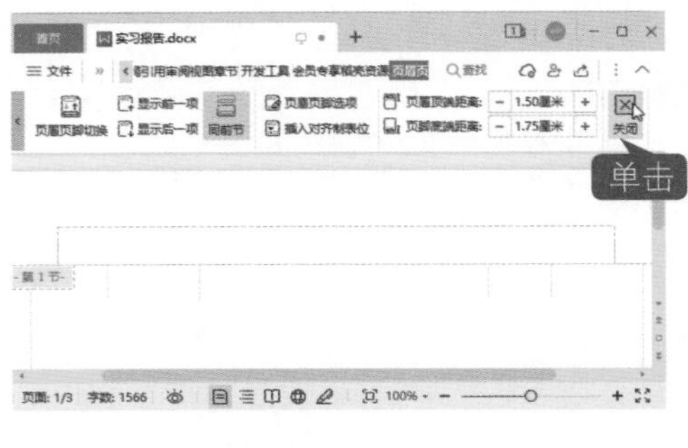

图 1–45

第 4 步 可以看到首页的页眉已经被删除，但其余页的页眉依然存在，如图 1–46 所示。

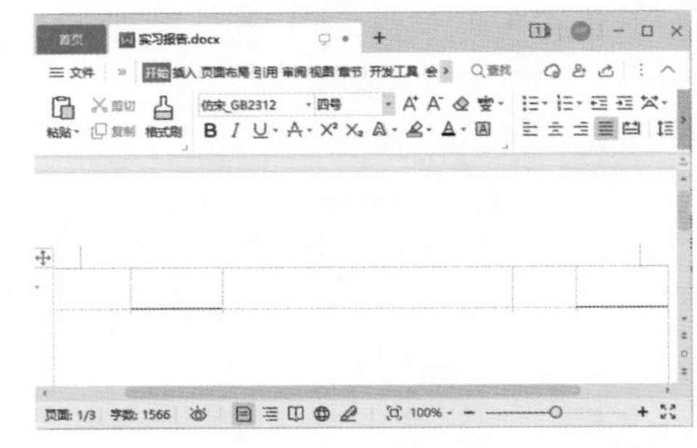

图 1–46

1.5 审阅文档

在 WPS 中，审阅功能可以将修改操作记录下来，并让收到文档的人看到审阅人对文档所做的修改，从而快速进行修改。本节将介绍审阅文档的相关操作。

1.5.1 使用批注对文档提出修改意见

在审阅文档的过程中，若针对某些文本需要提出修改意见或建议，可在文档中添加批注。下面介绍在文档中添加批注的方法。

操作步骤 Step by Step

第 1 步 打开文档，❶选中文本，❷选择【插入】选项卡，❸单击【批注】按钮，如图 1–47 所示。

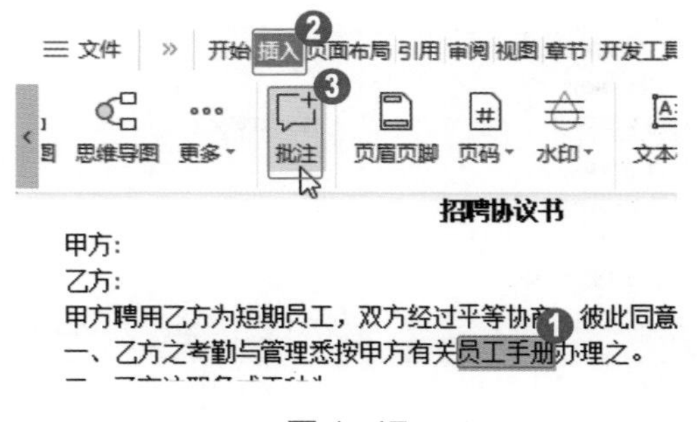

图 1–47

第 2 步 在窗口右侧显示批注框，输入批注内容即可完成插入批注的操作，如图 1–48 所示。

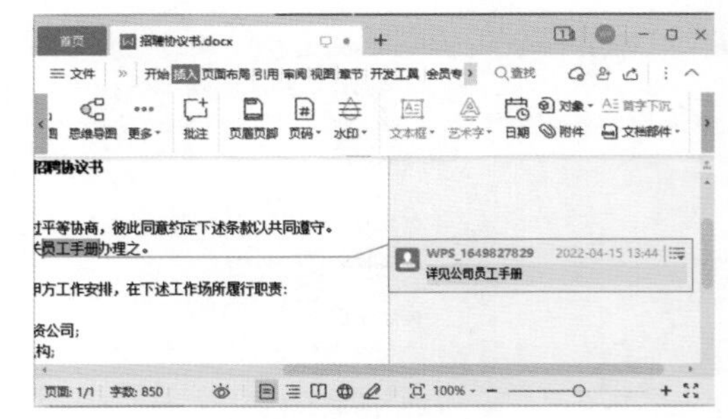

图 1–48

1.5.2 使用修订功能记录文档的所有改动

在审阅文档时，若发现文档中存在错误，可以使用修订功能直接修改。下面介绍修订文档的方法。

操作步骤 Step by Step

第 1 步 打开文档并选中，❶选择【审阅】选项卡，❷单击【修订】下拉按钮，❸在下拉菜单中选择【修订】命令，如图 1-49 所示。

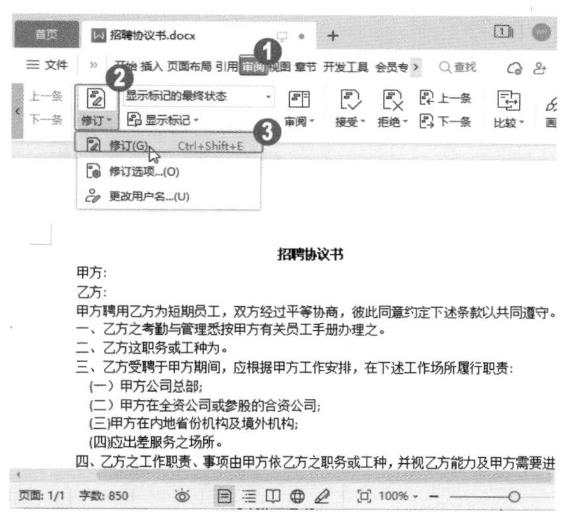

图 1-49

第 2 步 定位光标，输入补充内容，新输入的内容以红色显示，再次单击【修订】按钮，退出修订状态，如图 1-50 所示。

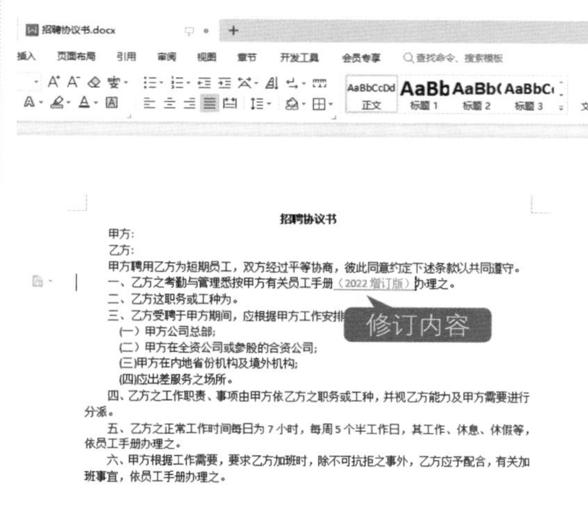

图 1-50

1.5.3 课堂范例——将修订文档输出为 PDF 格式

对于修订好的文档，除了需要及时保存外，还可以将文档输出为便携式的文件格式，如 PDF 文件格式。PDF 文件格式不易破解，可以在一定程度上防止他人修改、复制和抄袭。

<< 扫码获取配套视频课程，本节视频课程播放时长约为 25 秒。

配套素材路径：配套素材/第1章

素材文件名称：招聘协议书.docx

操作步骤 Step by Step

第 1 步 打开素材，❶单击【文件】按钮，❷选择【输出为 PDF】命令，如图 1–51 所示。

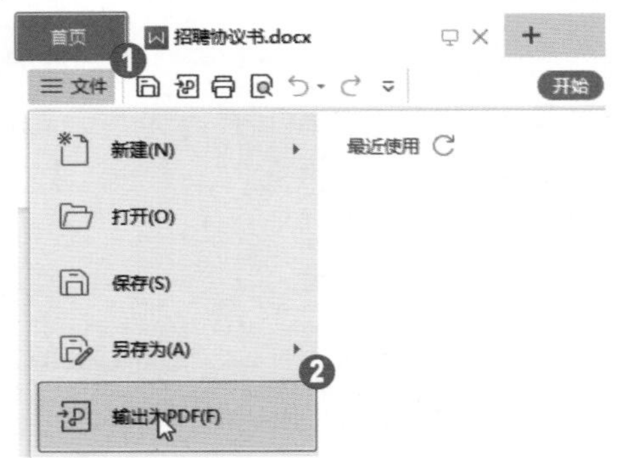

图 1–51

第 2 步 弹出【输出为 PDF】对话框，❶设置【输出范围】，❷设置【保存位置】，❸单击【开始输出】按钮，如图 1–52 所示。

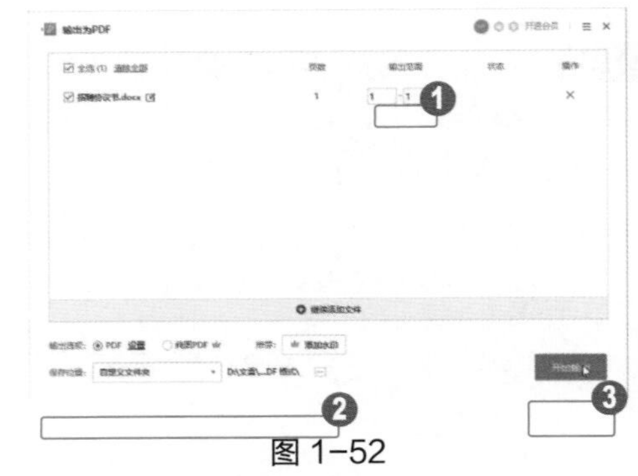

图 1–52

第 3 步 输出完成后，单击【关闭】按钮，如图 1–53 所示。

图 1–53

第 4 步 打开 PDF 文件所在的文件夹，即可看到输出的 PDF 文件，如图 1–54 所示。

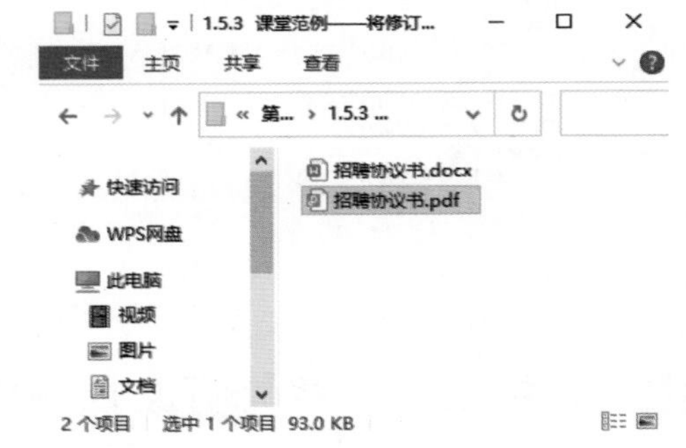

图 1–54

1.6 实战课堂——排版酒水销售合同

随着法律观念的深入人心，越来越多的场景和场合需要用到合同，签订合同能促使双方规范地履行义务和承担责任。本节将详细介绍排版酒水销售合同的操作步骤。

<< 扫码获取配套视频课程，本节视频课程播放时长约为 1 分 01 秒。

配套素材路径：配套素材/第1章

素材文件名称：酒水销售合同.doc

1.6.1 编排文字和段落格式

本小节主要介绍居中对齐文本标题、设置标题字体字号、设置行间距、设置段落缩进和间距等内容。

操作步骤 Step by Step

第 1 步 打开素材，选中标题，在【开始】选项卡中设置字体为【方正粗宋简体】，字号为【四号】，段落文本为居中对齐，如图 1-55 所示。

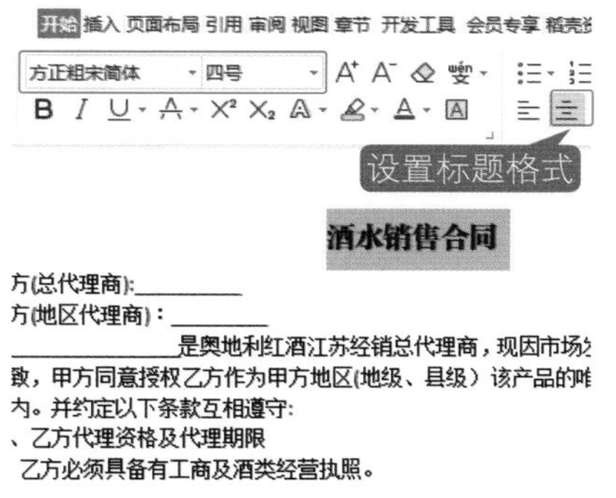

图 1-55

第 2 步 ❶选中除标题和最后一行以外的所有文本，❷在【开始】选项卡中单击【段落启动器】按钮，如图 1-56 所示。

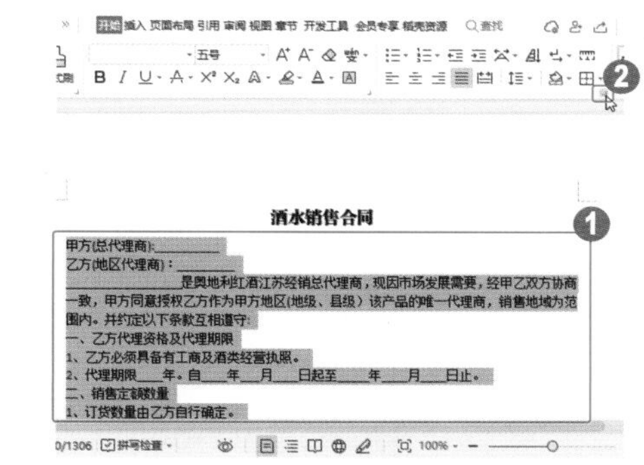

图 1-56

第 3 步 弹出【段落】对话框，❶在【缩进和间距】选项卡中单击【特殊格式】下拉按钮，选择【首行缩进】选项，❷单击【行距】下拉按钮，选择【2 倍行距】选项，❸单击【确定】按钮，如图 1-57 所示。

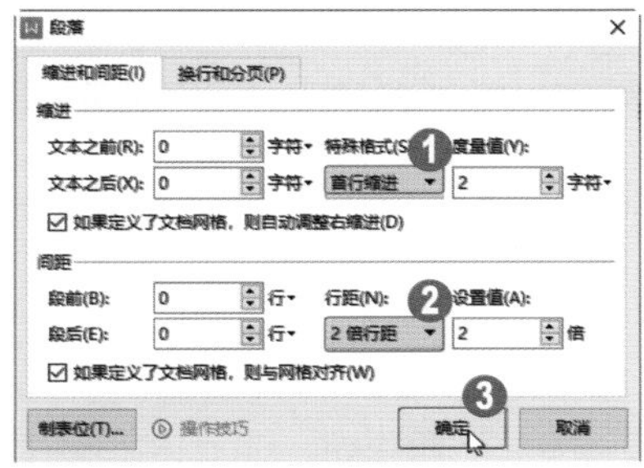

图 1-57

第 4 步 选中最后一行文本，在【开始】选项卡中单击【右对齐】按钮，如图 1-58 所示。

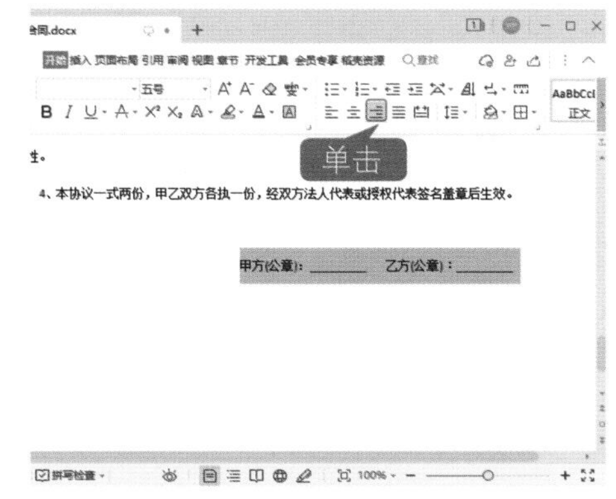

图 1-58

1.6.2 设置页眉和页脚的样式

本小节主要介绍应用 WPS 自带的免费页眉页脚模板，设置页脚中的页码样式等内容。

操作步骤 Step by Step

第 1 步 双击第 1 页的页眉部分，激活【页眉页脚】选项卡，❶单击【配套组合】下拉按钮，❷选择【免费】选项，❸在其中选择一个组合样式，如图 1-59 所示。

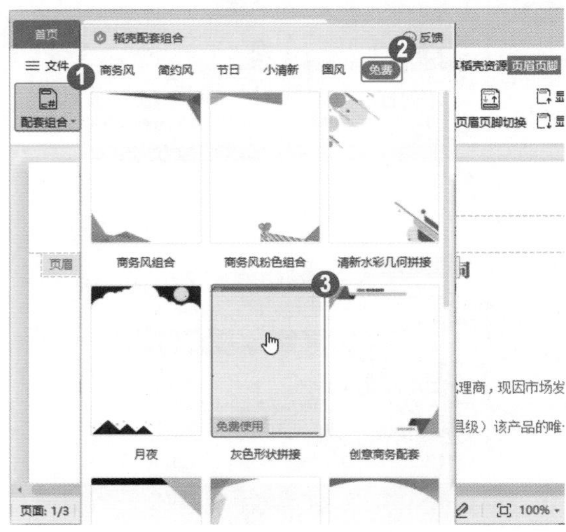

图 1-59

第 2 步 文档已经应用了页眉页脚组合模板，❶单击【页码】下拉按钮，❷选择【页脚中间】选项，如图 1-60 所示。

图 1-60

第 3 步 可以看到页脚的中间位置已经插入了页码，单击【关闭】按钮即可完成设置，如图 1-61 所示。

图 1-61

■ 指点迷津

如果用户想删除页码，可以在页脚处双击鼠标，进入编辑状态，然后单击页码上方的【删除页码】下拉按钮，从列表中根据需要进行选择。

1.7 思考与练习

通过本章的学习，读者可以掌握使用 WPS 录入与编排办公文档的基础知识以及一些常见的操作方法，本节将针对本章知识点，进行相关知识测试，以达到巩固与提高的目的。

一、填空题

1. 除了可以选择【新建】选项卡来创建文档外，按 ________ 组合键，也可以直接进入【新建】界面。

2. 选中“WPS”大写英文，按 ________ 组合键，可将其改为“wps”小写英文。

二、判断题

1. 在 WPS 中，选择【插入】选项卡，单击【日期】按钮即可弹出【日期和时间】对话框，用户可以选择一种日期格式，插入当前的日期。 (　　)

2. 段落的对齐方式共有 5 种，分别为文本左对齐、居中对齐、右对齐、两端对齐和分散对齐。 (　　)

3. 用户还可以直接在【页面布局】选项卡【页边距】下拉按钮右侧的微调框中输入【上】【下】【左】【右】页边距的值。 (　　)

三、简答题

1. 在 WPS 中如何创建一份空白文字文档？

2. 在 WPS 中如何调整页边距？

第2章

制作图文混排的办公文档

- 插入与编辑图片
- 使用艺术字和图形

本章主要介绍了插入与编辑图片、使用艺术字和图形方面的知识与技巧，在本章的最后还针对实际的工作需求，讲解了制作企业组织结构图的方法。通过本章的学习，读者可以掌握制作图文混排文档方面的知识，为深入学习WPS奠定基础。

2.1 插入与编辑图片

在制作文档的过程中，有时需要插入图片配合文字解说，图片能直观地显示需要表达的内容，既可以美化文档页面，又可以让读者轻松地领会作者想要表达的意图，给读者带来精美、直观的视觉冲击。

2.1.1 插入图片

在制作文档时，通常需要制作图文并茂的文档，来增强说服力，这时就需要用到图片功能。下面详细介绍在 WPS 文字文档中插入图片的方法。

操作步骤 Step by Step

第 1 步 新建空白文档，❶选择【插入】选项卡，❷单击【图片】下拉按钮，❸单击【本地图片】按钮，如图 2-1 所示。

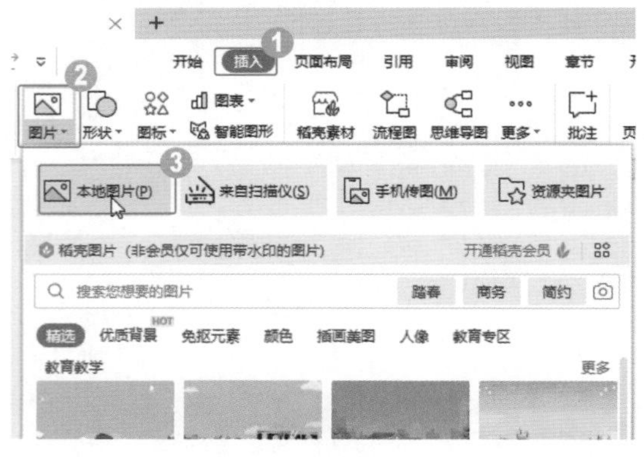

图 2-1

第 2 步 弹出【插入图片】对话框，❶选中准备插入的图片，❷单击【打开】按钮，如图 2-2 所示。

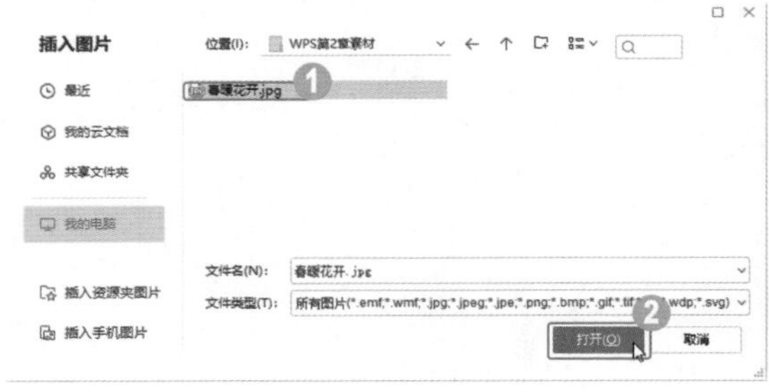

图 2-2

第 3 步 文档中已经插入了图片，如图 2-3 所示。

图 2-3

■ 指点迷津

用户还可以插入其他路径的图片，如插入手机中的图片、插入来自扫描仪的图片等。

2.1.2 按形状裁剪图片

在文档中插入图片后，有时需要对其进行裁剪操作，即将图片中不需要的部分删除。下面介绍按形状裁剪图片的操作方法。

操作步骤 Step by Step

第 1 步 单击选中图片，选择【图片工具】选项卡，❶在其中单击【裁剪】下拉按钮，❷从中选择一种形状，如心形，如图 2-4 所示。

图 2-4

第 3 步 按 Enter 键完成裁剪，如图 2-6 所示。

■ 指点迷津

本节讲解的是按形状裁剪图片，用户也可以直接单击【裁剪】按钮对图片进行裁剪。

第 2 步 图片四周出现裁剪标志，将鼠标指针移动至标志上单击并拖动，即可调整裁剪面积的大小，其中阴影部分为即将被裁剪掉的部分，如图 2-5 所示。

图 2-5

图 2-6

知识拓展：恢复图片

如果裁剪图片时图片裁剪得不满足要求，可以将图片恢复至插入时的状态。选中要设置的图片，单击【图片工具】选项卡中的【裁剪】下拉按钮，在弹出的下拉菜单中选择【重设形状和大小】命令即可快速将图片恢复至插入状态。

2.1.3 调整图片大小

在文档中插入图片后，可以根据需要调整插入图片的大小。本节将详细介绍调整图片大小的方法。

操作步骤 Step by Step

第 1 步 单击选中图片，在【图片工具】选项卡中取消勾选【锁定纵横比】复选框，如图 2-7 所示。

图 2-7

第 2 步 在【高度】和【宽度】微调框中输入数值，即可完成调整图片大小的操作，如图 2-8 所示。

图 2-8

2.1.4 设置图片的环绕方式

在文档中直接插入图片后，如果要调整图片的位置，则应先设置图片的文字环绕方式，再进行图片的调整操作。下面详细介绍设置图片环绕方式的操作方法。

操作步骤 Step by Step

第 1 步 将光标定位在某段文本末尾，执行【插入】→【图片】→【本地图片】命令，如图 2-9 所示。

第 2 步 弹出【插入图片】对话框，❶选中图片，❷单击【打开】按钮，如图 2-10 所示。

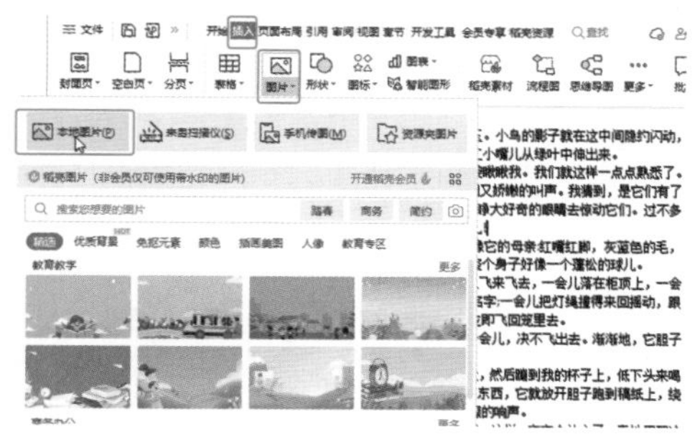

图 2-9

第 3 步 将图片插入文档中，如图 2-11 所示。

图 2-11

第 5 步 可以看到图片的环绕方式已经改变，如图 2-13 所示。

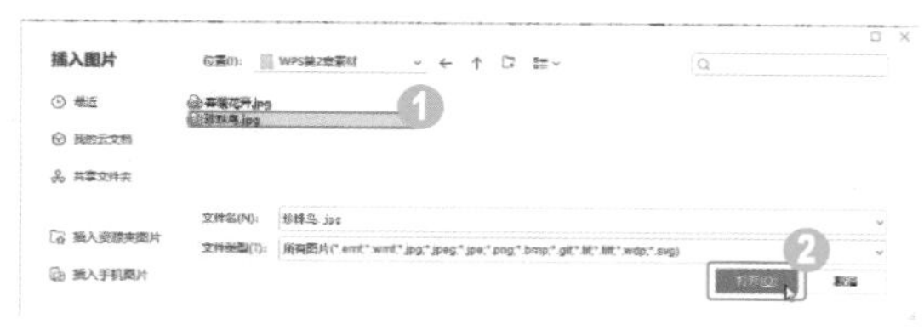

图 2-10

第 4 步 ❶在【图片工具】选项卡中设置【高度】和【宽度】数值，❷单击【环绕】下拉按钮，❸在下拉菜单中选择【上下型环绕】选项，如图 2-12 所示。

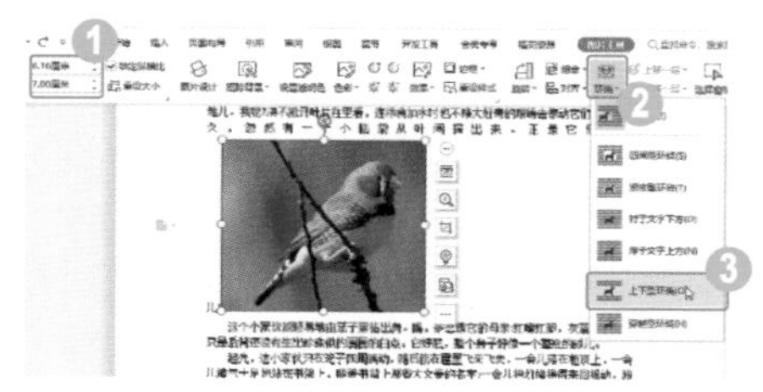

图 2-12

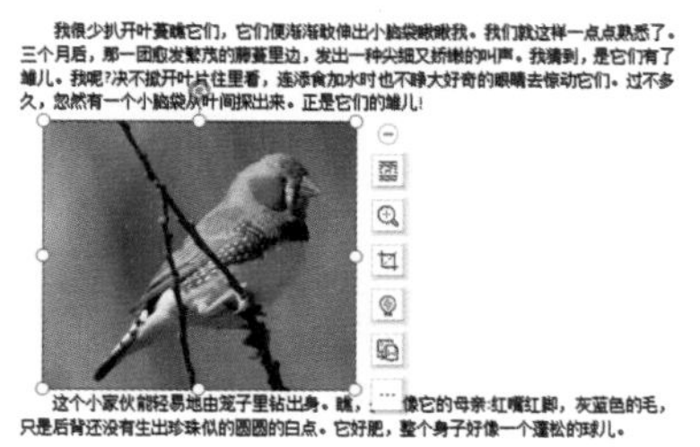

图 2-13

2.1.5 课堂范例——制作房屋中介宣传页

宣传页是商业活动中的重要媒介之一。宣传页展示事物形象，通过有颜色的印刷工艺，以鲜明、活泼、形象地突出表现一种产品或一种事物的形态和功能。

<< 扫码获取配套视频课程，本节视频课程播放时长约为 51 秒。

配套素材路径：配套素材/第2章

素材文件名称：房屋中介宣传页.docx

操作步骤

Step by Step

第 1 步 打开素材文档，如图 2-14 所示。

图 2-14

第 2 步 将光标定位在文档左上角空白处，执行【插入】→【图片】→【本地图片】命令，如图 2-15 所示。

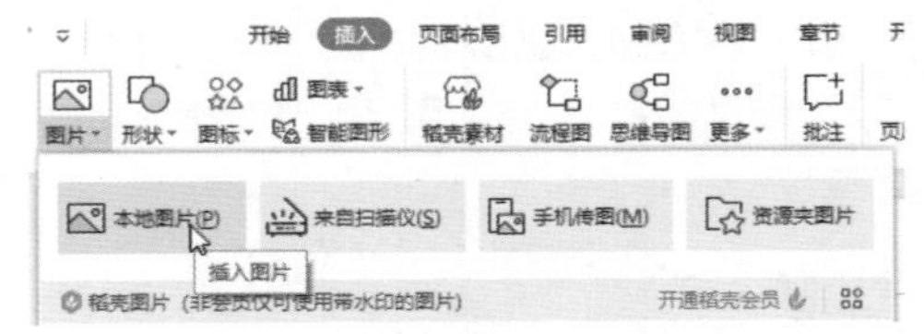

图 2-15

第 3 步 弹出【插入图片】对话框，❶选中图片，❷单击【打开】按钮，如图 2-16 所示。

图 2-16

第 4 步 将图片插入文档中，将鼠标指针移动至图片右侧中间的控制点上，当鼠标指针变为左右箭头形状时，单击并拖动鼠标向左侧移动，改变图片宽度，如图 2-17 所示。

图 2-17

第 5 步 使用相同的方法缩小图片的高度，效果如图 2-18 所示。

图 2-18

第 6 步 将光标定位在文档右侧的空白处，继续执行【插入】→【图片】→【本地图片】命令插入图片，如图 2-19 所示。

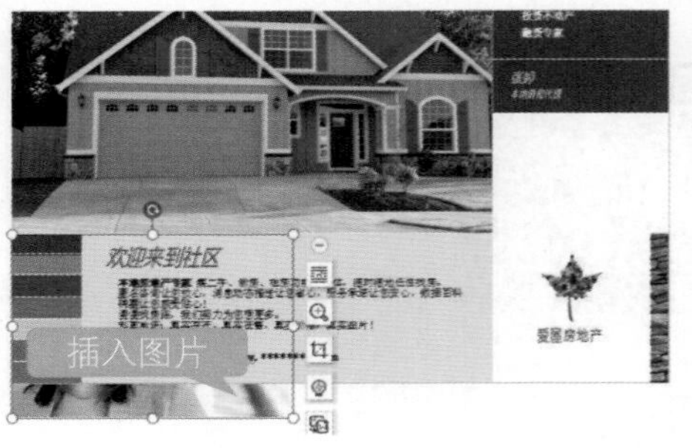

图 2-19

第 7 步 ❶在图片右侧单击快捷工具栏中的【布局选项】按钮，❷在下拉菜单中选择【浮于文字上方】命令，如图 2-20 所示。

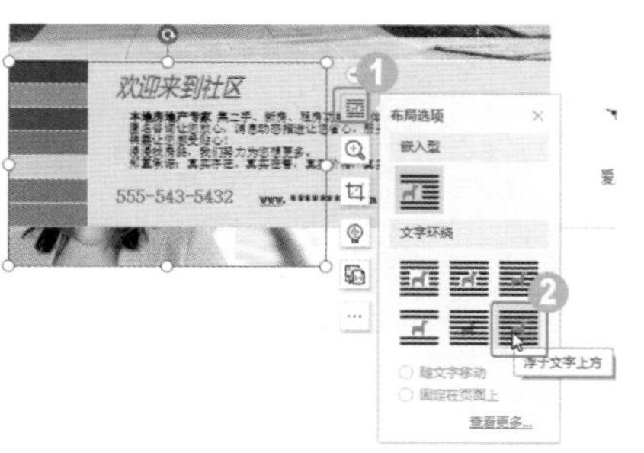

图 2-20

第 8 步 移动图片至文档右侧的空白处，并调整大小，如图 2-21 所示。

图 2-21

2.2 插入艺术字和图形

为了提升文档的整体效果，在文档中常常需要应用一些具有艺术效果的文字；通过 WPS 提供的绘制图形功能，用户还可以绘制出各种各样的形状，如线条、椭圆和旗帜等，以满足文档设计的需要。

2.2.1 插入与编辑艺术字

在文档中插入艺术字可有效地提高文档的可读性，WPS 文字提供了 15 种艺术字样式，用户可以根据实际情况选择合适的样式来美化文档。下面介绍插入艺术字的方法。

操作步骤 Step by Step

第 1 步 新建空白文档，❶选择【插入】选项卡，❷单击【艺术字】下拉按钮，❸选择一种艺术字样式，如图 2-22 所示。

图 2-22

第 2 步 文档中已经插入了艺术字，如图 2-23 所示。

图 2-23

第 3 步 在文本框中，使用输入法输入内容，如图 2-24 所示。

图 2-24

第 4 步 选中艺术字，❶在【文本工具】选项卡中单击【文本效果】下拉按钮，❷在下拉菜单中选择【倒影】命令，❸选择一种样式，如图 2-25 所示。

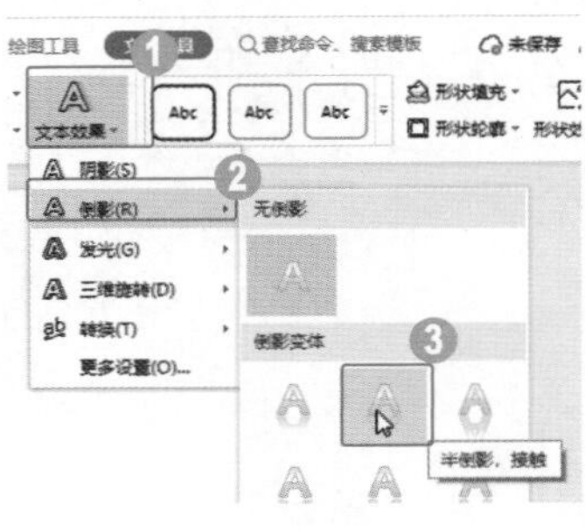

图 2-25

2.2.2 插入与编辑图形

在制作文档的过程中，适当插入一些图片，既能使文档版面简洁，又能使文档内容更加丰富、形象。

操作步骤

Step by Step

第 1 步 新建空白文档，❶选择【插入】选项卡，❷单击【形状】下拉按钮，❸选择一个形状，如图 2-26 所示。

图 2-26

第 2 步 光标变为十字形状，单击并拖动鼠标绘制图形，至合适大小后释放鼠标，如图 2-27 所示。

图 2-27

第 3 步 选中图形，❶在【绘图工具】选项卡中单击【填充】下拉按钮，❷选择【无填充颜色】命令，如图 2-28 所示。

第 4 步 ❶单击【轮廓】下拉按钮，❷选择一种颜色，如图 2-29 所示。

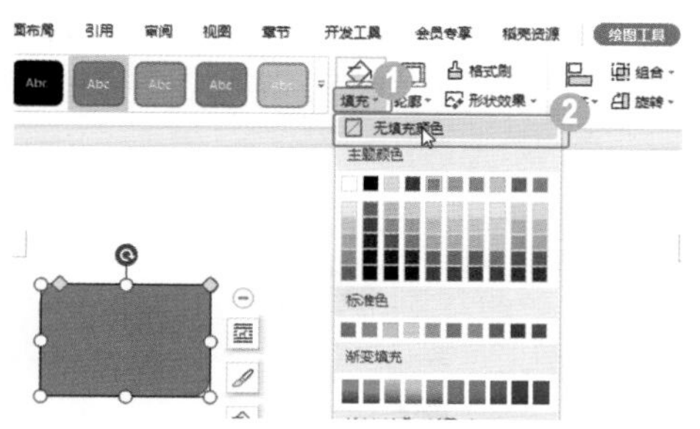

图 2-28

第 5 步 选中图形，鼠标右键单击该图形，在弹出的快捷菜单中选择【添加文字】命令，如图 2-30 所示。

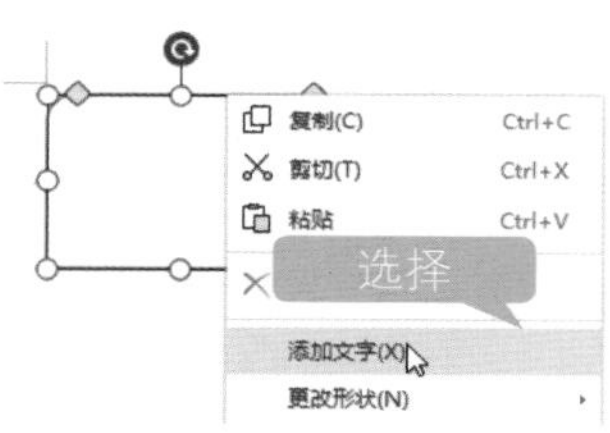

图 2-30

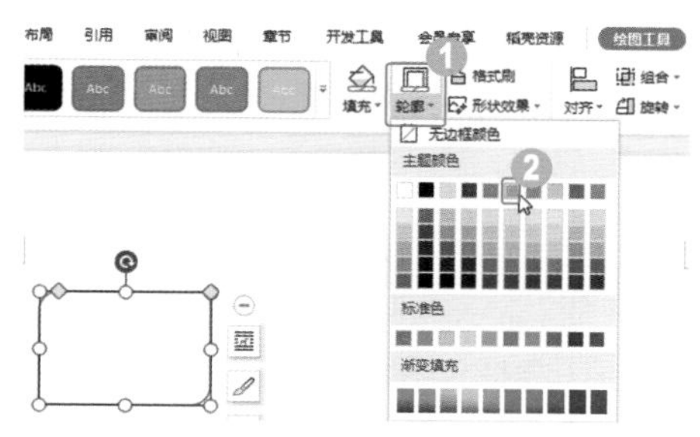

图 2-29

第 6 步 在文本框中，使用输入法输入内容，如图 2-31 所示。

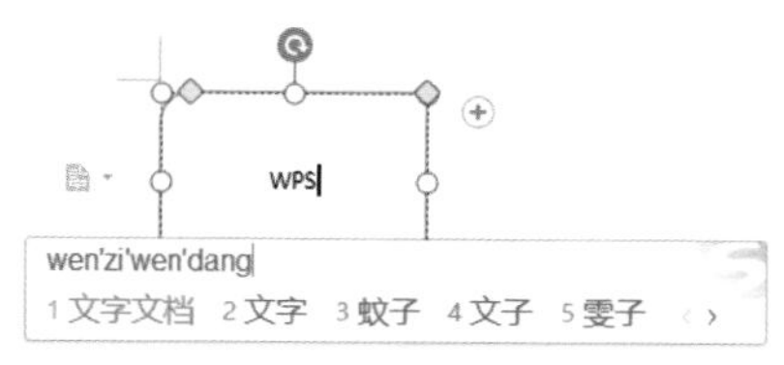

图 2-31

2.2.3 插入与编辑文本框

若要在文档的任意位置插入文本，可以通过文本框来实现，WPS 提供的文本框进一步增强了图文混排的功能。通常情况下，文本框用于插入注释、批注或说明性文字。

操作步骤 Step by Step

第 1 步 新建空白文档，❶选择【插入】选项卡，❷单击【文本框】下拉按钮，❸在下拉菜单中选择【横向】命令，如图 2-32 所示。

图 2-32

第 2 步 光标变为十字形状，单击并拖动鼠标绘制文本框，至合适大小后释放鼠标，如图 2-33 所示。

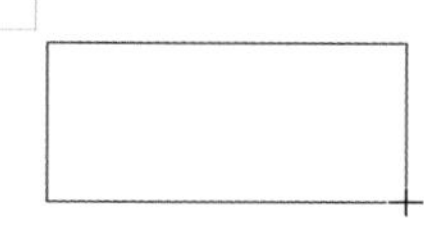

图 2-33

第 3 步 在文本框中，使用输入法输入内容，如图 2-34 所示。

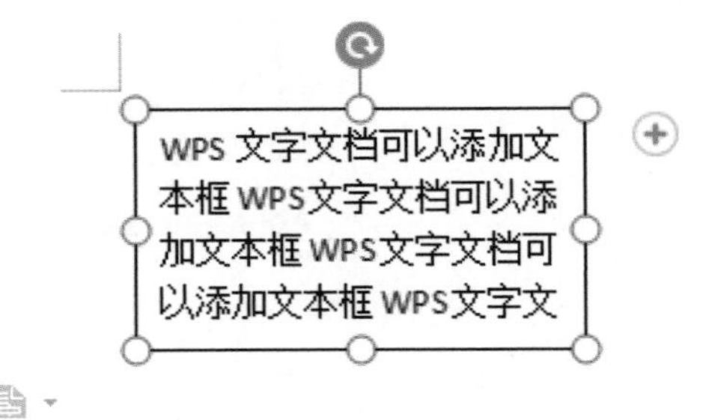

图 2-34

第 4 步 选中文本框，❶在【文本工具】选项卡中单击【形状样式】下拉按钮，❷选择一种样式，如图 2-35 所示。

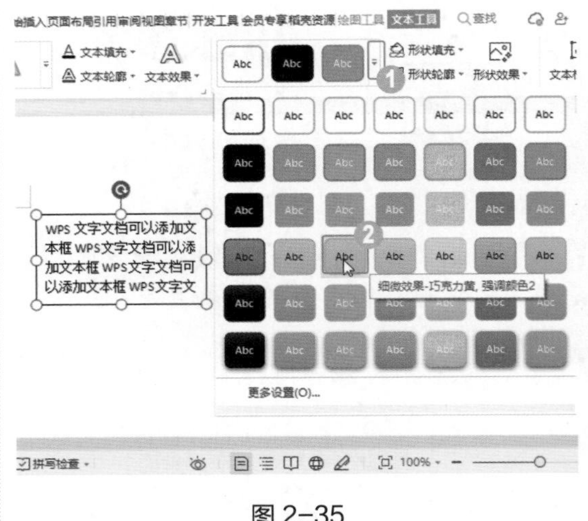

图 2-35

第 5 步 文本框已经应用了样式，如图 2-36 所示。

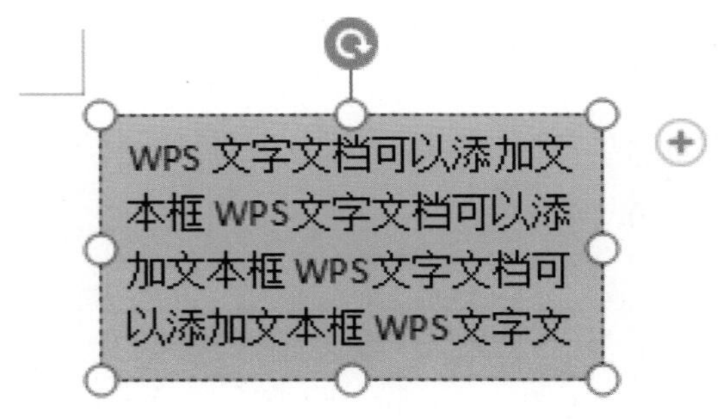

图 2-36

■ 指点迷津

横向文本框中的文本是从左到右、自上而下输入的，而竖向文本框中的文本则是自上而下、从右到左输入的。

2.2.4 课堂范例——制作教师节贺卡

在教师节来临之际，可以综合运用本节所学的所有内容，为老师制作一张贺卡，表达自己的感恩之情。本案例主要运用艺术字、文本框、形状等知识点。

<< 扫码获取配套视频课程，本节视频课程播放时长约为 2 分 34 秒。

配套素材路径：配套素材/第2章

素材文件名称：教师节贺卡.docx

操作步骤 Step by Step

第 1 步 打开素材文档，执行【插入】→【图形】→【折角形】命令，在文档中绘制图形，如图 2-37 所示。

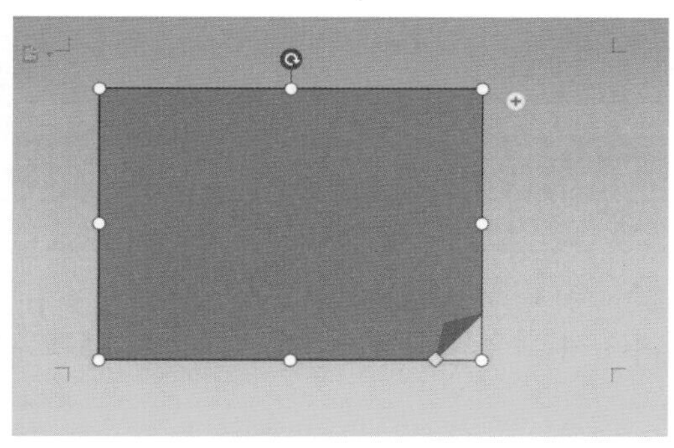

图 2-37

第 3 步 选中折角形，设置填充颜色为【灰色 -50%，着色 3，浅色 80%】，轮廓颜色为【白色】，设置阴影为【内部左上角】，效果如图 2-39 所示。

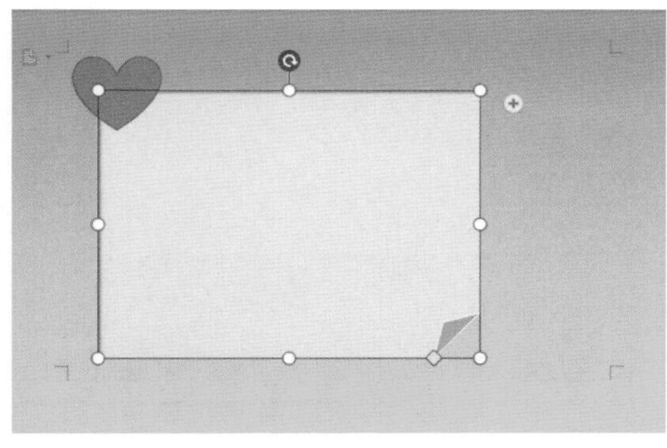

图 2-39

第 5 步 横向插入一个文本框，输入文本内容，设置文本颜色为【深红】，字体为【方正新舒体简体】，字号为【初号】，设置文本框为【无填充颜色】【无边框颜色】，效果如图 2-41 所示。

第 2 步 使用相同的方法再绘制一个心形，如图 2-38 所示。

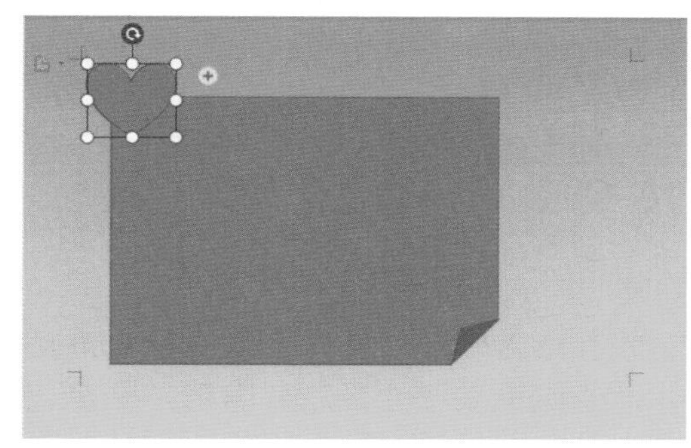

图 2-38

第 4 步 选中心形，设置填充颜色为【深红】，轮廓为【无边框颜色】，设置阴影为【内部右下角】，效果如图 2-40 所示。

图 2-40

第 6 步 竖向插入一个文本框，输入文本内容，设置文本颜色为【深红】，字体为【方正新舒体简体】，字号为【五号】，设置段落为【1.5 倍行距】，设置文本框为【无填充颜色】【无边框颜色】，如图 2-42 所示。

图 2-41

第 7 步 插入预设样式为【填充 - 黑色，文本 1，轮廓 - 背景 1，清晰阴影 - 背景 1】的艺术字，输入内容，单击【文本框启动器】按钮，在【属性】窗格中设置艺术字方向为【垂直方向从右往左】，设置文本填充颜色为【深红】，文本轮廓为【白色，背景 1，深色 50%】，效果如图 2-43 所示。

图 2-43

第 9 步 插入图片，调整图片的大小和角度。最终效果如图 2-45 所示。

图 2-42

第 8 步 将艺术字的【文本效果】设置为【三维旋转】→【离轴 2 左】，效果如图 2-44 所示。

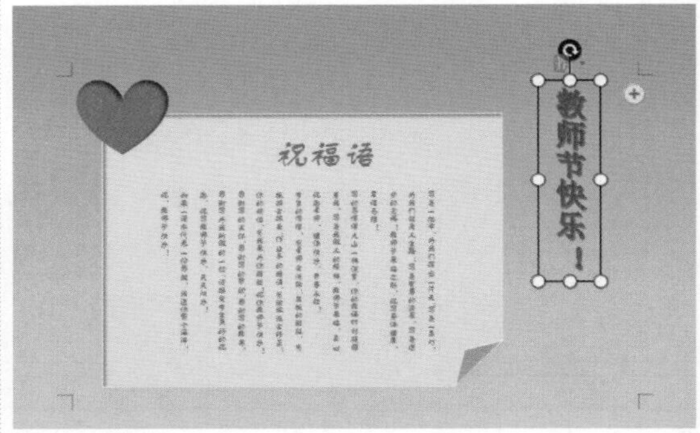

图 2-44

图 2-45

2.3 实战课堂——制作企业组织结构图

WPS 提供的智能图形可以使文字之间的关联性更加清晰、生动，避免逐个插入并编辑图形的麻烦，大大提高了工作效率。

<< 扫码获取配套视频课程，本节视频课程播放时长约为 2 分 33 秒。

配套素材路径：配套素材/第2章

素材文件名称：企业组织结构图.docx

2.3.1 插入并修改智能图形结构

本小节主要介绍插入智能图形，根据需要为图形添加同级和下一级项目等内容。

操作步骤 Step by Step

第 1 步 打开素材文档，❶选择【插入】选项卡，❷单击【智能图形】按钮，如图 2-46 所示。

图 2-46

第 2 步 弹出【智能图形】对话框，❶选择【层次结构】选项，❷单击模板，如图 2-47 所示。

图 2-47

第 3 步 文档中添加了一个层次结构图，如图 2-48 所示。

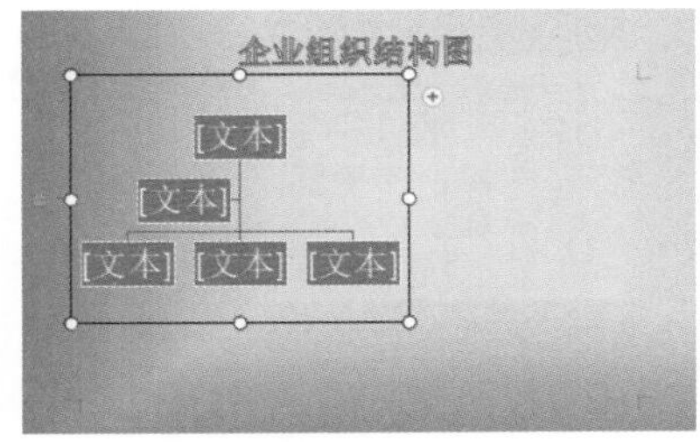

图 2-48

第 4 步 选中第 2 行的图形，按 Delete 键删除，如图 2-49 所示。

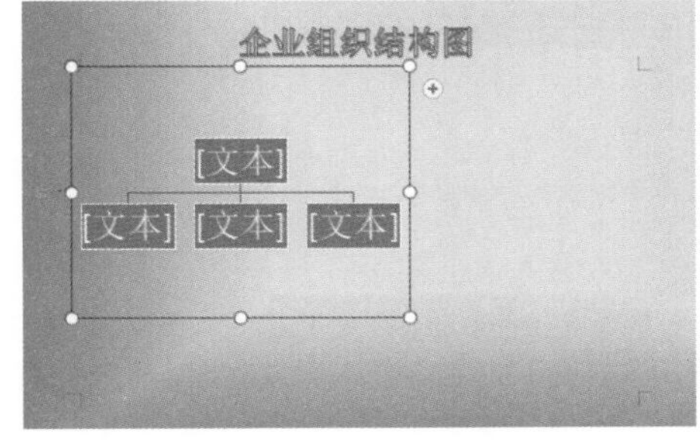

图 2-49

第 5 步 选中第 2 行第 1 个图形，❶在【设计】选项卡中单击【添加项目】下拉按钮，❷在下拉菜单中选择【在后面添加项目】命令，如图 2-50 所示。

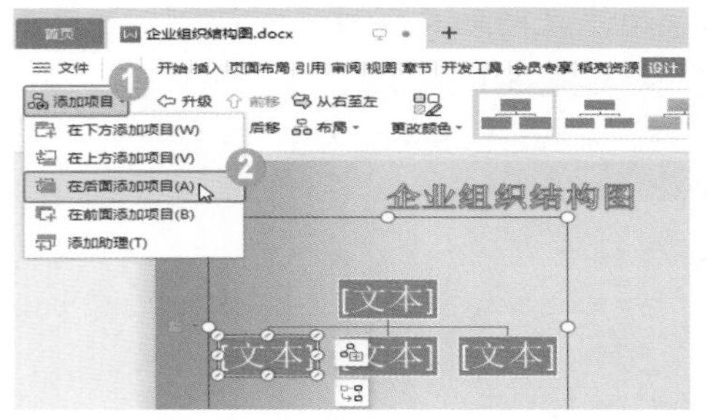

图 2-50

第 6 步 第 2 行的图形数量增加了一个，如图 2-51 所示。

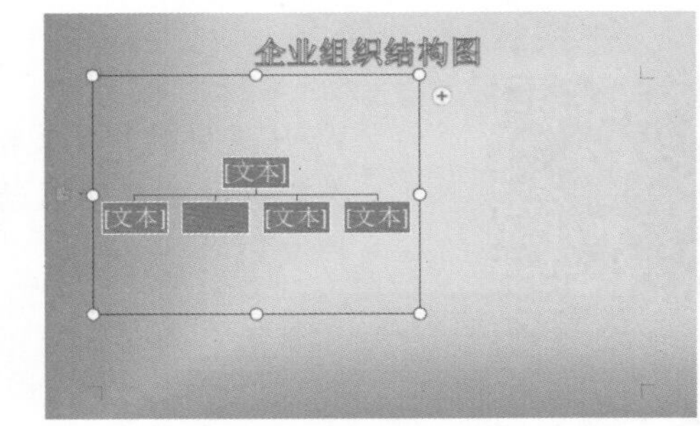

图 2-51

第 7 步 使用相同的方法继续在第 2 行添加图形，如图 2-52 所示。

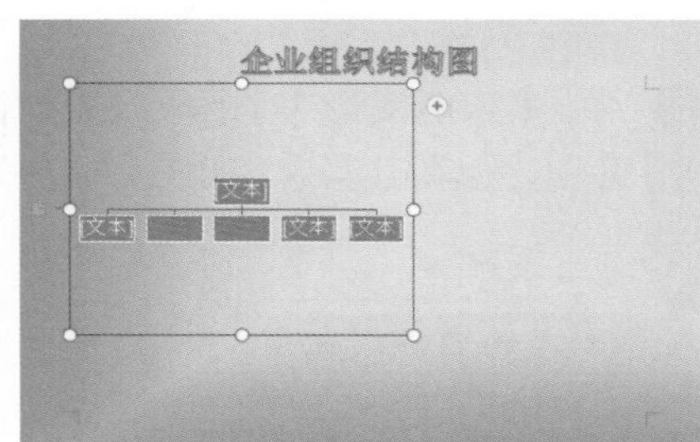

图 2-52

第 8 步 选中第 2 行的最后一个图形，❶在【设计】选项卡中单击【添加项目】下拉按钮，❷在下拉菜单中选择【在下方添加项目】命令，如图 2-53 所示。

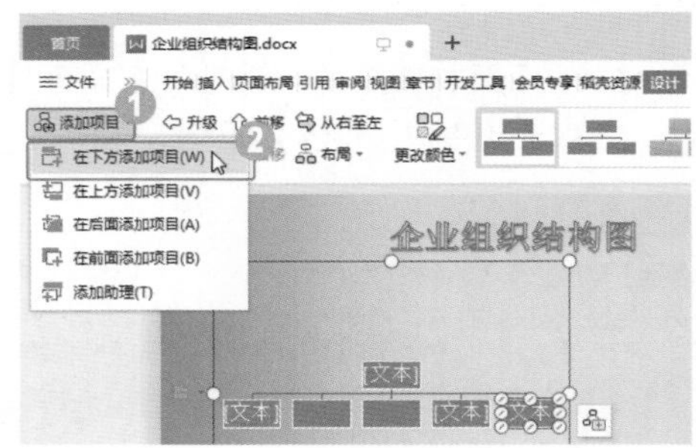

图 2-53

第 9 步 可以看到选中图形的下方添加了一个图形，如图 2-54 所示。

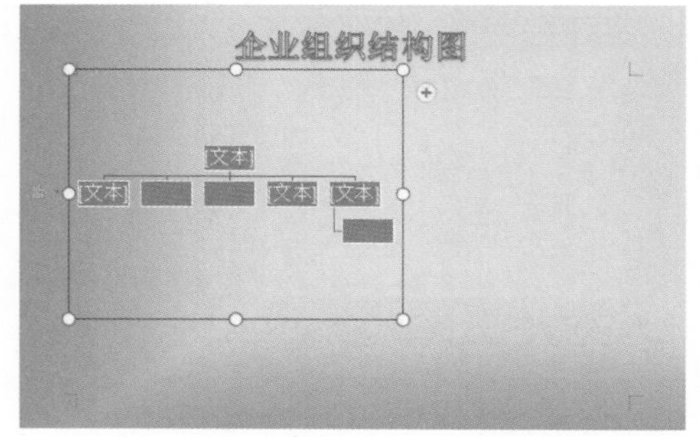

图 2-54

第10步 使用相同的方法继续在其他行添加图形，效果如图 2-55 所示。

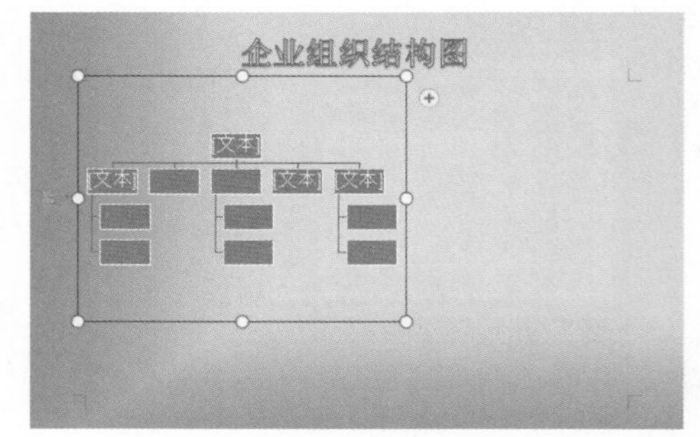

图 2-55

2.3.2 输入文字

本小节主要介绍扩大图形、在图形中输入文本内容、插入文本框、设置文本框样式以及在文本框中输入文字等内容。

操作步骤 Step by Step

第 1 步 将光标移至整个图形的右侧边框中间点上，光标变为左右箭头形状，单击并向右拖动鼠标至合适大小后释放鼠标，扩大整个图形，如图 2-56 所示。

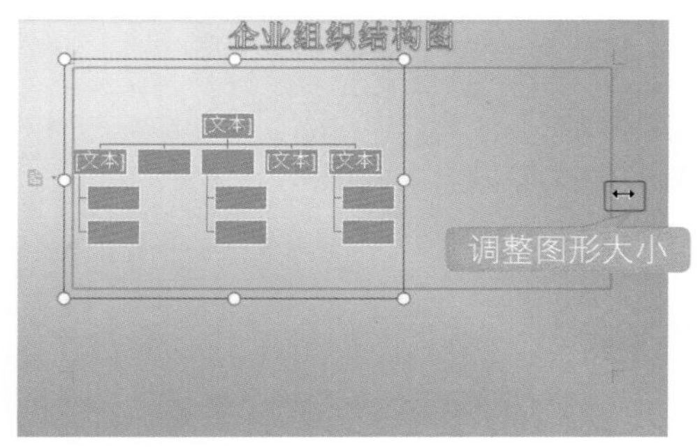

图 2-56

第 3 步 使用相同的方法输入其他图形中的文本内容，如图 2-58 所示。

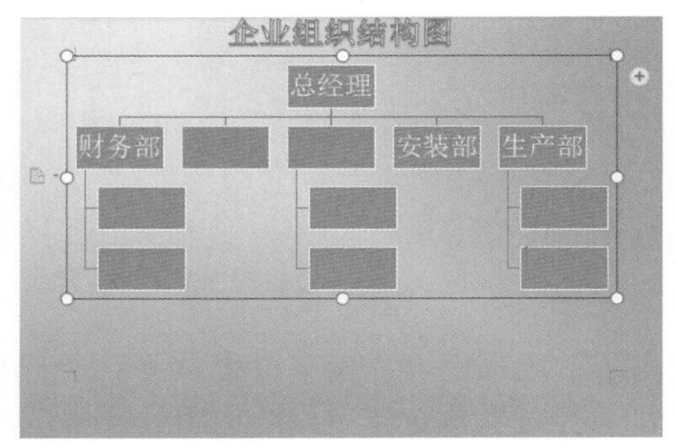

图 2-58

第 5 步 设置文本框的【形状填充】为【无填充颜色】，【形状轮廓】为【无边框颜色】，并设置文本颜色为白色，字号为【小初】，效果如图 2-60 所示。

第 2 步 单击第 1 行的图形，使用输入法输入内容，如图 2-57 所示。

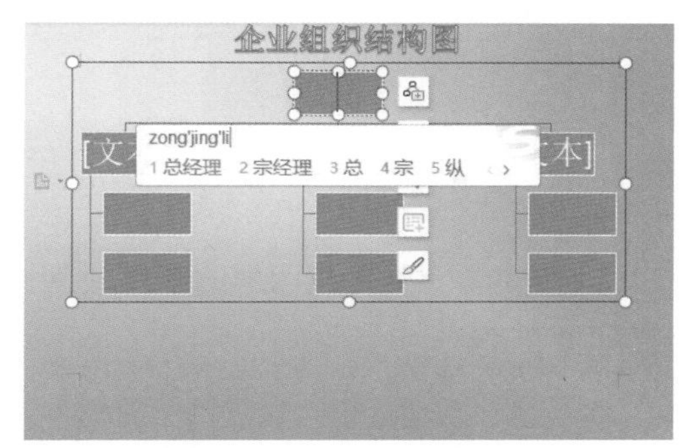

图 2-57

第 4 步 其他后添加的图形是不能直接输入文本的，需要执行【插入】→【文本框】→【横向】命令，再输入内容，如图 2-59 所示。

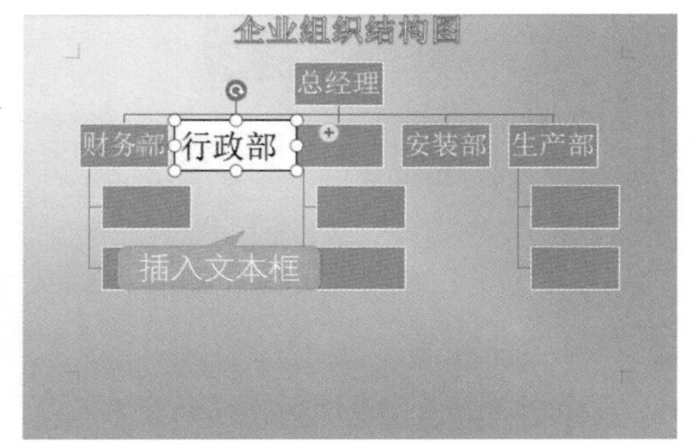

图 2-59

第 6 步 使用相同的方法在其他后添加的图形中插入文本框并输入内容，最后设置文本框样式，如图 2-61 所示。

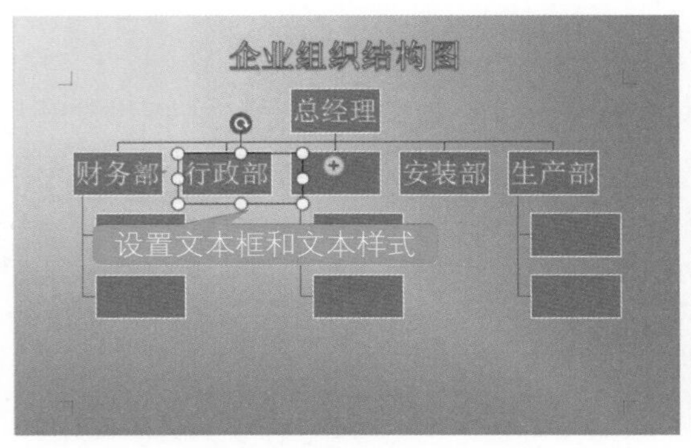

图 2-60

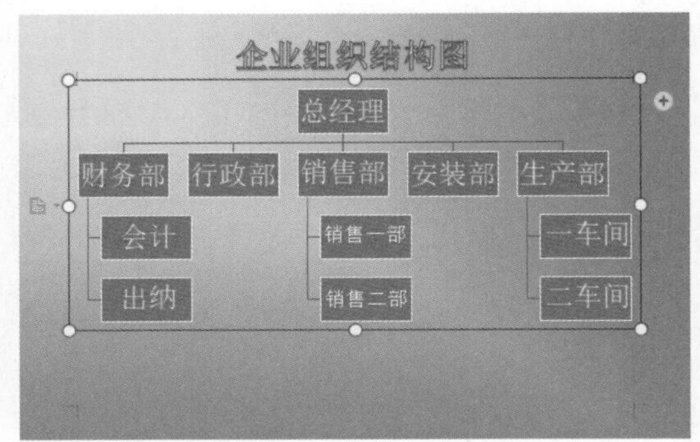

图 2-61

2.3.3 更改图形颜色及设置图形样式

本小节主要介绍更改图形的整体颜色、设置图形样式等内容。

操作步骤 Step by Step

第 1 步 选中整个图形，❶在【设计】选项卡中单击【更改颜色】下拉按钮，❷选择一种配色方案，如图 2-62 所示。

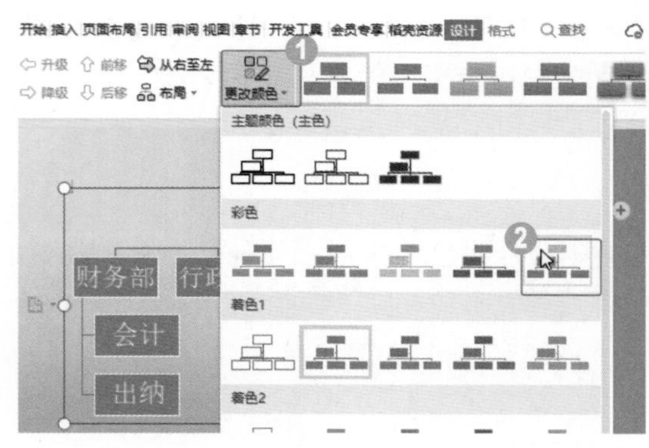

图 2-62

第 3 步 在【设计】选项卡的图形样式栏中选择一种样式，如图 2-64 所示。

第 2 步 可以看到图形的颜色已经被修改，如图 2-63 所示。

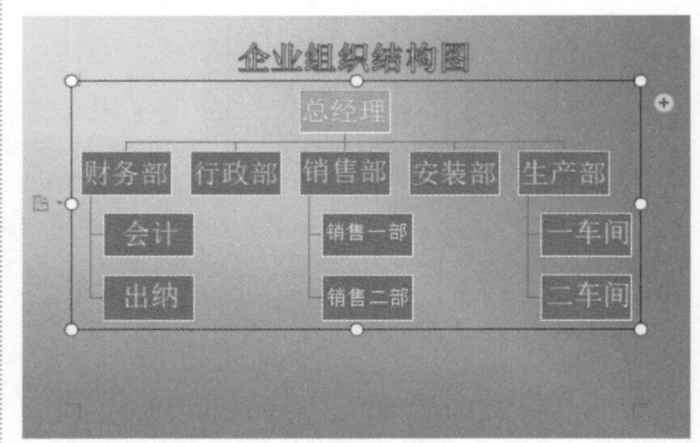

图 2-63

第 4 步 图形已经应用了样式。通过以上步骤即可完成制作企业组织结构图的操作，效果如图 2-65 所示。

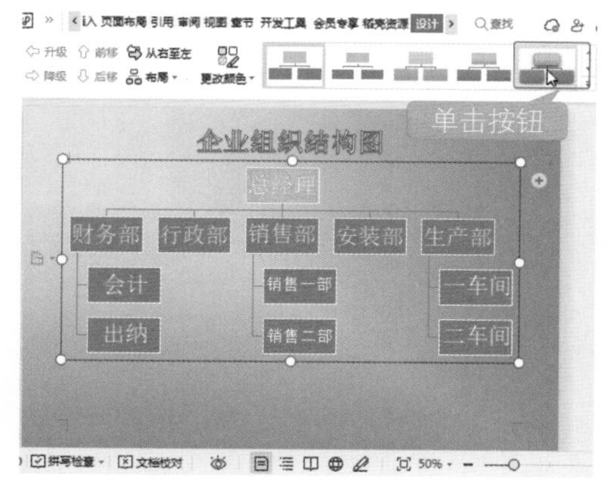

图 2-64

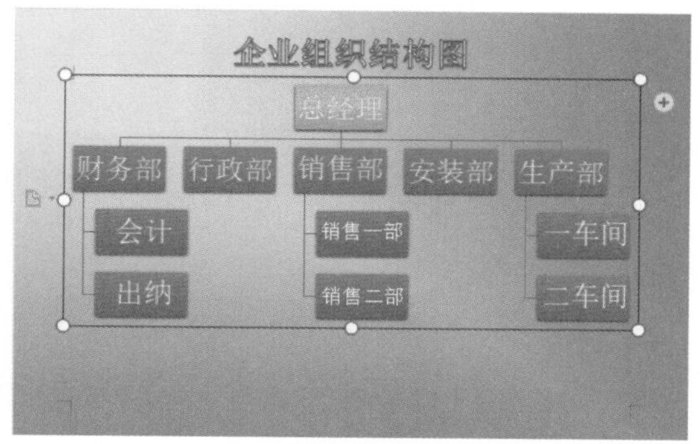

图 2-65

2.4 思考与练习

通过本章的学习，读者可以掌握制作图文混排办公文档的基础知识以及一些常见的操作方法，在本节中将针对本章知识点，进行相关知识测试，以达到巩固与提高的目的。

一、填空题

1. 用户还可以插入其他路径的图片，如 ________、插入来自扫描仪的图片等。

2. 如果裁剪图片时图片裁剪得不满足要求，可以将图片恢复至插入时的状态。选中要设置的图片，单击【图片工具】选项卡中的【裁剪】下拉按钮，选择 ________ 命令即可快速将图片恢复至插入状态。

二、判断题

1. 插入 WPS 文字文档中的图片有 6 种环绕方式。 (　　)

2. 在文档中插入艺术字可有效地提高文档的可读性，WPS 文字提供了 16 种艺术字样式，用户可以根据实际情况选择合适的样式来美化文档。 (　　)

三、简答题

1. 在 WPS 文字文档中如何绘制与设置图形？

2. 在 WPS 文字文档中如何调整图片大小？

第3章

创建与编辑表格文档

- 在文档中插入表格
- 表格的基本操作
- 美化表格
- 计算表格数据

本章主要内容

本章主要介绍了在文档中插入表格、表格的基本操作、美化表格和计算表格数据方面的知识与技巧。在本章的最后还针对实际的工作需求，讲解了制作个人简历的方法。通过本章的学习，读者可以掌握创建与编辑表格文档方面的知识，为深入学习WPS奠定基础。

3.1 在文档中插入表格

当需要处理一些简单的数据信息时，可以在文档中插入表格来实现。表格是由多个行或列的单元格组成，用户可以在编辑文档的过程中向单元格中添加文字或图片，来丰富文档内容。本节将介绍在文档中插入表格的相关知识。

3.1.1 用示意图插入表格

在制作 WPS 文档时，如果需要插入表格的行数或列数均未超过 10，那么可以利用示意表格快速插入表格。下面介绍使用示意表格插入表格的方法。

操作步骤　Step by Step

第 1 步 新建空白文档，❶选择【插入】选项卡，❷单击【表格】下拉按钮，❸在弹出的菜单中利用鼠标在示意表格中拖动出一个 3 行 4 列的表格，如图 3-1 所示。

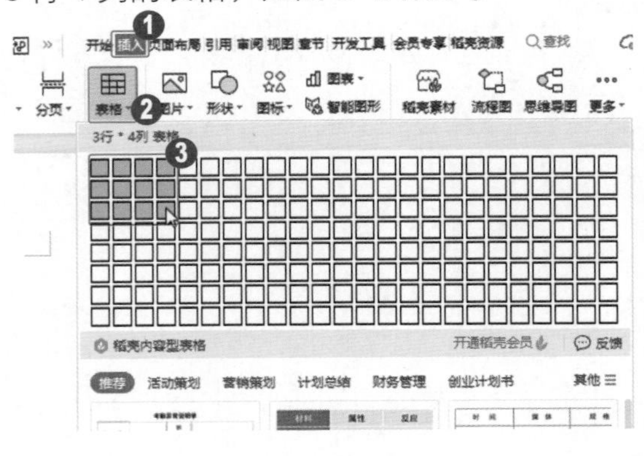

图 3-1

第 2 步 通过以上步骤即可完成使用示意表格插入表格的操作，如图 3-2 所示。

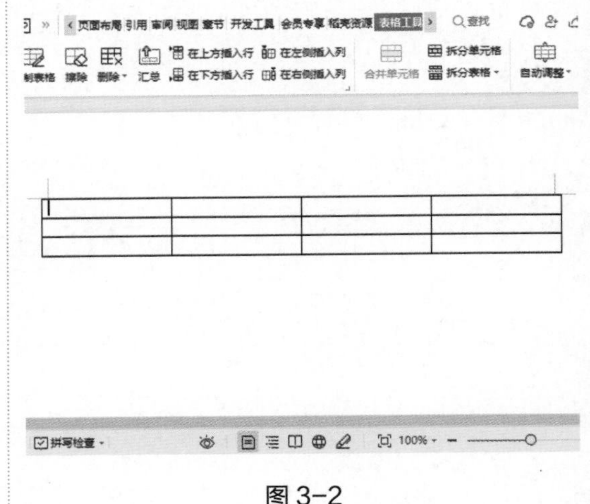

图 3-2

知识拓展

在文档中插入表格后，工作界面中会自动显示【表格工具】和【表格样式】选项卡，通过这两个选项卡可以对表格的边框和底纹、表格结构、表格属性等进行设置。

3.1.2 通过对话框插入表格

在 WPS 文档中除了利用示意表格快速插入表格外，还可以通过【插入表格】对话框插入指定行和列的表格。下面介绍使用对话框插入表格的方法。

操作步骤 Step by Step

第 1 步 新建空白文档，❶选择【插入】选项卡，❷单击【表格】下拉按钮，❸选择【插入表格】命令，如图 3-3 所示。

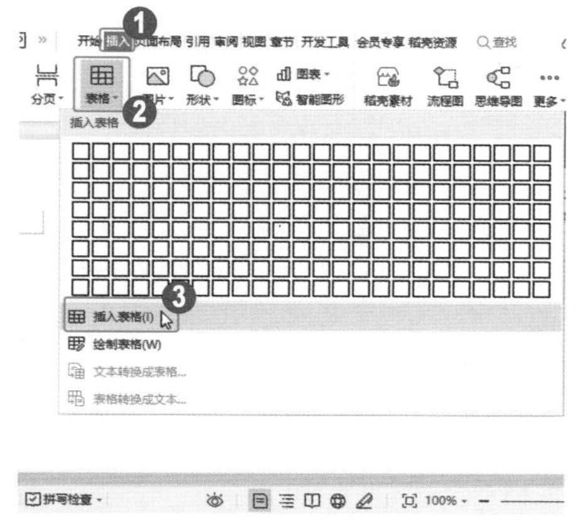

图 3-3

第 2 步 弹出【插入表格】对话框，❶在【列数】和【行数】微调框中输入数值，❷单击【确定】按钮，如图 3-4 所示。

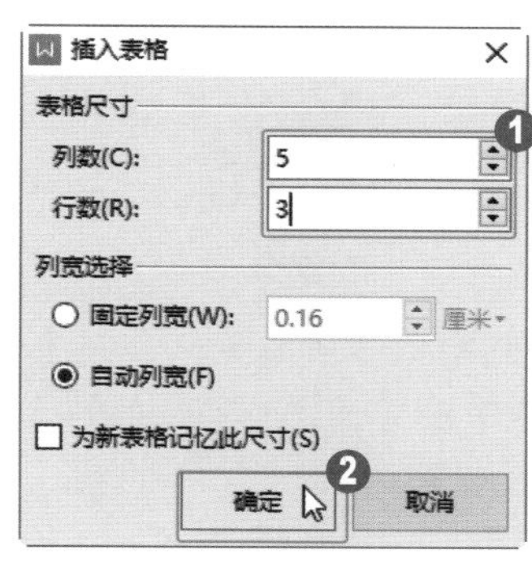

图 3-4

第 3 步 至此，完成通过对话框插入表格的操作，如图 3-5 所示。

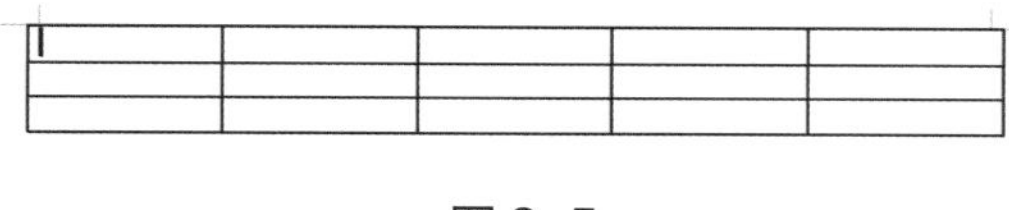

图 3-5

3.2 表格的基本操作

在文档中插入表格后，用户还可以对表格中的行、列和单元格等对象进行插入或删除的操作，以制作出满足需要的表格。表格的基本操作包括插入或删除行与列、合并与拆分单元格和输入数据等。

3.2.1 插入或删除行与列

在编辑表格的过程中，有时需要在表格中插入或删除行与列。下面详细介绍在表格中插入或删除行与列的方法。

操作步骤 Step by Step

第 1 步 打开文档，❶选中第 6 行单元格，❷在【表格工具】选项卡中单击【在上方插入行】按钮，如图 3-6 所示。

第 2 步 在选中行的上方已经插入了一行空白单元格，如图 3-7 所示。

图 3-6

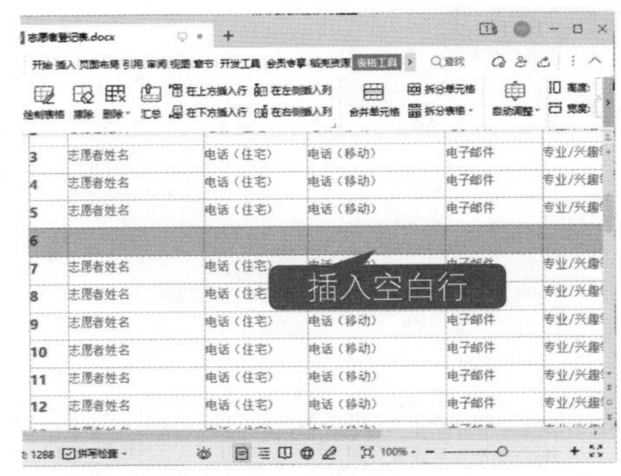

图 3-7

第 3 步 选中第 3 列单元格，在【表格工具】选项卡中单击【在左侧插入列】按钮，如图 3-8 所示。

图 3-8

第 4 步 在选中列的左侧已经插入了一列空白单元格，如图 3-9 所示。

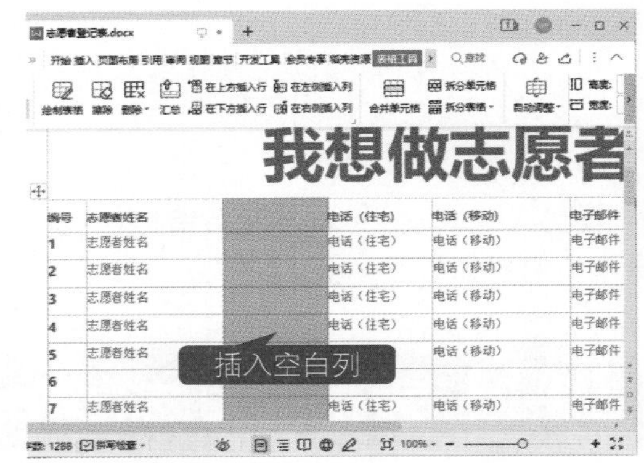

图 3-9

第 5 步 ❶选中插入的空白行，❷在【表格工具】选项卡中单击【删除】下拉按钮，❸在弹出的下拉菜单中选择【行】命令，如图 3-10 所示。

图 3-10

第 6 步 选中的行已经被删除，如图 3-11 所示。

图 3-11

第 7 步 ❶选中插入的空白列，❷在【表格工具】选项卡中单击【删除】下拉按钮，❸在弹出的下拉菜单中选择【列】命令，如图 3-12 所示。

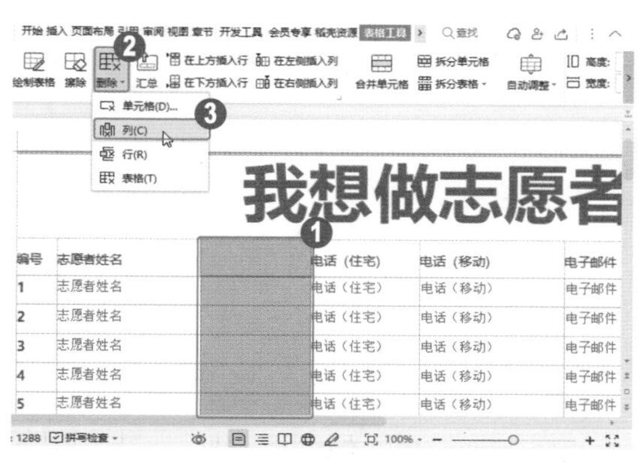

图 3-12

第 8 步 选中的列已经被删除，如图 3-13 所示。

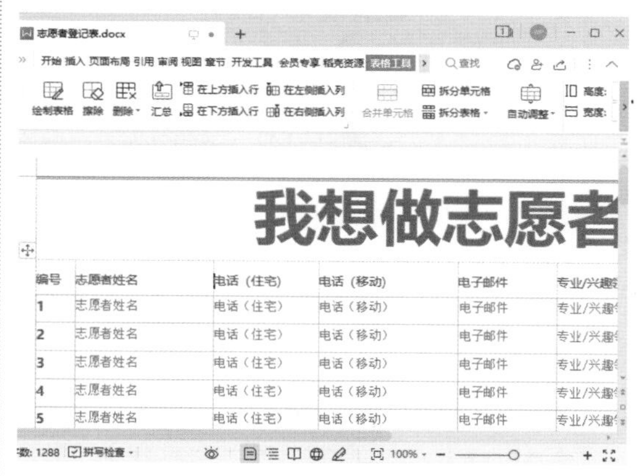

图 3-13

专家解读

将鼠标指针移动至表格左侧的边框上，此时，左侧边框将会自动显示【删除】按钮⊖和【增加】按钮⊕，单击其中的【删除】按钮，可快速删除【删除】按钮所对应的行；单击【增加】按钮，则可在【增加】按钮对应行的上方增加一行空白行。如果想要在表格中增加或删除列，则应将鼠标指针移动至表格上方的边框上，当同样出现【增加】按钮和【删除】按钮后，按照相同的操作方法也可以实现列的增加或删除操作。

3.2.2 合并与拆分单元格

在编辑表格的过程中，经常需要将多个单元格合并为一个单元格，或者将一个单元格拆分为多个单元格，此时就要用到合并和拆分功能。下面详细介绍合并与拆分单元格的操作方法。

操作步骤 Step by Step

第 1 步 打开文档，❶将光标定位在单元格中，❷在【表格工具】选项卡中单击【拆分单元格】按钮，如图 3-14 所示。

第 2 步 弹出【拆分单元格】对话框，❶在【列数】和【行数】微调框中输入数值，❷单击【确定】按钮，如图 3-15 所示。

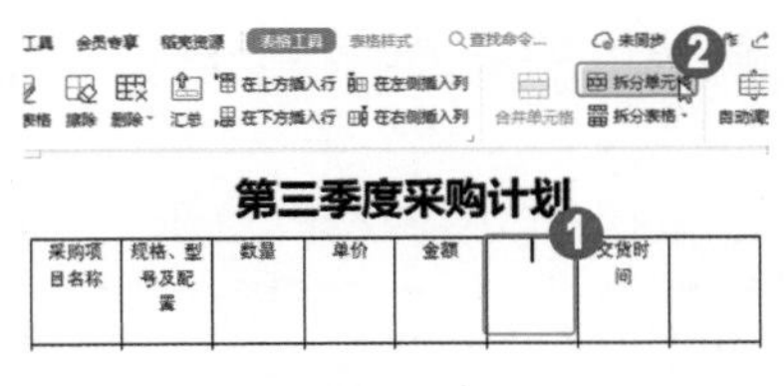

图 3-14

第 3 步 光标所在的单元格被拆分，如图 3-16 所示。

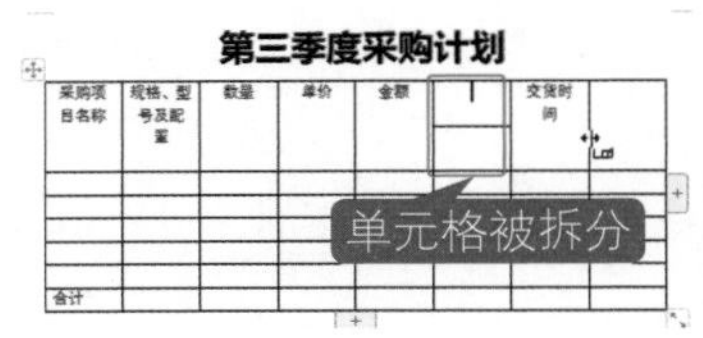

图 3-16

第 5 步 可以看出两个单元格合并为一个单元格。通过以上步骤即可完成拆分与合并单元格的操作，如图 3-18 所示。

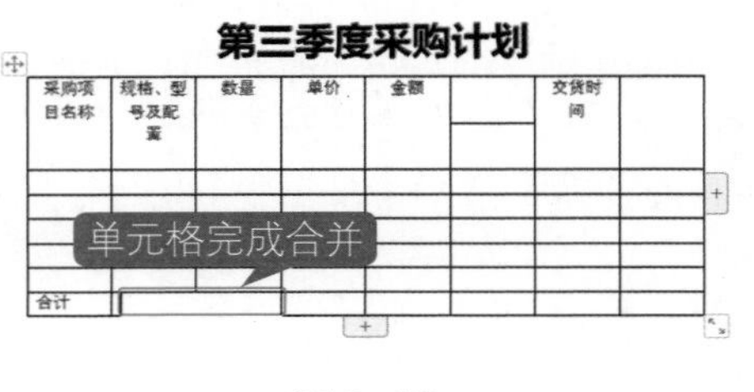

图 3-18

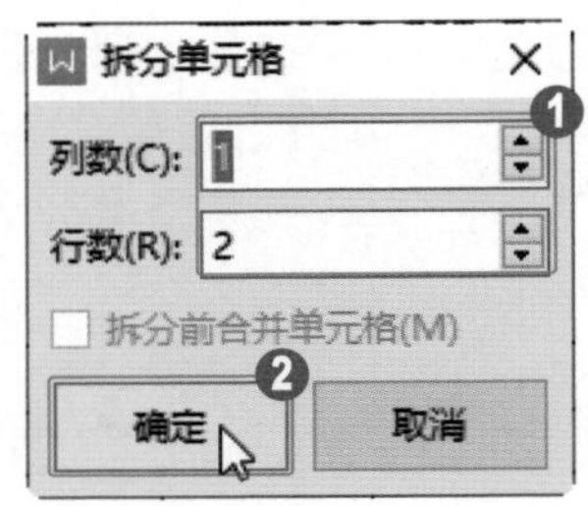

图 3-15

第 4 步 ❶选中准备合并的单元格，❷在【表格工具】选项卡中单击【合并单元格】按钮，如图 3-17 所示。

图 3-17

3.3 美化表格

在 WPS 文档中插入表格后，用户可以对表格应用样式、设置表格中文字的对齐方式以及调整文字的方向，还可以对表格的底纹和边框进行设置。本节将详细介绍美化表格的相关知识。

3.3.1 应用表格样式

用户可以给表格应用 WPS 自带的一些表格样式，达到快速美化表格的目的。下面介绍应用表格样式的方法。

操作步骤 Step by Step

第 1 步 选中表格，❶选择【表格样式】选项卡，❷单击【快速样式】下拉按钮，❸选择一种样式，如图 3-19 所示。

图 3-19

第 2 步 表格已经应用了样式，如图 3-20 所示。

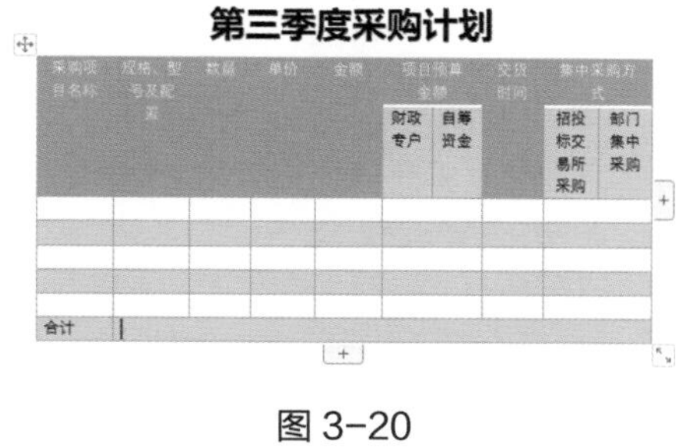

图 3-20

3.3.2 设置对齐方式

表格的对齐方式，主要是指单元格中文本的对齐，包括水平居中、靠上右对齐、靠下右对齐、靠上居中对齐等不同方式。下面介绍设置对齐方式的方法。

操作步骤 Step by Step

第 1 步 选中整个表格，❶在【表格工具】选项卡中单击【对齐方式】下拉按钮，❷选择【水平居中】命令，如图 3-21 所示。

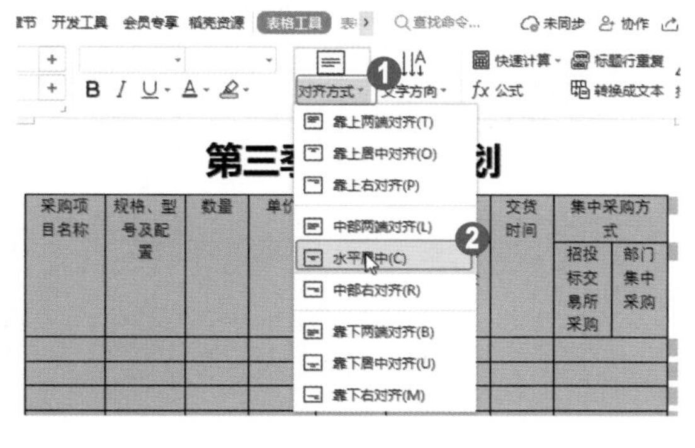

图 3-21

第 2 步 表格中的文字已经水平居中显示，如图 3-22 所示。

图 3-22

3.3.3 调整文字方向

在制作表格的过程中，有时会用到文字的各种排版样式，如横向、竖向和倒立等，从而让 WPS 文字更美观或者更加符合制作需求。下面介绍调整文字方向的方法。

操作步骤 Step by Step

第 1 步 选中文字，❶在【表格工具】选项卡中单击【文字方向】下拉按钮，❷选择【垂直方向从右往左】命令，如图 3-23 所示。

图 3-23

第 2 步 表格的文字方向发生了变化，如图 3-24 所示。

第三季度采购计划

采购项目名称	规格、型号及配置	数量	单价	金额	项目预算金额		交货时间	集中采购方式	
					财政专户	自筹资金		招投标交易所采购	部门集中采购
合计									

文字方向改变

图 3-24

3.3.4 设置单元格的底纹

用户不仅可以为表格设置边框和底纹，还可以为单元格设置边框和底纹。下面介绍设置单元格边框和底纹的方法。

操作步骤 Step by Step

第 1 步 选中第 1 行单元格，❶选择【表格样式】选项卡，❷单击【底纹】下拉按钮，❸选择一种颜色，如图 3-25 所示。

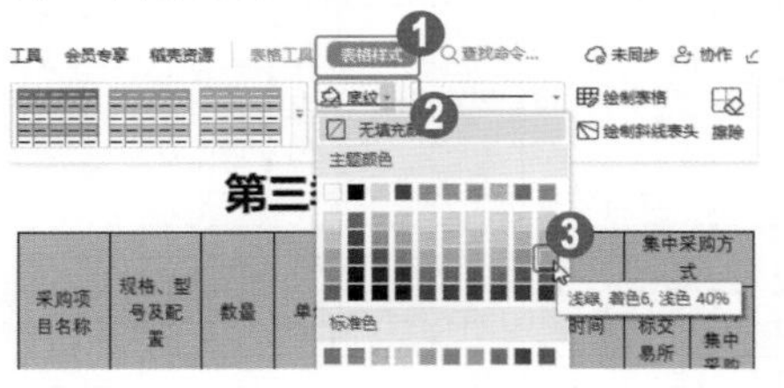

图 3-25

第 2 步 第 1 行单元格添加了底纹，如图 3-26 所示。

第三季度采购计划

采购项目名称	规格、型号及配置	数量	单价	金额	项目预算金额		交货时间	集中采购方式	
					财政专户	自筹资金		招投标交易所采购	部门集中采购

图 3-26

3.3.5 课堂范例——制作差旅费报销单

职工出差回来报销需要填写差旅费报销单，差旅费报销单属于单位内部自制的原始凭证，上面有出差日期、时间、地点、金额等栏次。

<< 扫码获取配套视频课程，本节视频课程播放时长约为 4 分 32 秒。

配套素材路径：配套素材/第3章

素材文件名称：差旅费报销单.docx

操作步骤

Step by Step

第 1 步 打开素材文件，执行【插入】→【表格】→【绘制表格】命令，绘制一个 9×8 的表格，如图 3-27 所示。

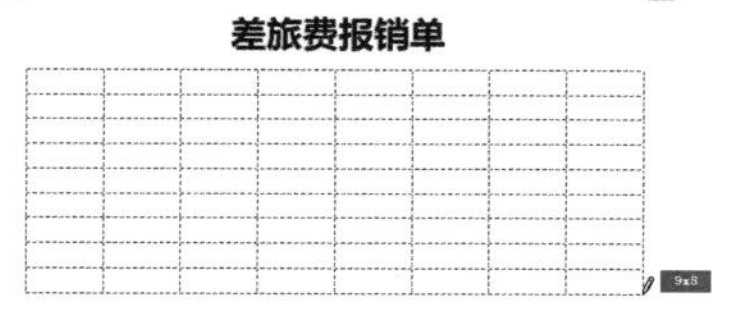

图 3-27

第 2 步 将鼠标指针移动至第 1 列第 5 行单元格中，向下绘制内框线，如图 3-28 所示。

图 3-28

第 3 步 使用相同方法绘制其他内框线，如图 3-29 所示。

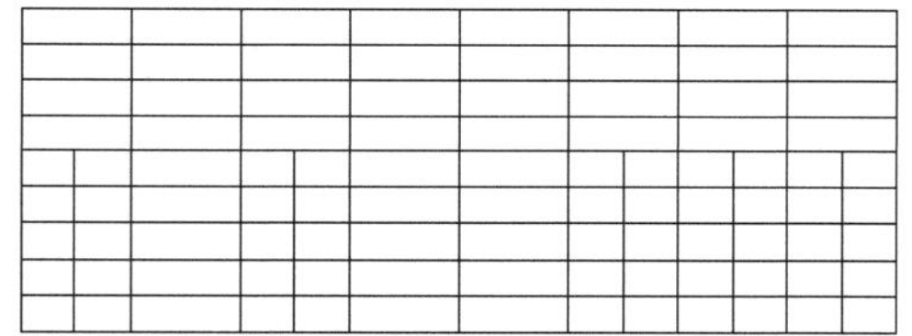

图 3-29

第 4 步 ❶选择【页面布局】选项卡，❷单击【纸张方向】下拉按钮，❸选择【横向】命令，如图 3-30 所示。

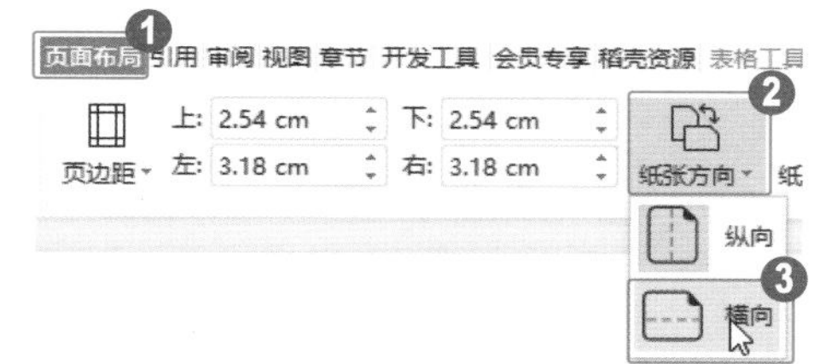

图 3-30

第 5 步 将光标定位在任意单元格中，单击右侧边框显示的【添加】按钮，即可插入一个空白列，如图 3-31 所示。

图 3-31

第 6 步 单击表格下边框显示的【添加】按钮，即可插入一个空白行，如图 3-32 所示。

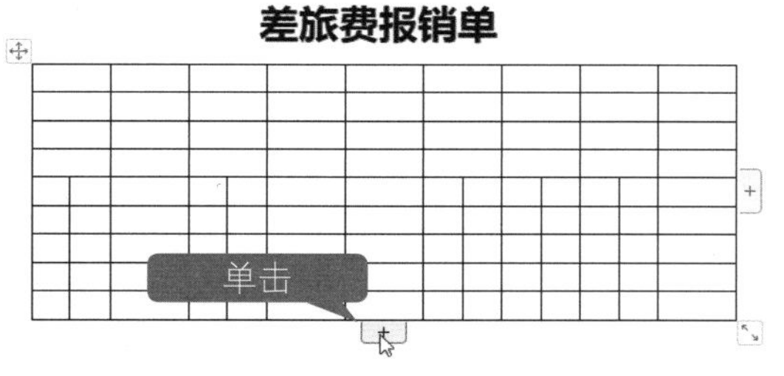

图 3-32

第 7 步 选中第 1 行单元格，在【表格工具】选项卡中单击【合并单元格】按钮，如图 3-33 所示。

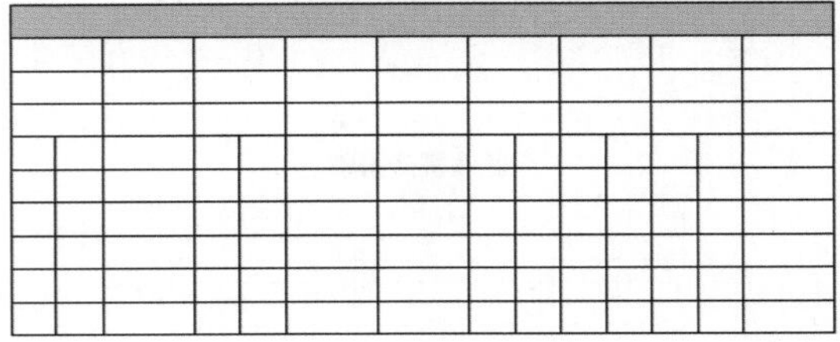

图 3-33

第 8 步 将光标定位在第 1 行，输入内容，设置字体为【微软雅黑】，字号为【三号】，【对齐方式】为【水平居中】，如图 3-33 所示。

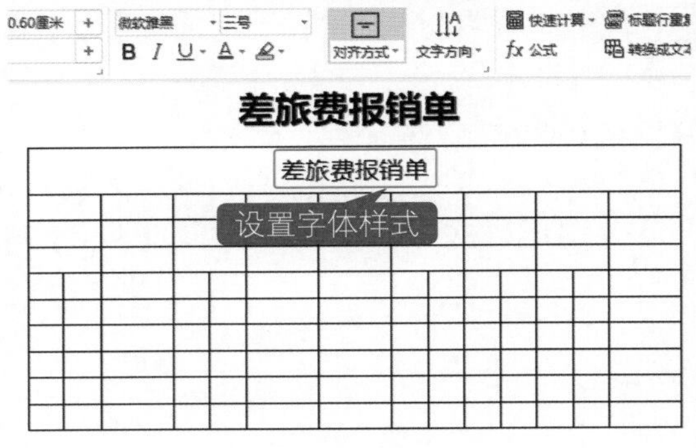

图 3-34

第 9 步 按照相同方法对表格中的单元格进行合并操作，并输入相应的文本内容，如图 3-35 所示。

差旅费报销单

差旅费报销单													
销售部门	销售部						填报日期		2022 年 6 月 22 日				
姓名		李月	职务		销售经理		出差事由		市场调研				
出发			到达			交通工具	交通费		出差补贴		其他费用		
月	日	地点	月	日	地点		单据张数	金额	出差补助	住宿节约补助	项目	单据张数	金额
5	6	广州	5	7	成都	高铁	1	300	50	100	市内经费		
5	10	成都	5	10	杭州	高铁	1	450	80	100	不买卧铺补贴		
合计													
总计金额（大写）:													
申领人:							领导签字:						

图 3-35

第10步 将光标定位在任意单元格中，❶在【表格工具】选项卡中单击【自动调整】下拉按钮，❷选择【适应窗口大小】命令，如图 3-36 所示。

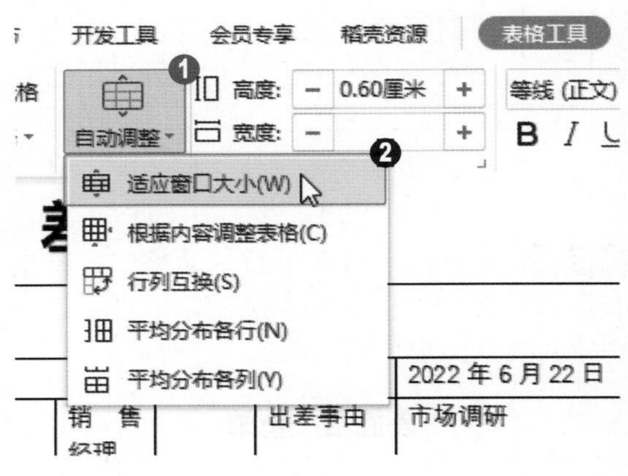

图 3-36

第11步 选中首行单元格，执行【表格样式】→【底纹】→【白色，背景 1，深色 5%】命令，如图 3-37 所示。

第12步 对倒数第 2 行单元格添加相同的底纹颜色，如图 3-38 所示。

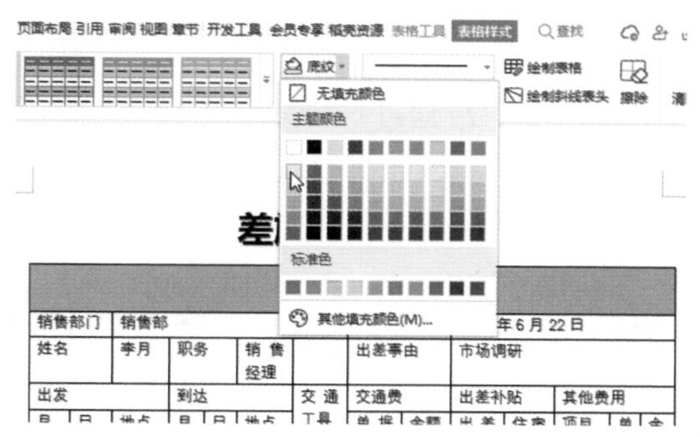

图 3-37

第13步 执行【表格样式】→【线型】→【双横线】命令，如图 3-39 所示。

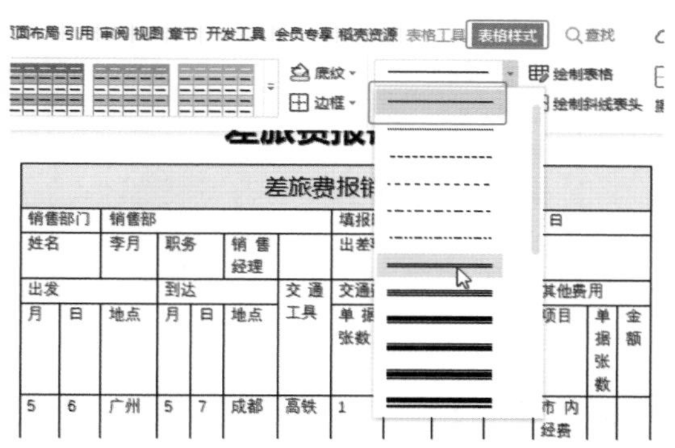

图 3-39

第15步 鼠标指针变为笔的形状，将指针移动至“合计”行的下边框上，当出现蓝色线条时拖动鼠标即可绘制一条双横线线条，如图 3-41 所示。

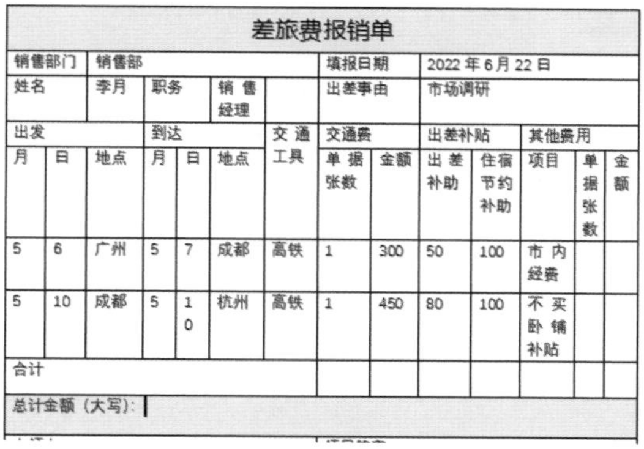

差旅费报销单													
销售部门	销售部						填报日期		2022 年 6 月 22 日				
姓名	李月		职务		销售经理		出差事由		市场调研				
出发			到达			交通工具	交通费		出差补贴		其他费用		
月	日	地点	月	日	地点		单据张数	金额	出差补助	住宿节约补助	项目	单据张数	金额
5	6	广州	5	7	成都	高铁	1	300	50	100	市内经费		
5	10	成都	5	10	杭州	高铁	1	450	80	100	不买卧铺补贴		
合计													
总计金额（大写）:													

图 3-38

第14步 执行【表格样式】→【线型粗细】→【0.75 磅】命令，如图 3-40 所示。

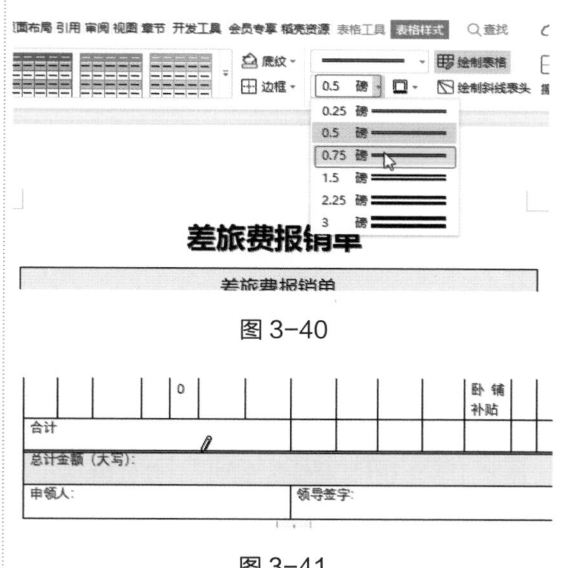

图 3-40

图 3-41

3.4 计算表格数据

制作好表格的框架并输入相关数据后，用户可以利用 WPS 提供的简易公式计算功能，自动填写合计金额。本节将介绍在表格中使用公式和函数计算合计金额以及显示人民币大写金额的方法。

3.4.1 在表格中使用公式和函数

在 WPS 文档中，不仅可以制作表格，还可以对表格中的数据进行计算。下面介绍在表格中使用公式和函数计算数据的操作。

操作步骤 Step by Step

第 1 步 ❶将光标定位在“合计”行的第 3 列单元格中，❷单击【表格工具】选项卡中的【*fx* 公式】按钮，如图 3-42 所示。

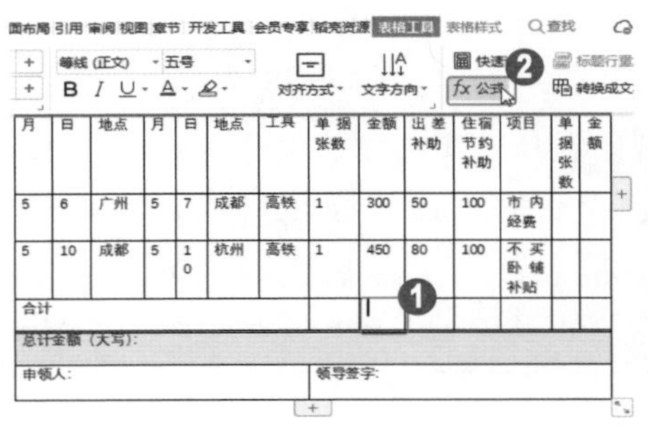

图 3-42

第 3 步 此时光标所在单元格计算出结果，如图 3-44 所示。

月	日	地点	月	日	地点	工具	单据张数	金额	出差补助	住宿节约补助	项目	单据张数	金额
5	6	广州	5	7	成都	高铁	1	300	50	100	市内经费		
5	10	成都	5	10	杭州	高铁	1	450	80	100	不买卧铺补贴		
合计								750					
总计金额（大写）:													
申领人:							领导签字:						

图 3-44

第 2 步 弹出【公式】对话框，❶在【公式】文本框中输入公式，❷单击【确定】按钮，如图 3-43 所示。

图 3-43

第 4 步 使用相同方法计算其他单元格数据，如图 3-45 所示。

销售部门	销售部						填报日期		2022 年 6 月 22 日				
姓名	李月		职务		销售经理		出差事由		市场调研				
出发			到达			交通工具	交通费		出差补助		其他费用		
月	日	地点	月	日	地点	工具	单据张数	金额	出差补助	住宿节约补助	项目	单据张数	金额
5	6	广州	5	7	成都	高铁	1	300	50	100	市内经费		
5	10	成都	5	10	杭州	高铁	1	450	80	100	不买卧铺补贴		
合计 1080								750	130	200			
总计金额（大写）:													
申领人:							领导签字:						

图 3-45

3.4.2 显示人民币大写金额

一些表格中的金额需要大写显示，WPS 也能通过公式来实现。下面介绍显示人民币大写金额的方法。

操作步骤

Step by Step

第 1 步 ❶将光标定位在单元格中，❷在【表格工具】选项卡中单击【*fx* 公式】按钮，如图 3-46 所示。

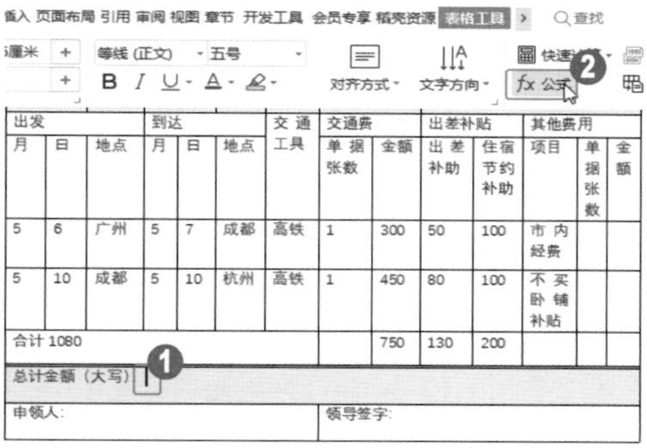

出发			到达			交通工具	交通费		出差补贴		其他费用		
月	日	地点	月	日	地点		单据张数	金额	出差补助	住宿节约补助	项目	单据张数	金额
5	6	广州	5	7	成都	高铁	1	300	50	100	市内经费		
5	10	成都	5	10	杭州	高铁	1	450	80	100	不买卧铺补贴		
合计 1080								750	130	200			
总计金额（大写）													
申领人:							领导签字:						

图 3-46

第 2 步 弹出【公式】对话框，❶在【公式】文本框中输入公式，❷在【数字格式】下拉列表框中选择【人民币大写】选项，❸单击【确定】按钮，如图 3-47 所示。

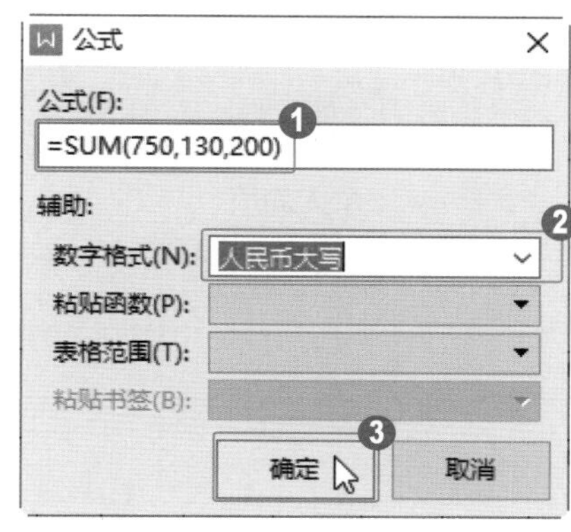

图 3-47

第 3 步 返回文档，可以看到单元格中已经显示出计算结果，如图 3-48 所示。

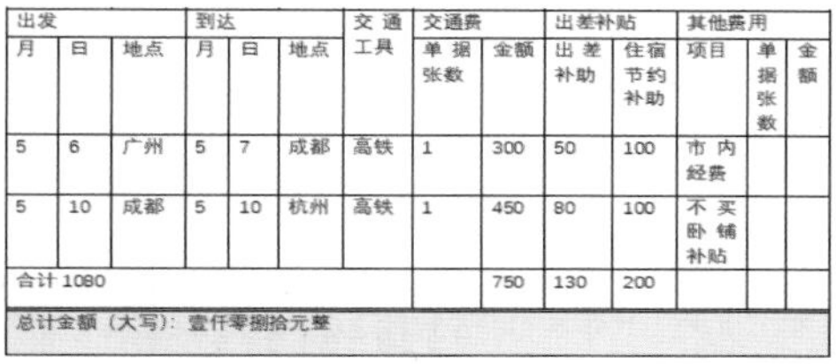

出发			到达			交通工具	交通费		出差补贴		其他费用		
月	日	地点	月	日	地点		单据张数	金额	出差补助	住宿节约补助	项目	单据张数	金额
5	6	广州	5	7	成都	高铁	1	300	50	100	市内经费		
5	10	成都	5	10	杭州	高铁	1	450	80	100	不买卧铺补贴		
合计 1080								750	130	200			
总计金额（大写）：壹仟零捌拾元整													

图 3-48

指点迷津

选择要计算的数据，单击【表格工具】选项卡中的【快速计算】下拉按钮，在列表中用户可以对数据进行求和、平均值、最大值和最小值计算。

3.5 实战课堂——制作个人简历

个人简历是求职者给招聘单位发的一份个人简要介绍，包含自己的基本信息，如姓名、性别、年龄、民族、籍贯、政治面貌等。个人简历以简洁、突出重点为最佳标准。

<< 扫码获取配套视频课程，本节视频课程播放时长约为 2 分 20 秒。

配套素材路径：配套素材/第3章

素材文件名称：个人简历.docx

3.5.1 绘制表格

本小节主要介绍新建文档、输入表格标题、绘制表格、合并单元格、添加行、设置单元格底纹颜色等内容。

操作步骤 Step by Step

第 1 步 新建空白文档，输入标题，设置标题字体为【幼圆】，字号为【小一】，绘制一个 8 行 7 列的表格，如图 3-49 所示。

个人简历

图 3-49

第 3 步 单击表格下边框中间位置的【添加】按钮，添加 5 行单元格，继续合并单元格，如图 3-51 所示。

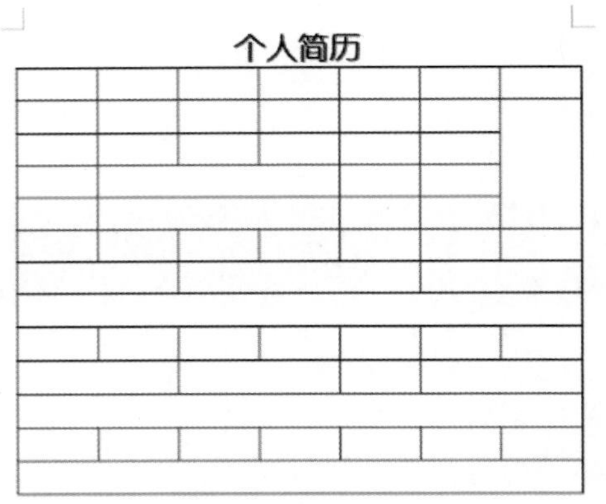

图 3-51

第 5 步 合并第 1、6、9、12 行单元格，如图 3-53 所示。

第 2 步 对单元格进行合并操作，如图 3-50 所示。

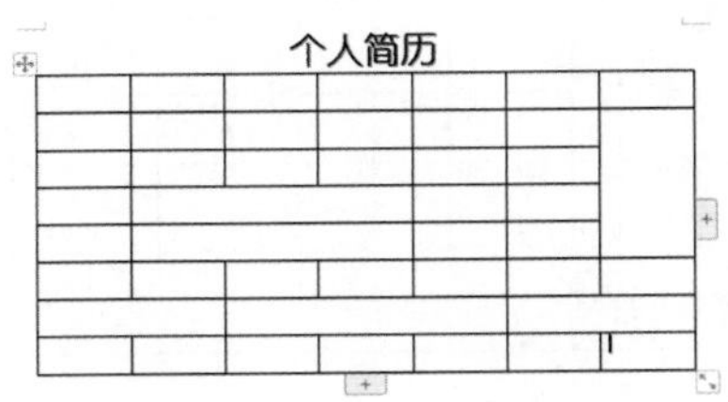

图 3-50

第 4 步 选中第 1、6、9、12 行的单元格，为其添加【矢车菊蓝，着色 1，浅色 80%】底纹颜色，如图 3-52 所示。

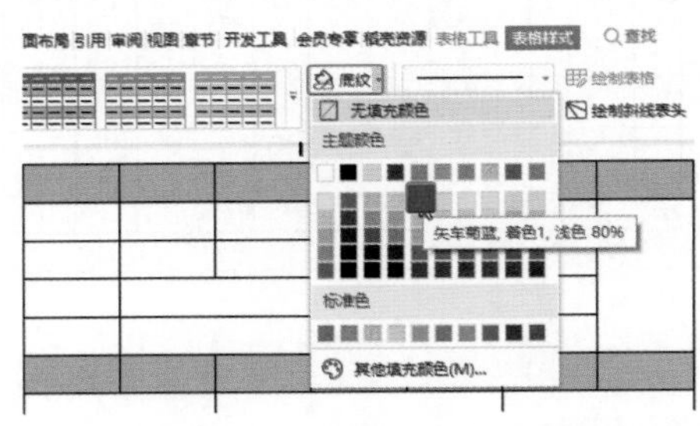

图 3-52

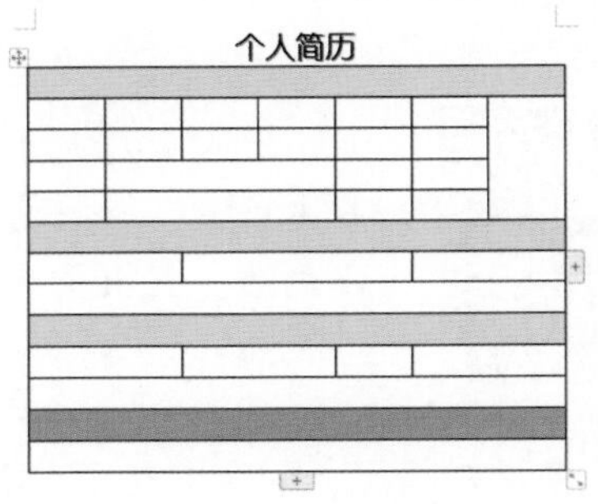

图 3-53

3.5.2 输入表格内容

本小节主要介绍在单元格中输入文本内容、设置文本对齐方式、设置部分文本加粗显示等内容。

操作步骤 Step by Step

第 1 步 在单元格中输入文本内容，如图 3-54 所示。

个人简历

基本信息						
姓名		性别		出生年月日		
民族		学历		政治面貌		
身份证号				居住地		
工作年限				户口所在地		
受教育经历						
时间		学校			学历	
工作经历						
时间		所在公司		担任职位	离职原因	
自我评价						

图 3-54

第 2 步 设置文本对齐方式为【水平居中】，设置所有带有底纹的单元格中的文本加粗显示，如图 3-55 所示。

个人简历

基本信息						
姓名		性别		出生年月日		
民族		学历		政治面貌		
身份证号				居住地		
工作年限				户口所在地		
受教育经历						
时间		学校			学历	
工作经历						
时间		所在公司		担任职位	离职原因	
自我评价						

图 3-55

3.5.3 调整单元格大小并添加边框

本小节主要介绍调整表格的行高、为表格添加内外边框等内容。

操作步骤 Step by Step

第 1 步 将光标定位在任意单元格中，❶选择【表格样式】选项卡，❷单击【边框】下拉按钮，❸选择【边框和底纹】命令，如图 3-56 所示。

第 2 步 弹出【边框和底纹】对话框，在【边框】选项卡中，❶选择【自定义】选项，❷在【线型】列表框中选择【双横线】选项，❸设置【颜色】为【钢蓝，着色 5】，❹设置【宽度】为【0.5 磅】，❺单击【确定】按钮，如图 3-57 所示。

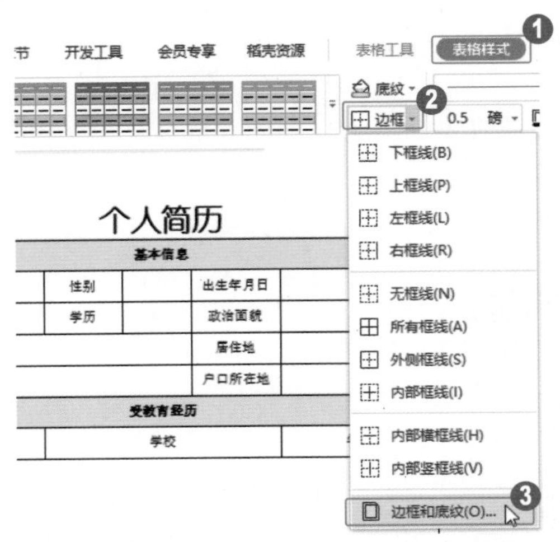

图 3-56

第 3 步 选中整个表格，❶再次单击【边框】下拉按钮，❷选择【外侧框线】命令，如图 3-58 所示。

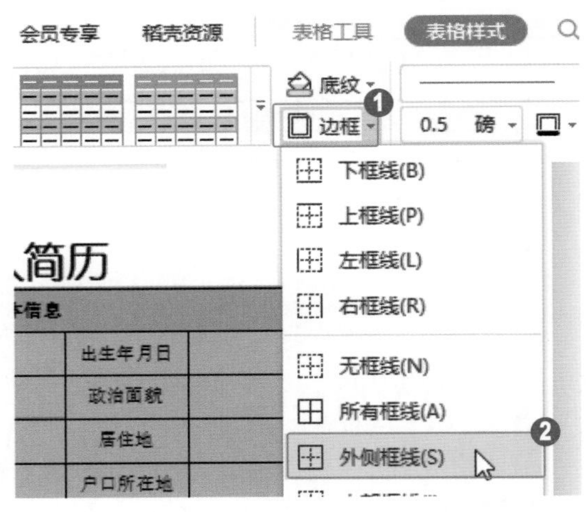

图 3-58

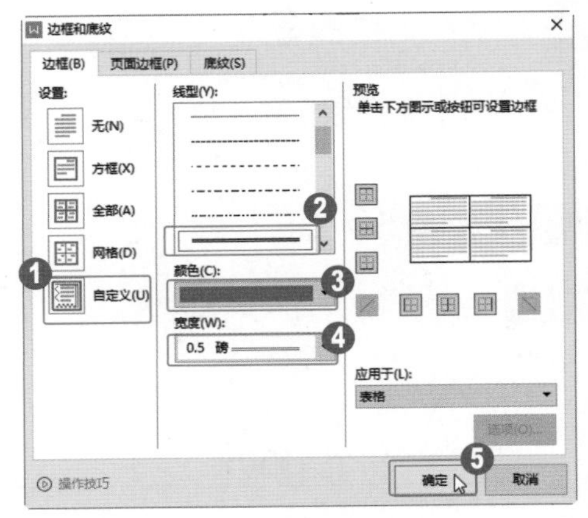

图 3-57

第 4 步 表格的外边框变为蓝色的双横线，如图 3-59 所示。

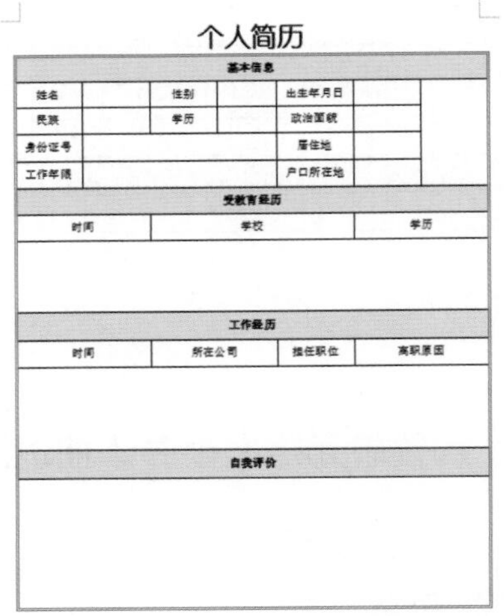

个人简历

基本信息						
姓名		性别		出生年月日		
民族		学历		政治面貌		
身份证号				居住地		
工作年限				户口所在地		
受教育经历						
时间	学校			学历		
工作经历						
时间	所在公司		担任职位	离职原因		
自我评价						

图 3-59

3.6 思考与练习

通过本章的学习，读者可以掌握创建与编辑表格文档的基础知识以及一些常见的操作方法，在本节中将针对本章知识点进行相关知识测试，以达到巩固与提高的目的。

一、填空题

1. 在文档中插入表格后，工作界面中会自动显示 ________ 和【表格样式】选项卡，通过这两个选项卡可以对表格的边框和底纹、表格结构、表格属性等进行设置。

2. 在 WPS 文档中除了利用示意表格快速插入表格外，还可以通过 ________ 对话框，插入指定行和列的表格。

二、判断题

1. 在制作 WPS 文档时，如果需要插入表格的行数或列数均未超过 10，那么可以利用示意表格快速插入表格。（　　）

2. 将鼠标指针移动至表格左侧的边框上，此时左侧边框将会自动显示⊖按钮，单击该按钮，可快速插入一行单元格。（　　）

三、简答题

1. 在 WPS 文档中如何设置单元格的底纹？
2. 在 WPS 文档中如何应用表格样式？

第4章

文档排版的高级应用

- 邮件合并
- 文档的共享和保护
- 检查文档

本章主要介绍了邮件合并、文档的共享和保护以及检查文档方面的知识与技巧，在本章的最后还针对实际的工作需求，讲解了使用样式统一标题级别和格式、快速提取目录、自动添加题注、插入脚注和设置分栏的方法。通过本章的学习，读者可以掌握文档排版方面的知识，为深入学习WPS奠定基础。

4.1 邮件合并

邮件合并可以将内容有变化的部分，如姓名或地址等制作成数据源，将文档内容相同的部分制作成一个主文档，然后将数据源中的信息合并到主文档中。

4.1.1 创建主文档

使用邮件合并功能的第一步，是需要创建一个主文档，创建主文档的方法非常简单。下面介绍创建主文档的方法。

操作步骤 Step by Step

第 1 步 使用 WPS 打开“员工工资表 .xlsx”，如图 4-1 所示。

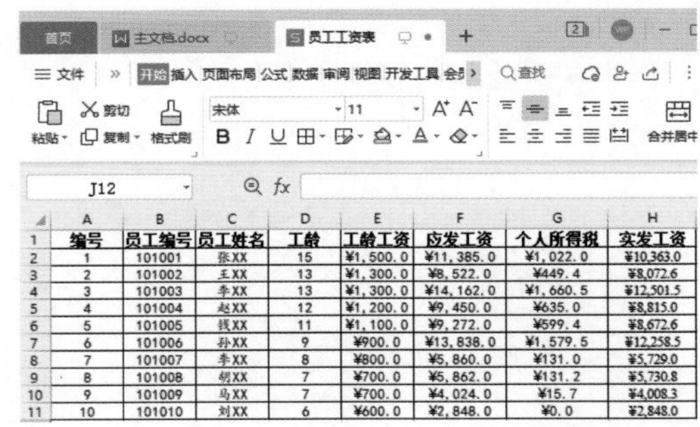

编号	员工编号	员工姓名	工龄	工龄工资	应发工资	个人所得税	实发工资
1	101001	张XX	15	¥1,500.0	¥11,385.0	¥1,022.0	¥10,363.0
2	101002	王XX	13	¥1,300.0	¥8,522.0	¥449.4	¥8,072.6
3	101003	李XX	13	¥1,300.0	¥14,162.0	¥1,660.5	¥12,501.5
4	101004	赵XX	12	¥1,200.0	¥9,450.0	¥635.0	¥8,815.0
5	101005	钱XX	11	¥1,100.0	¥9,272.0	¥599.4	¥8,672.6
6	101006	孙XX	9	¥900.0	¥13,838.0	¥1,579.5	¥12,258.5
7	101007	李XX	8	¥800.0	¥5,860.0	¥131.0	¥5,729.0
8	101008	胡XX	7	¥700.0	¥5,862.0	¥131.2	¥5,730.8
9	101009	马XX	7	¥700.0	¥4,024.0	¥15.7	¥4,008.3
10	101010	刘XX	6	¥600.0	¥2,848.0	¥0.0	¥2,848.0

图 4-1

第 2 步 创建一个空白文档，将其命名为“主文档”，执行【页面布局】→【纸张方向】→【横向】命令，输入标题，设置标题字体样式，如图 4-2 所示。

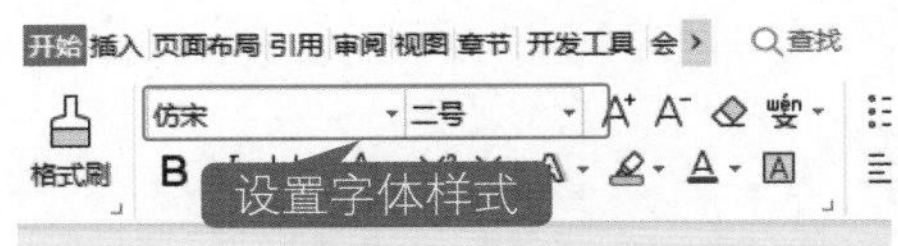

图 4-2

第 3 步 按 Enter 键，绘制一张 8 列 2 行的表格，如图 4-3 所示。

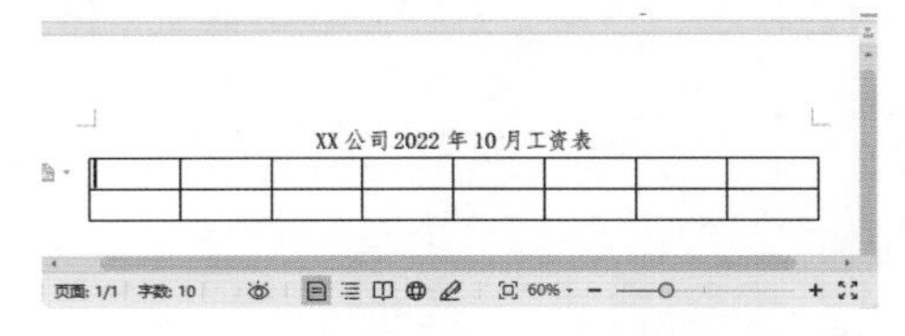

图 4-3

第 4 步 根据 Excel 素材表格中的标题行，在表格中输入行标题，如图 4-4 所示。

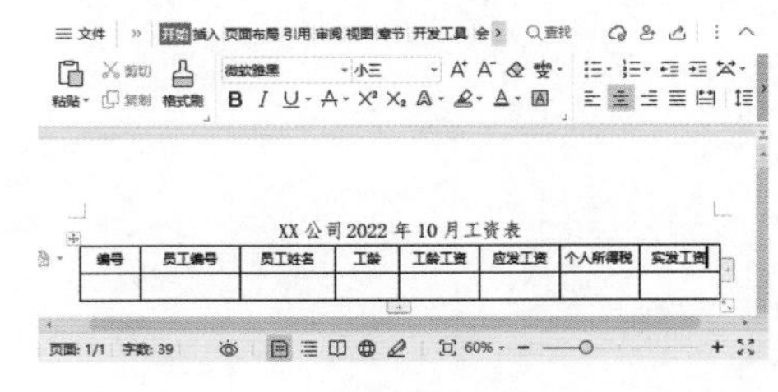

图 4-4

4.1.2 创建数据源

创建数据源是指直接使用现成的数据源，进行合并操作。下面介绍创建数据源的操作方法。

操作步骤 Step by Step

第 1 步 ❶选择【引用】选项卡，❷单击【邮件】按钮，如图 4-5 所示。

图 4-5

第 2 步 激活【邮件合并】选项卡，❶单击【打开数据源】下拉按钮，❷选择【打开数据源】选项，如图 4-6 所示。

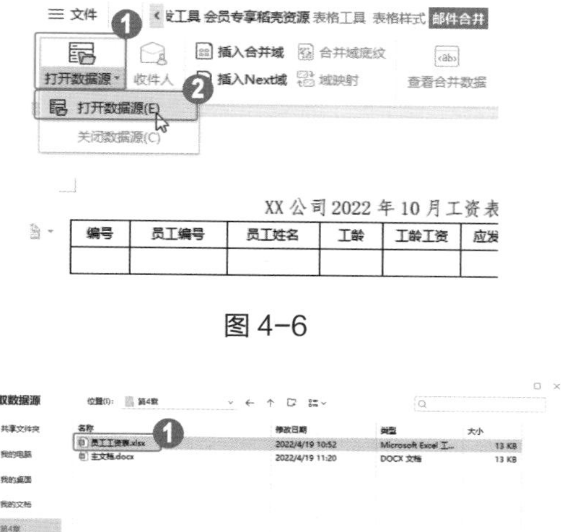

图 4-6

第 3 步 弹出【选取数据源】对话框，❶选中文件，❷单击【打开】按钮，如图 4-7 所示。

图 4-7

4.1.3 将数据源合并到主文档

操作步骤 Step by Step

第 1 步 将光标定位在第 2 行第 1 个单元格中，单击【邮件合并】选项卡中的【插入合并域】按钮，如图 4-8 所示。

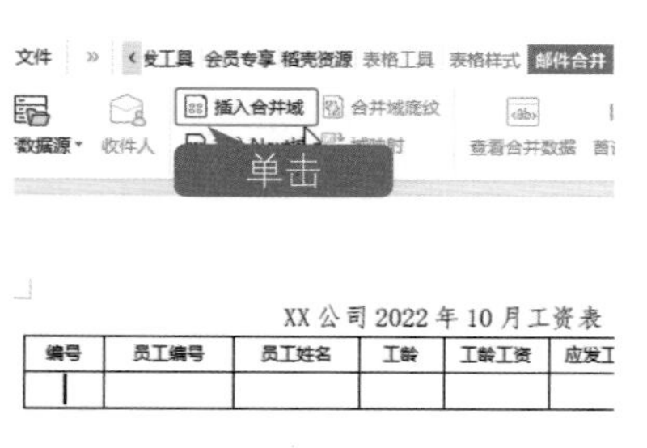

图 4-8

第 2 步 光标所在单元格已经插入了合并域【《员工编号》】，如图 4-9 所示。

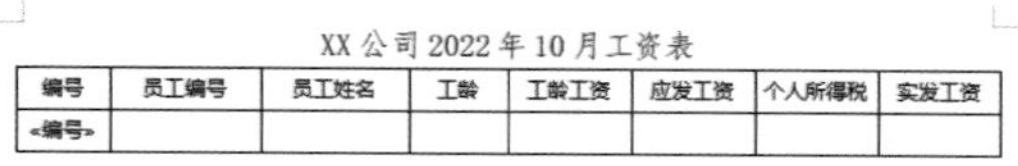

XX 公司 2022 年 10 月工资表

编号	员工编号	员工姓名	工龄	工龄工资	应发工资	个人所得税	实发工资
«编号»							

图 4-9

第 3 步 使用相同方法，插入合并域【员工编号】【员工姓名】【工龄】【工龄工资】【应发工资】【个人所得税】【实发工资】，如图 4-10 所示。

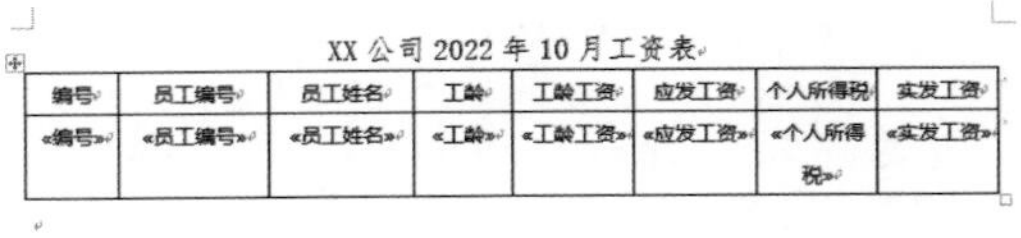

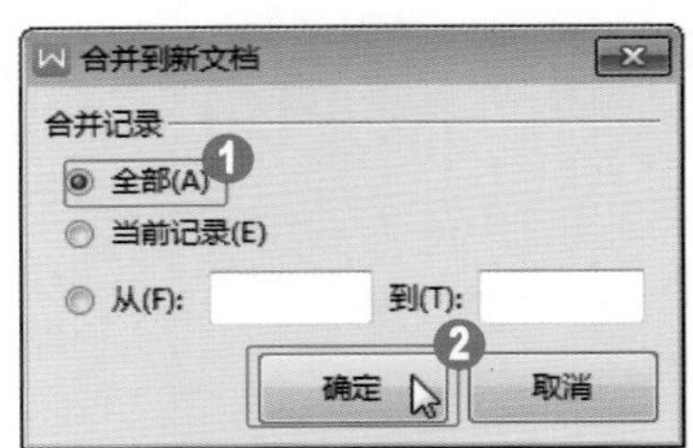

XX 公司 2022 年 10 月工资表

编号	员工编号	员工姓名	工龄	工龄工资	应发工资	个人所得税	实发工资
«编号»	«员工编号»	«员工姓名»	«工龄»	«工龄工资»	«应发工资»	«个人所得税»	«实发工资»

图 4-10

第 4 步 单击【合并到新文档】按钮，如图 4-11 所示。

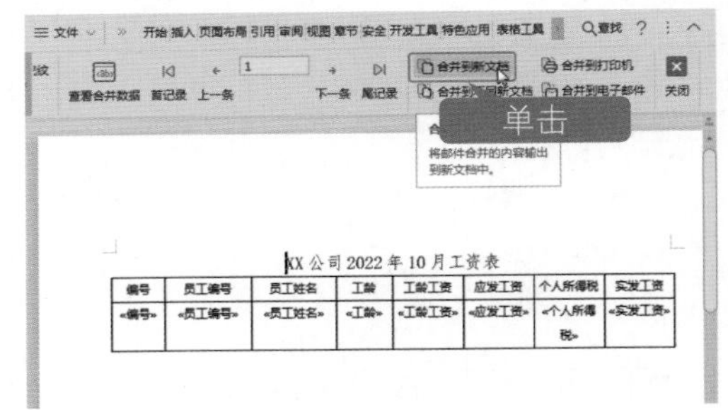

图 4-11

第 5 步 弹出【合并到新文档】对话框，❶选中【全部】单选按钮，❷单击【确定】按钮，如图 4-12 所示。

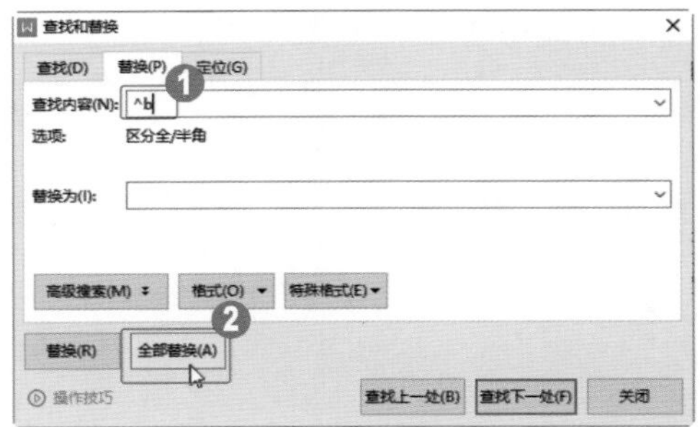

图 4-12

第 6 步 WPS 自动生成一个新文档，并分页显示每名员工的工资条，如图 4-13 所示。

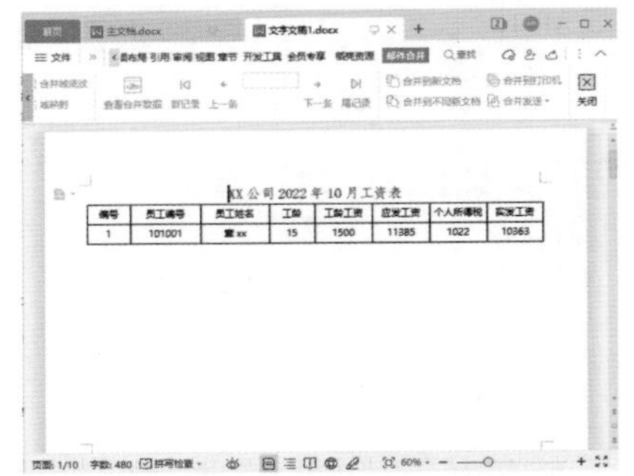

图 4-13

第 7 步 按 Ctrl+H 组合键，弹出【查找和替换】对话框，❶在【查找内容】文本框中输入“^b”，❷单击【全部替换】按钮，如图 4-14 所示。

图 4-14

第 8 步 此时，WPS 文档不再分页显示，如图 4-15 所示。

图 4-15

知识拓展

在文档中合并数据源后，合并域默认显示灰色底纹，要想取消合并域的底纹，单击【邮件合并】选项卡中的【合并域底纹】按钮即可。

4.2 文档的共享和保护

文档制作完成后，为了防止他人随意编辑或者查看该文档，可以对文档设置相应的保护。此外，用户还可以将文档上传至某个平台，实现共享操作。本节将详细介绍文档共享和保护的相关知识。

4.2.1 设置文档权限

为了保证重要文档的安全，用户可以为其设置权限。下面详细介绍设置文档权限的操作方法。

操作步骤 Step by Step

第 1 步 打开文档，❶选择【审阅】选项卡，❷单击【文档权限】按钮，如图 4-16 所示。

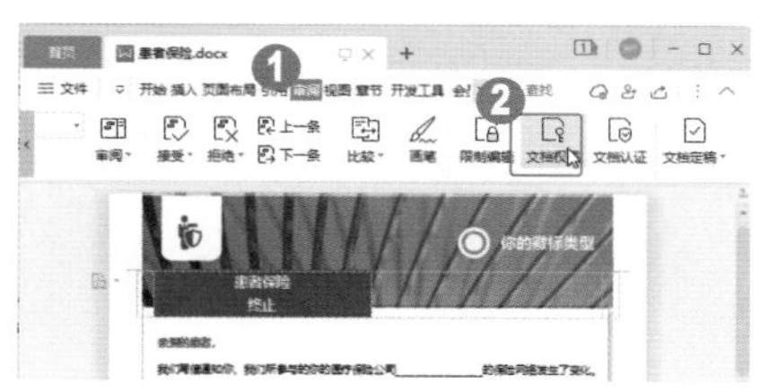

图 4-16

第 2 步 弹出【文档权限】对话框，单击【私密文档保护】选项右侧的开启按钮，如图 4-17 所示。

图 4-17

第 3 步 弹出【账号确认】对话框，❶勾选【确认为本人账号，并了解该功能】复选框，❷单击【开启保护】按钮，如图 4-18 所示。

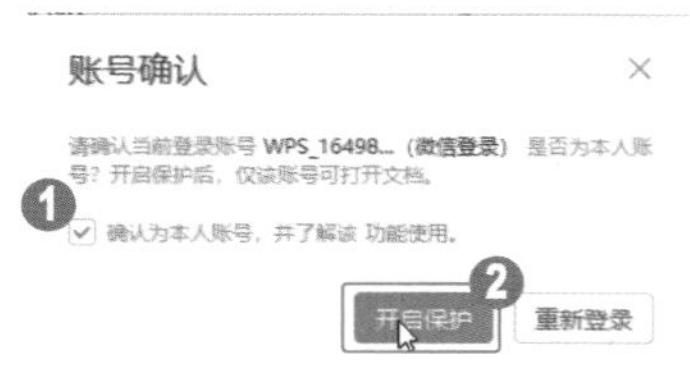

图 4-18

第 4 步 返回【文档权限】对话框，【私密文档保护】功能已开启，如图 4-19 所示。

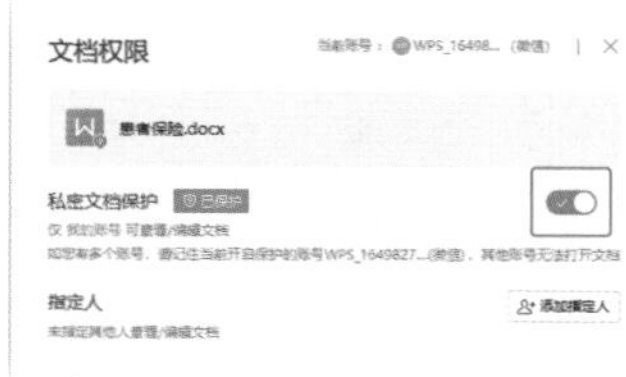

图 4-19

4.2.2 使用密码保护文档

为了保证重要文档的安全，用户可以为其设置密码。下面介绍使用密码保护文档的操作方法。

操作步骤　Step by Step

第 1 步 打开文档，❶单击【文件】按钮，❷执行【文档加密】命令，❸执行【密码加密】子命令，如图 4-20 所示。

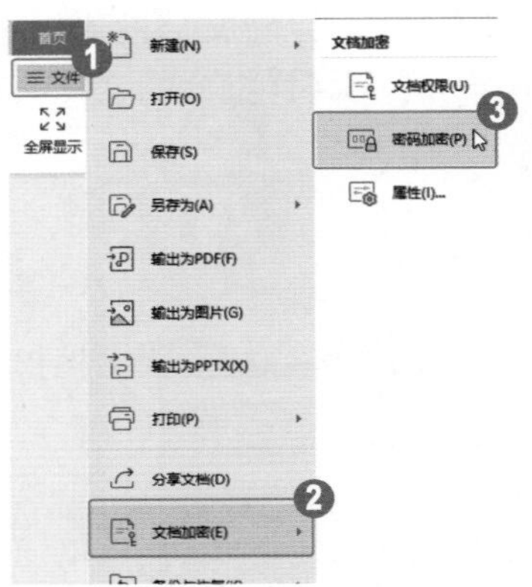

图 4-20

第 2 步 弹出【密码加密】对话框，❶设置【打开权限】和【编辑权限】的密码，❷单击【应用】按钮，如图 4-21 所示。

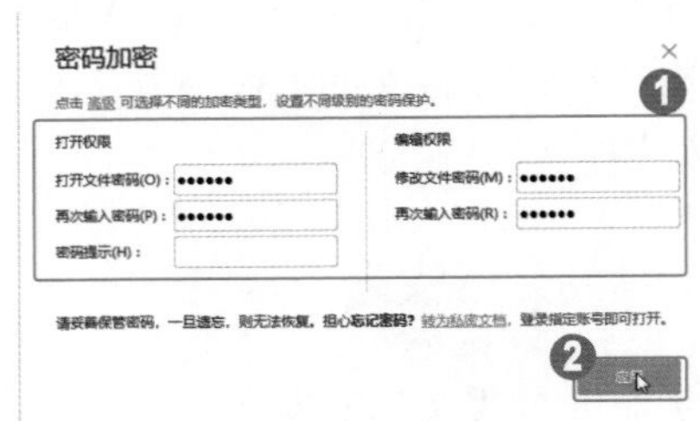

图 4-21

第 3 步 再次打开文档时，会弹出【文档已加密】对话框，提示用户输入文档打开密码，❶在文本框中输入密码，❷单击【确定】按钮，如图 4-22 所示。

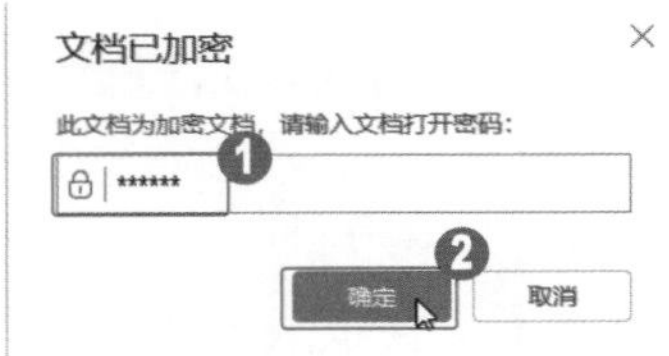

图 4-22

第 4 步 如果用户设置了编辑权限密码，则会继续弹出【文档已设置编辑密码】对话框，提示用户输入密码，或者以“只读”模式打开，❶在文本框中输入密码，❷单击【解锁编辑】按钮，如图 4-23 所示。

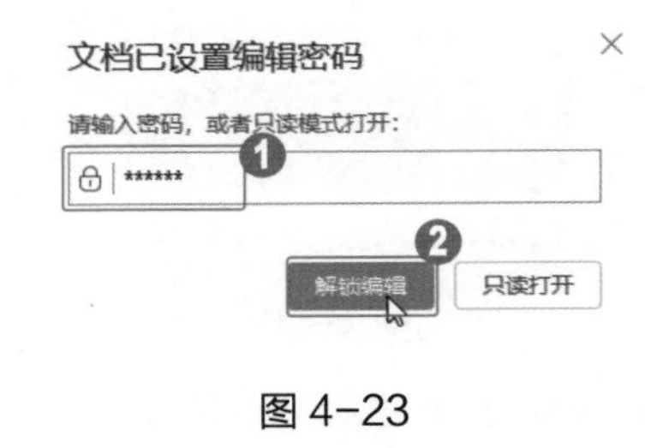

图 4-23

第 5 步 打开文档后，可以发现该文档名称右侧会有密码加密的标记，如图 4-24 所示。

图 4-24

4.2.3 共享文档

如果用户想要将文档共享给其他人，则可以使用 WPS 文档中的分享文档功能。下面介绍共享文档的操作方法。

操作步骤 Step by Step

第 1 步 打开文档，❶单击【文件】按钮，❷选择【分享文档】选项，如图 4-25 所示。

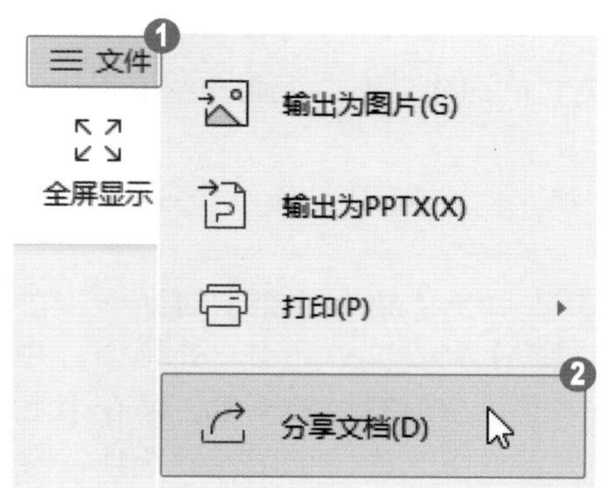

图 4-25

第 2 步 弹出【另存云端开启“分享”】对话框，单击【上传到云端】按钮，如图 4-26 所示。

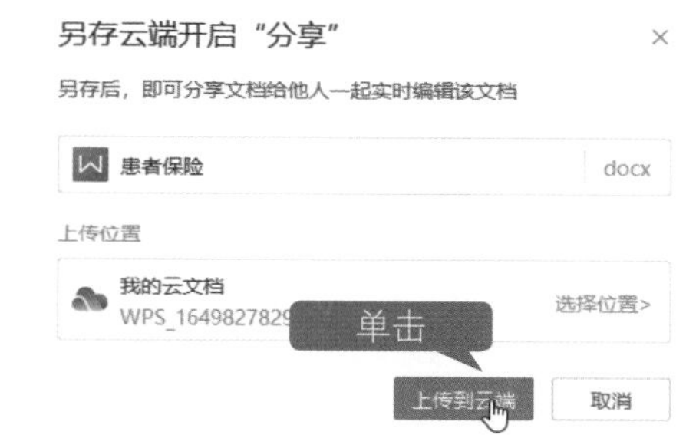

图 4-26

第 3 步 进入下一界面，❶选中【仅指定人可查看 / 编辑】选项，❷单击【创建并分享】按钮，如图 4-27 所示。

图 4-27

第 4 步 ❶选择【以文件发送】选项，❷选择【打开文件位置，拖曳发送到 QQ、微信】选项，即可打开文件所在的文件夹，将其拖入即时通信软件中即可完成共享文档的操作，如图 4-28 所示。

图 4-28

4.3 检查文档

在日常工作中，某些文件需要领导审阅或者经过大家讨论后才能执行，这就需要在审阅前对文档进行检查。WPS 文档提供的审阅功能可以对文档进行拼写检查、统计字数、翻译文档以及繁简转换等操作。

4.3.1 拼写检查

拼写检查的目的是在一定程度上避免用户输入英文单词的失误。下面介绍使用拼写检查的方法。

操作步骤 Step by Step

第 1 步 打开文档，❶选择【审阅】选项卡，❷单击【拼写检查】按钮，如图 4-29 所示。

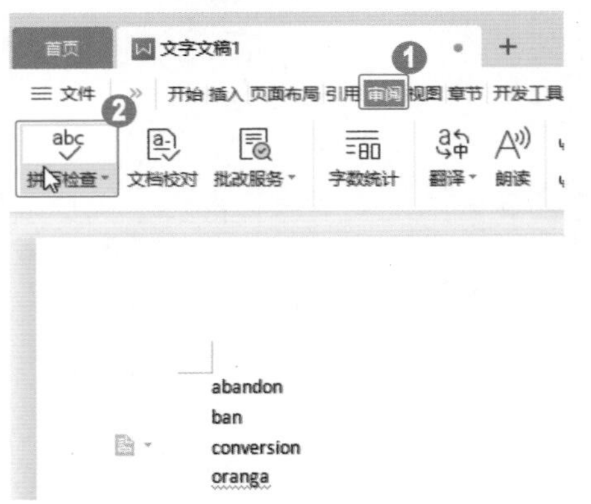

图 4-29

第 2 步 弹出【拼写检查】对话框，在【检查的段落】列表框中列出一处错误，并以红色字体显示拼写错误的文本，❶在【更改建议】列表框中选择一个正确的选项，❷单击【更改】按钮，如图 4-30 所示。

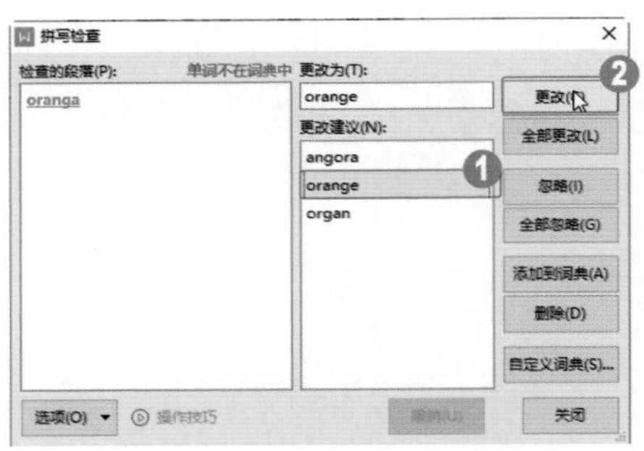

图 4-30

第 3 步 弹出【WPS 文字】对话框，单击【确定】按钮，如图 4-31 所示。

图 4-31

第 4 步 文档中的单词已经修改，如图 4-32 所示。

图 4-32

4.3.2 统计文档字数

在默认情况下编辑文档时，WPS 文档窗口的状态栏中会实时显示文档的字数，如果用户想要了解更详细的字数信息，可以通过字数统计功能进行查看。

操作步骤 Step by Step

第 1 步 打开文档，❶选择【审阅】选项卡，❷单击【字数统计】按钮，如图 4-33 所示。

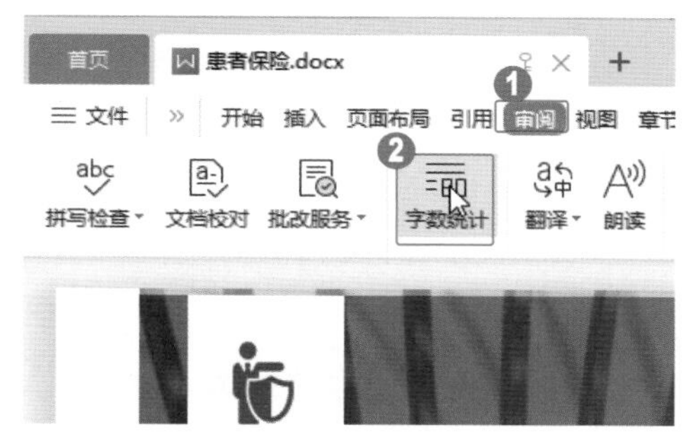

图 4-33

第 2 步 弹出【字数统计】对话框，用户可在其中查看详细的统计信息，如图 4-34 所示。

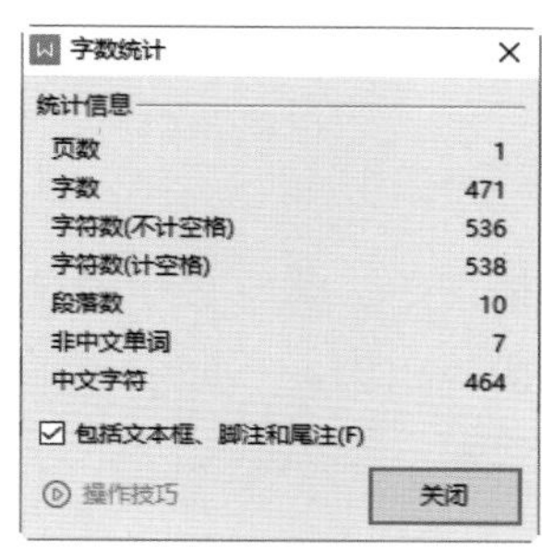

图 4-34

4.3.3 翻译文档

有时因为工作需要，用户需要将文档翻译成英文或其他国家的文字，WPS 也提供了翻译功能。

操作步骤 Step by Step

第 1 步 打开文档，❶选择【审阅】选项卡，❷单击【翻译】下拉按钮，❸选择【全文翻译】选项，如图 4-35 所示。

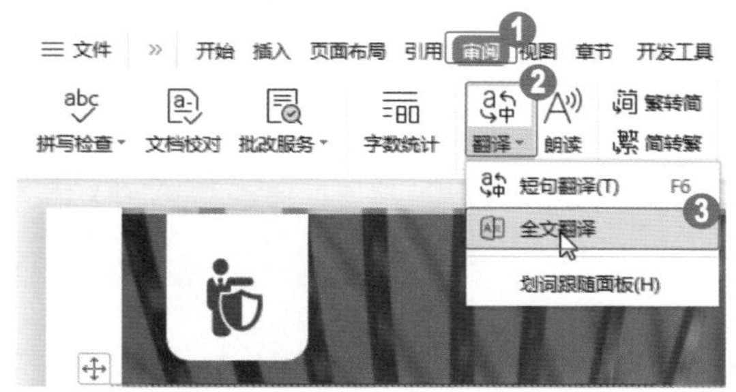

图 4-35

第 2 步 弹出【全文翻译】对话框，❶设置【翻译语言】和【翻译页码】选项，❷单击【立即翻译】按钮，如图 4-36 所示。

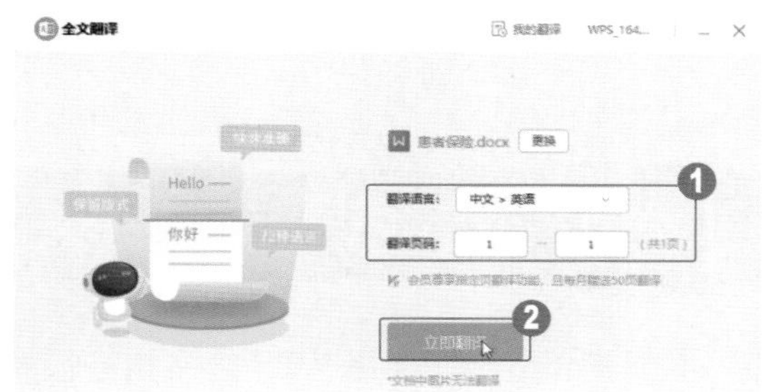

图 4-36

第 3 步 等待一段时间，WPS 完成翻译，如图 4-37 所示。

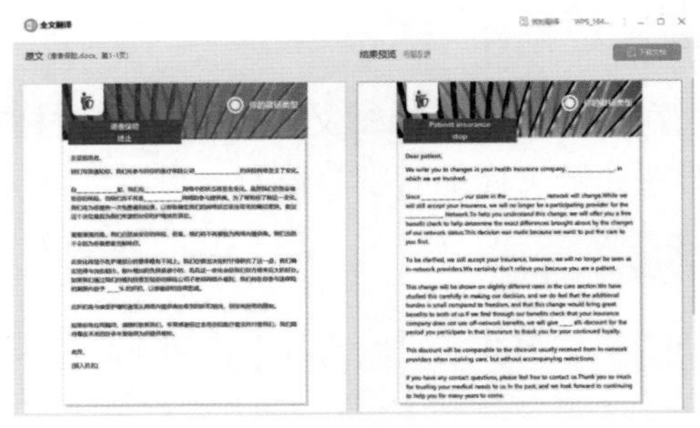

图 4-37

4.3.4 繁简转换

在特殊情况下，为了方便阅读，需要将文档中的简体中文转换为繁体中文，或者将繁体中文转换为简体中文。下面以将繁体中文转换为简体中文为例介绍繁简转换功能。

操作步骤 Step by Step

第 1 步 选中文档，❶选择【审阅】选项卡，❷单击【简转繁】按钮，如图 4-38 所示。

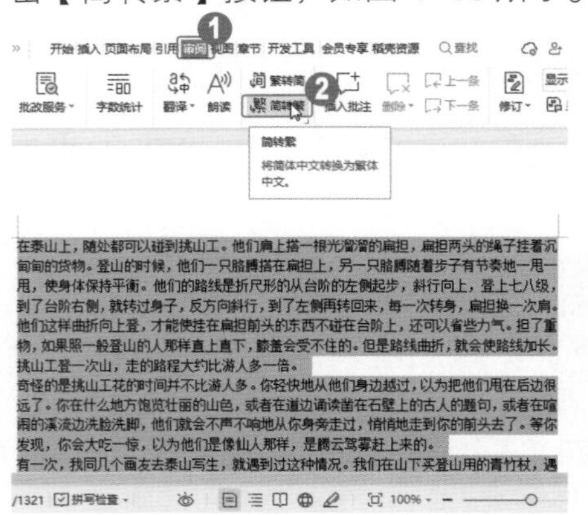

图 4-38

第 2 步 从弹出的文字可以看到文本已经变为繁体中文，如图 4-39 所示。

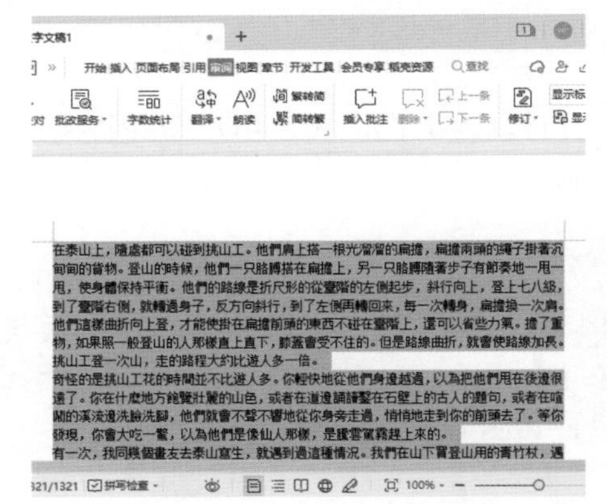

图 4-39

4.4 实战课堂——长文档排版应用

本节将介绍一些使用 WPS 给文档进行高级排版的技巧供用户学习。通过这些技巧，用户可以进一步掌握使用 WPS 的方法，包括使用样式统一标题级别和格式、使用多级编号设置标题自动编号、使用分节符确定页面划分、使用页码工具制作多重页码格式等。

4.4.1 使用样式统一标题级别和格式

样式是字体格式和段落格式的集合。在对长文本的排版中，用户可以使用样式对相同样式的文本进行样式套用，从而提高排版效率。

<< 扫码获取配套视频课程，本节视频课程播放时长约为 28 秒。

配套素材路径：配套素材/第4章

素材文件名称：公司培训资料.docx

操作步骤 Step by Step

第 1 步 打开“公司培训资料”文档，选中“一、个人礼仪”文本，❶在【开始】选项卡中单击内置样式下拉按钮，❷选择一种样式，如图 4-40 所示。

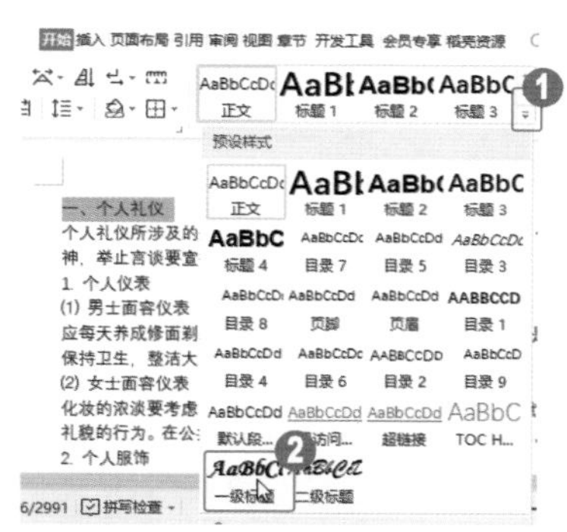

图 4-40

第 2 步 选中的文本已经应用了【一级标题】样式，如图 4-41 所示。

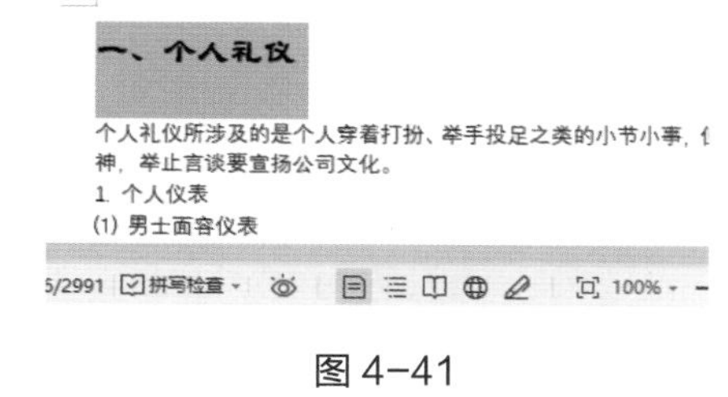

图 4-41

第 3 步 使用相同方法为其他文本应用样式，如图 4-42 所示。

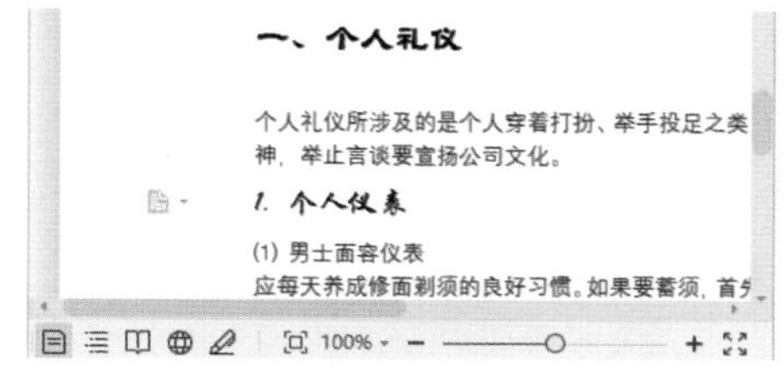

图 4-42

4.4.2 快速提取目录

为文档设置大纲级别后，就可以按照大纲级别提取目录，使长文档的阅读更方便，查找内容更迅速，提高办公和阅读效率。本小节将介绍快速提取目录的方法。

<< 扫码获取配套视频课程，本节视频课程播放时长约为 15 秒。

配套素材路径：配套素材/第4章

素材文件名称：公司培训资料.docx

操作步骤 Step by Step

第 1 步 打开“公司培训资料”文档，将光标定位在需要插入目录的位置，❶选择【引用】选项卡，❷单击【目录】下拉按钮，❸选择一种目录样式，如图 4-43 所示。

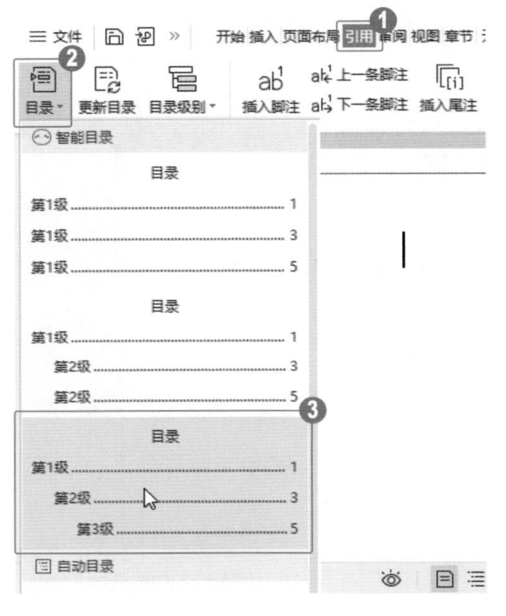

图 4-43

第 2 步 可以看到文档中已经提取了目录，如图 4-44 所示。

图 4-44

■ 指点迷津

用户还可以执行【引用】→【目录】→【自定义目录】命令，在打开的【目录】对话框中自定义目录样式。

4.4.3 自动添加题注

题注是指出现在图片上方或下方的一段简短描述。当文档中的图片或表格过多时，通常会为其添加题注。为图片添加题注，不仅可以满足排版的需要，而且便于阅读。

<< 扫码获取配套视频课程，本节视频课程播放时长约为 22 秒。

配套素材路径：配套素材/第4章

素材文件名称：店庆宣传文案.docx

操作步骤

Step by Step

第 1 步 打开“店庆宣传文案”文档，选中图表，❶选择【引用】选项卡，❷单击【题注】按钮，如图 4-45 所示。

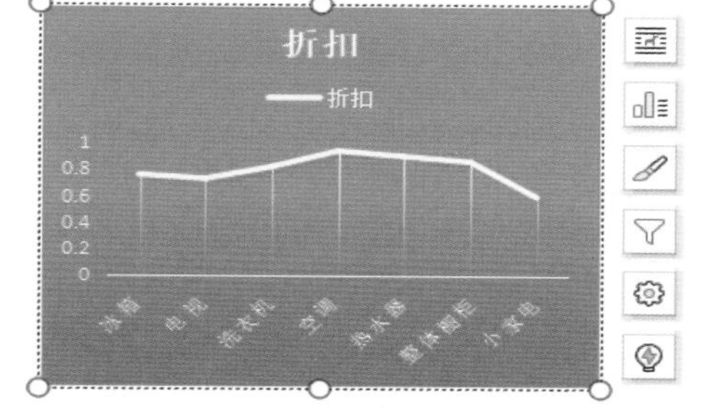

图 4-45

第 2 步 弹出【题注】对话框，单击【新建标签】按钮，如图 4-46 所示。

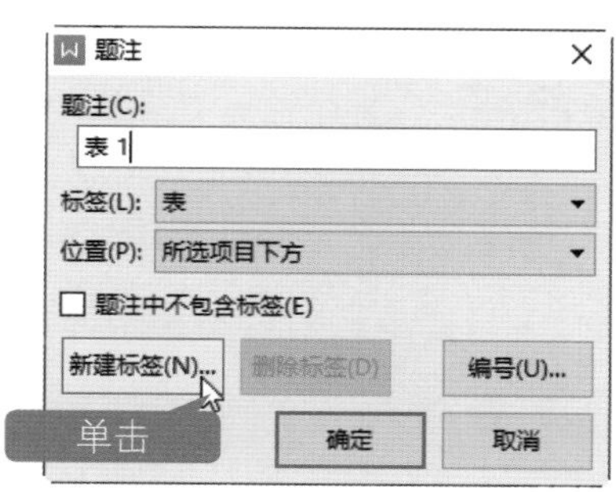

图 4-46

第 3 步 弹出【新建标签】对话框，❶在【标签】文本框中输入“图”，❷单击【确定】按钮，如图 4-47 所示。

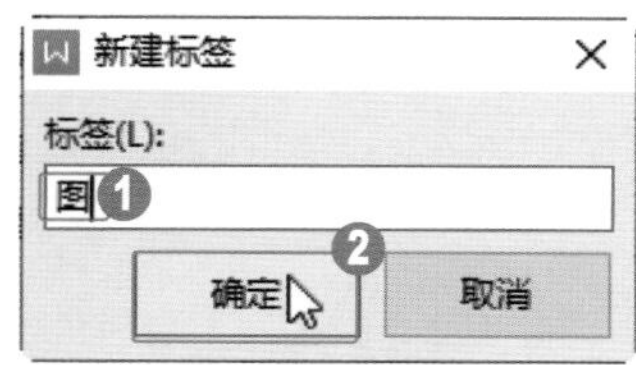

图 4-47

第 4 步 返回【题注】对话框，单击【确定】按钮，如图 4-48 所示。

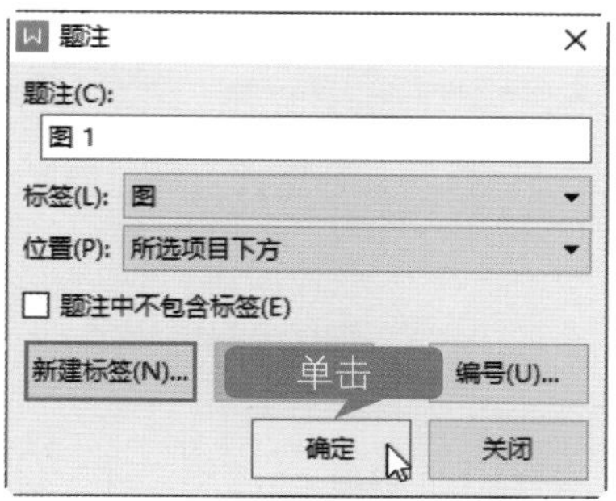

图 4-48

第 5 步 可以看到图表下方自动添加了题注“图 1”，如图 4-49 所示。

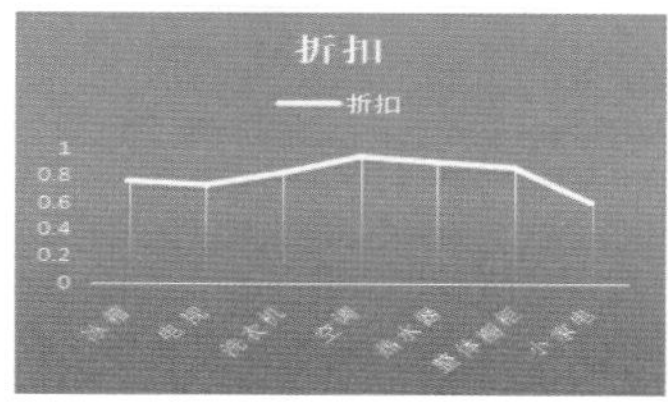

图 4-49

■ 指点迷津

如果需要对图片设置说明信息，可以在【题注】对话框的【题注】文本框中输入说明文字。

4.4.4 插入脚注

在编辑文档时，用户还可以为文档中的某个内容插入脚注，对其进行解释或说明。下面以为“诗词鉴赏”插入脚注为例，详细介绍插入脚注的方法。

<< 扫码获取配套视频课程，本节视频课程播放时长约为 32 秒。

配套素材路径：配套素材/第4章

素材文件名称：诗词鉴赏.docx

操作步骤 Step by Step

第 1 步 打开“诗词鉴赏”文档，❶将光标定位在准备插入脚注的位置，❷选择【引用】选项卡，❸单击【插入脚注】按钮，效果如图 4-50 所示。

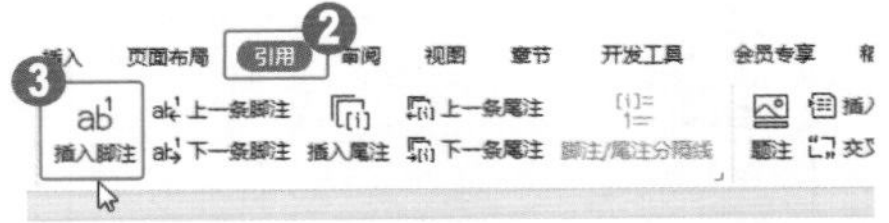

图 4-50

第 2 步 在文档的底端出现了一个脚注分隔线，在分隔线下方直接输入脚注内容即可，如图 4-51 所示。

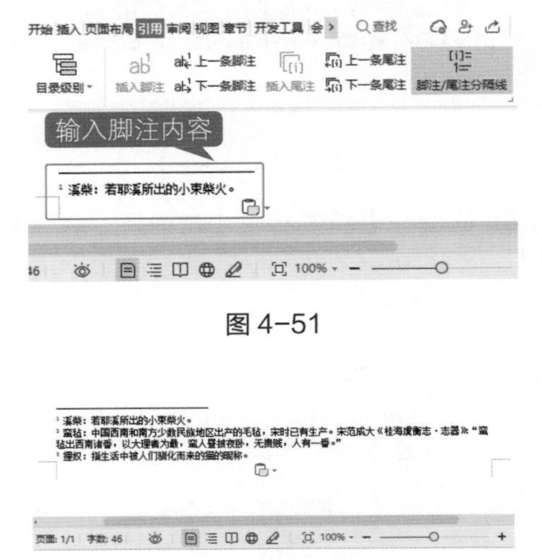

图 4-51

图 4-52

第 3 步 使用相同的方法插入其他脚注，如图 4-52 所示。

4.4.5 设置分栏

使用 WPS 提供的分栏功能，可以将版面分为多栏，从而提高文档的阅读性。下面以将文章设置成 4 栏为例，详细介绍为文章分栏的方法。

<< 扫码获取配套视频课程，本节视频课程播放时长约为 24 秒。

配套素材路径：配套素材/第4章

素材文件名称：上林赋.docx

操作步骤

Step by Step

第 1 步 打开“上林赋”文档，选中准备分栏的文档，❶选择【页面布局】选项卡，❷单击【分栏】下拉按钮，❸在下拉菜单中选择【更多分栏】选项，如图 4-53 所示。

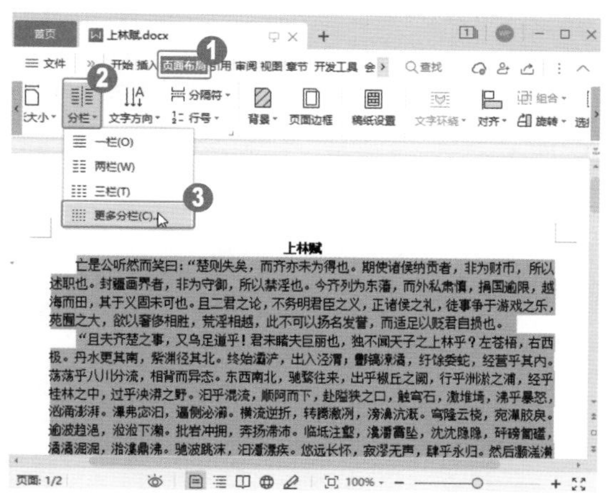

图 4-53

第 2 步 弹出【分栏】对话框，❶在【栏数】微调框中输入 4，❷设置【宽度】和【间距】微调框参数，❸勾选【分隔线】复选框，❹单击【确定】按钮，如图 4-54 所示。

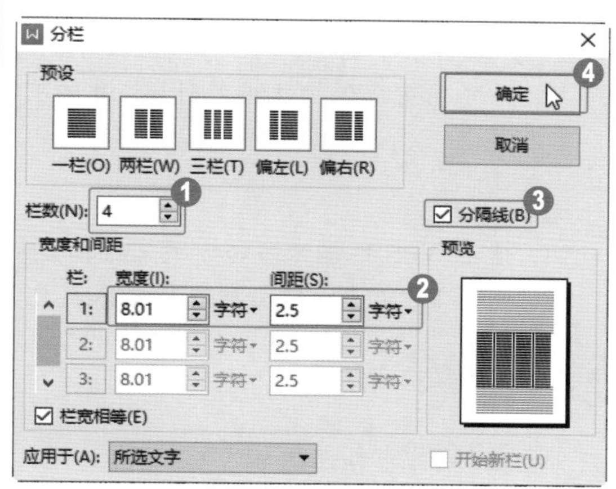

图 4-54

第 3 步 可以看到文档已经被分成 4 栏显示，且每两栏之间有分隔线，如图 4-55 所示。

图 4-55

■ 指点迷津

如果用户不想让分隔线显示出来，可以在【分栏】对话框中取消勾选【分隔线】复选框。

4.5 思考与练习

通过本章的学习，读者可以掌握文档排版的基础知识以及一些常见的操作方法，在本节中将针对本章知识点，进行相关知识测试，以达到巩固与提高的目的。

一、填空题

1. 在文档中合并数据源后，合并域默认显示灰色底纹，要想取消合并域的底纹，单击【邮件合并】选项卡中的 ________ 按钮即可。

2. 在使用密码保护文档的时候，用户可以为文档设置 ________ 和【编辑权限】两个密码。

二、判断题

1. 使用WPS共享文档的方式只包括复制链接、发给联系人和发至手机这3种。 （ ）

2. 使用 WPS 可以对文档进行繁体中文与简体中文的相互转换。 （ ）

三、简答题

1. 在 WPS 中如何翻译文档？

2. 在 WPS 中如何为图片添加题注？

第5章

电子表格的编辑与数据计算

- 操作工作簿和工作表
- 操作单元格录入数据
- 美化和修饰电子表格
- 在表格中应用公式
- 函数的基本操作

本章主要内容

本章主要介绍了操作工作簿和工作表、操作单元格录入数据、美化和修饰电子表格、在表格中应用公式和函数的基本操作方面的知识与技巧，在本章最后还针对实际的工作需求讲解了电子表格的操作方法。通过本章的学习，读者可以掌握编辑电子表格与数据计算方面的知识，为深入学习WPS奠定基础。

5.1 操作工作簿和工作表

使用 WPS 表格创建的文档称为工作簿，它是用于存储和处理数据的主要文档，也称为电子表格。默认新建的工作簿以“工作簿 1”命名，并显示在标题栏的文档名处。WPS 提供了创建和保存工作簿、加密工作簿、分享工作簿等操作。

5.1.1 新建并保存工作簿

要使用 WPS 表格制作电子表格，首先应创建工作簿，然后以相应的名称保存工作簿。下面介绍新建并保存工作簿的操作方法。

操作步骤 Step by Step

第 1 步 启动 WPS，单击【新建】按钮，如图 5-1 所示。

图 5-1

第 2 步 ❶选择【新建表格】选项，❷单击【新建空白表格】模板，如图 5-2 所示。

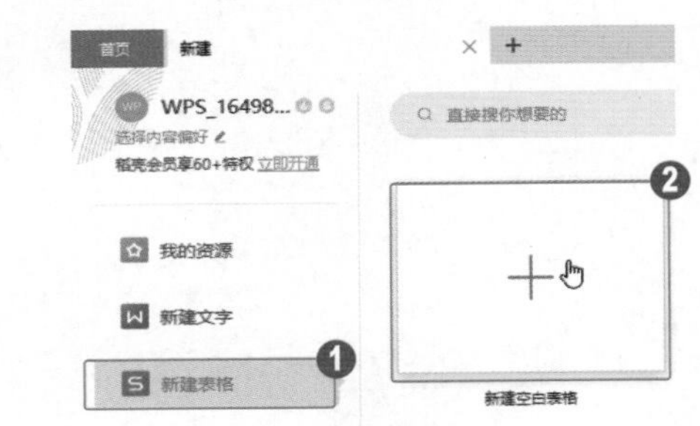

图 5-2

第 3 步 WPS 新建了一个默认名为“工作簿 1”的工作簿，单击【保存】按钮，如图 5-3 所示。

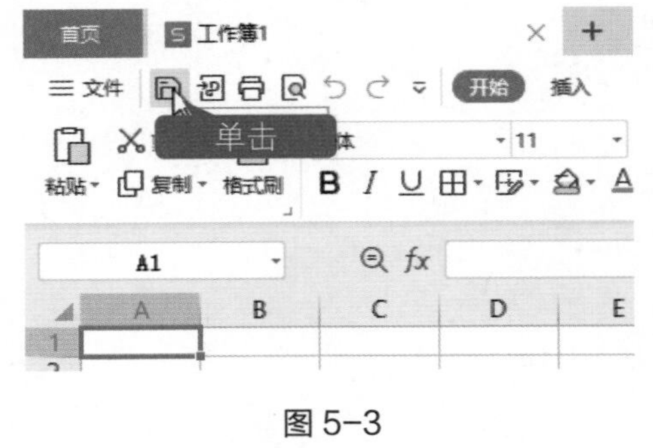

图 5-3

第 4 步 弹出【另存文件】对话框，❶在【文件名】文本框中输入名称，❷单击【保存】按钮，如图 5-4 所示。

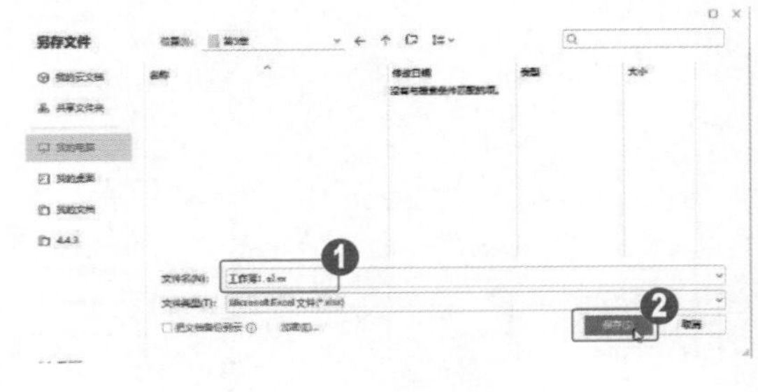

图 5-4

知识拓展

启动 WPS，进入表格新建界面，直接按 Ctrl+N 组合键，可以快速创建一个空白电子表格。

5.1.2 添加与删除工作表

在实际工作中可能会用到更多的工作表，需要用户在工作簿中添加新的工作表；而多余的工作表则可以直接删除。下面介绍添加与删除工作表的操作方法。

操作步骤 Step by Step

第 1 步 新建空白表格，单击【新建工作表】按钮，如图 5-5 所示。

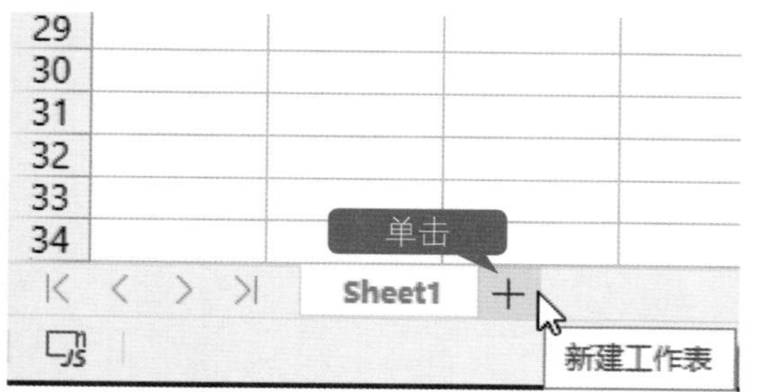

图 5-5

第 2 步 “Sheet1”工作表的右侧自动新建了一个名为“Sheet2”的工作表，如图 5-6 所示。

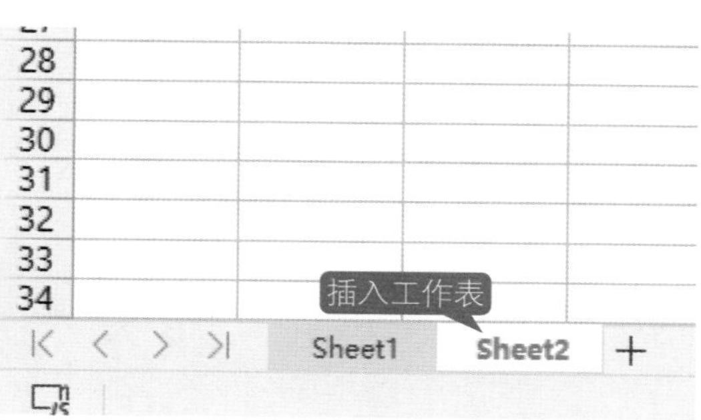

图 5-6

第 3 步 用鼠标右键单击“Sheet2”工作表标签，在弹出的快捷菜单中选择【删除工作表】菜单项，如图 5-7 所示。

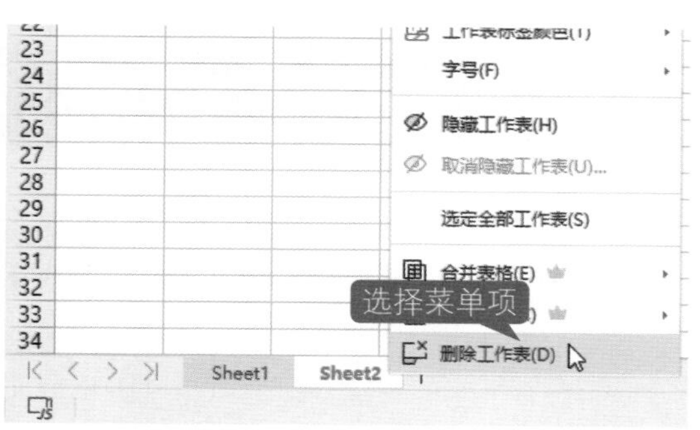

图 5-7

第 4 步 此时“Sheet2”工作表已被删除，如图 5-8 所示。

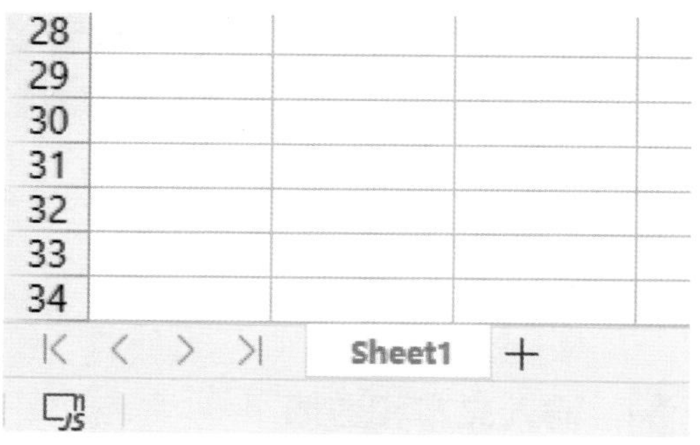

图 5-8

5.1.3 重命名工作表

在默认情况下，工作表以 Sheet1、Sheet2、Sheet3 依次命名，在实际应用中为了区分工作表，可以根据表格名称、创建日期、表格编号等对工作表进行重命名。下面介绍重命名工作表的操作方法。

操作步骤 Step by Step

第 1 步 新建工作簿，用鼠标右键单击“Sheet1”工作表标签，在弹出的快捷菜单中选择【重命名】菜单项，如图 5-9 所示。

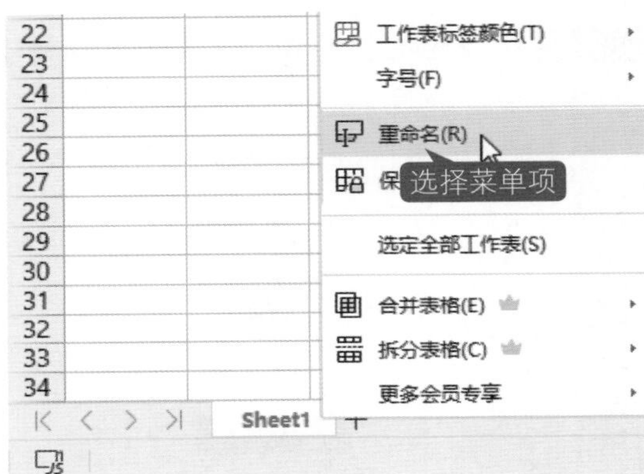

图 5-9

第 2 步 名称呈选中状态，使用输入法输入名称，如图 5-10 所示。

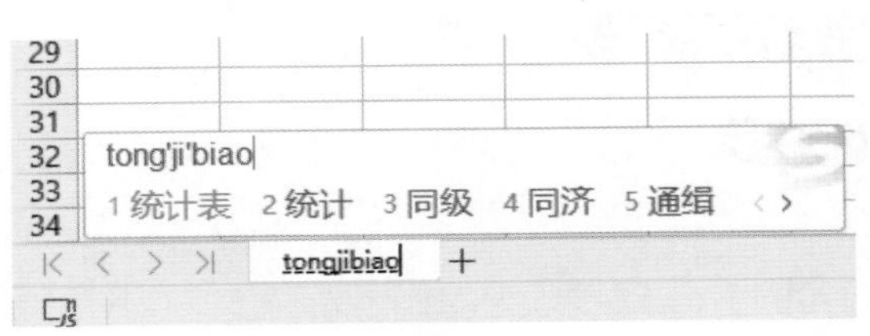

图 5-10

第 3 步 输入完成后按 Enter 键即可完成重命名工作表的操作，如图 5-11 所示。

图 5-11

5.2 操作单元格录入数据

数据是表格中不可或缺的元素，WPS 中常见的数据类型有文本型、数字型、日期时间型和公式等，输入不同的数据类型其显示方式也有所不同。本节将简要介绍输入不同类型数据的操作方法。

5.2.1 输入文本和数值

文本是 Excel 常用的一种数据类型，如表格的标题、行标题和列标题等。电子表格是处理各种数据最有力的工具，因此，在日常操作中经常要输入大量的数字内容。下面介绍在表格中输入文本和数值的操作方法。

操作步骤

Step by Step

第 1 步 新建空白工作簿，将 A1 ~ H1 单元格区域合并居中，选中合并后的单元格，使用输入法输入标题“考评成绩表”，如图 5-12 所示。

图 5-12

第 2 步 按空格键完成标题的输入，使用相同的方法在其他单元格中输入内容，如图 5-13 所示。

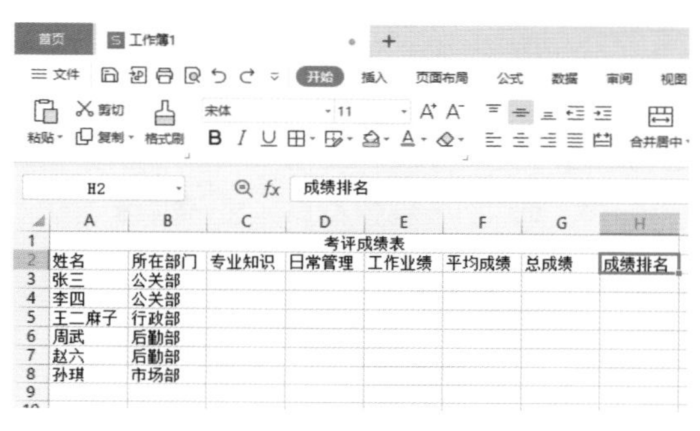

图 5-13

第 3 步 选中 C3 单元格并输入数值，如图 5-14 所示。

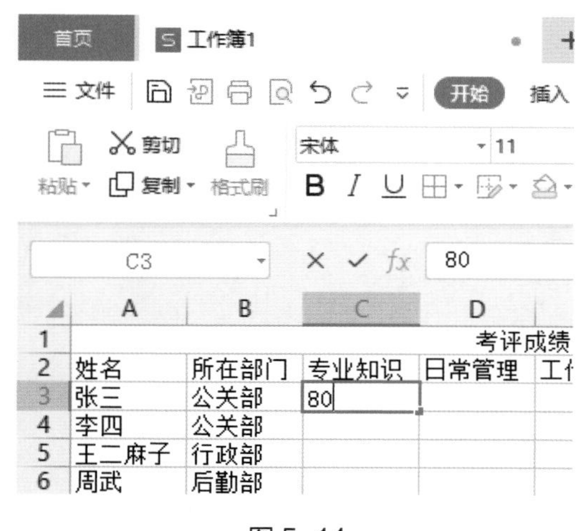

图 5-14

第 4 步 按 Enter 键完成数值的输入，使用相同方法输入其他数值，如图 5-15 所示。

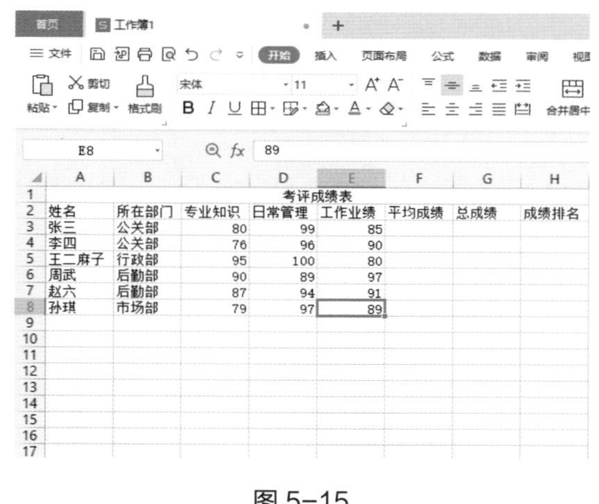

图 5-15

专家解读

输入一个较长的数字时，在单元格中会显示为科学记数法（2.34E+09）或者填满了“##”符号，表示该单元格的列宽太小不能显示整个数字，此时只需要调整列宽即可。

5.2.2 输入日期和时间

在使用电子表格进行各种报表的编辑和统计时，经常需要输入日期和时间。下面介绍在表格中输入日期和时间的操作方法。

操作步骤 Step by Step

第 1 步 新建空白工作簿，选中 A1 单元格，输入“2022/8/30”，如图 5-16 所示。

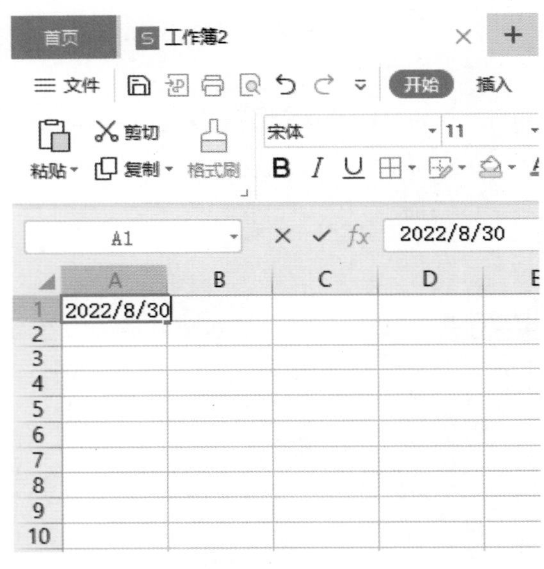

图 5-16

第 2 步 按 Enter 键完成日期的输入，需要注意的是，此处显示日期格式与用户在 Windows 控制面板中的“区域”设置有关，可以设置短日期和长日期的格式，选中 B1 单元格，输入“18:00”（英文状态的冒号），如图 5-17 所示。

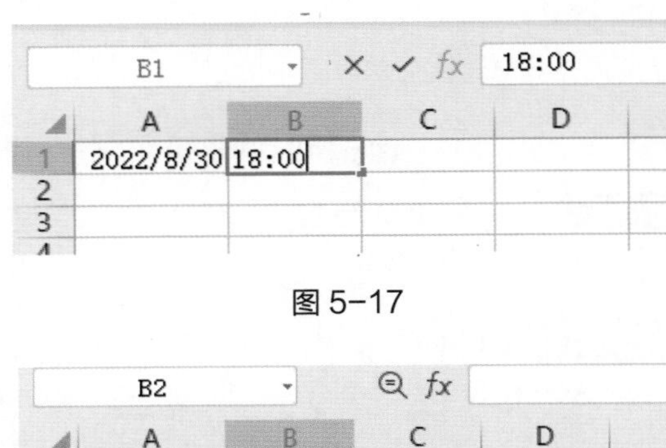

图 5-17

图 5-18

第 3 步 按 Enter 键完成时间的输入，如图 5-18 所示。

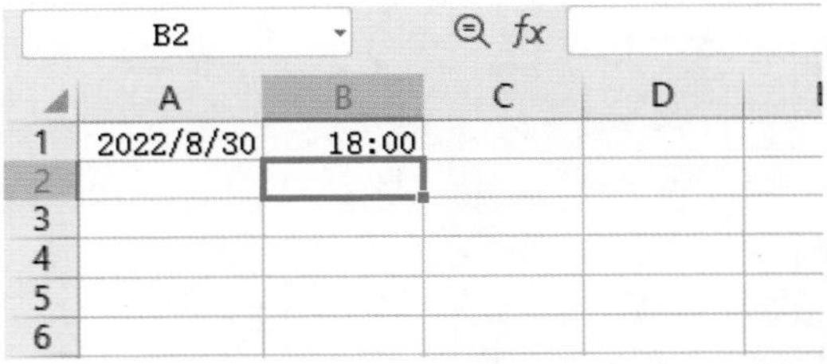

5.2.3 输入序列数据

在输入数据的过程中，经常需要输入一系列日期、数字或文本。例如，要在相邻的单元格中输入 1、2、3 等，或者输入一个日期序列（星期一、星期二、星期三等），用户可以利用 WPS 提供的序列填充功能来快速输入数据。下面介绍输入序列数据的操作方法。

操作步骤 Step by Step

第 1 步 新建空白工作簿，选中 A1 单元格并输入日期，选中 A2 单元格并输入数据序列中的第二个日期，将鼠标指针移动到单元格区域右下角的填充柄上，当鼠标指针变成黑色十字形状时，单击并按住鼠标左键向下拖动鼠标进行填充，如图 5-19 所示。

A1 | fx | 2022/5/1

	A	B	C	D
1	2022/5/1			
2	2022/5/2			
3				
4				

图 5-19

第 2 步 释放鼠标左键，WPS 将在这个区域完成填充工作，如图 5-20 所示。

A1 | fx | 2022/5/1

	A	B	C	D
1	2022/5/1			
2	2022/5/2			
3	2022/5/3			
4	2022/5/4			
5	2022/5/5			
6	2022/5/6			
7	2022/5/7			
8	2022/5/8			
9	2022/5/9			
10	2022/5/10			

图 5-20

5.2.4 调整单元格的行高与列宽

当单元格的行高与列宽不合理时，将直接影响单元格中数据的显示，用户可以根据需要进行调整。下面介绍调整单元格行高与列宽的操作方法。

操作步骤 Step by Step

第 1 步 选中所有数据区域，❶在【开始】选项卡中单击【行和列】下拉按钮，❷在下拉列表中选择【行高】选项，如图 5-21 所示。

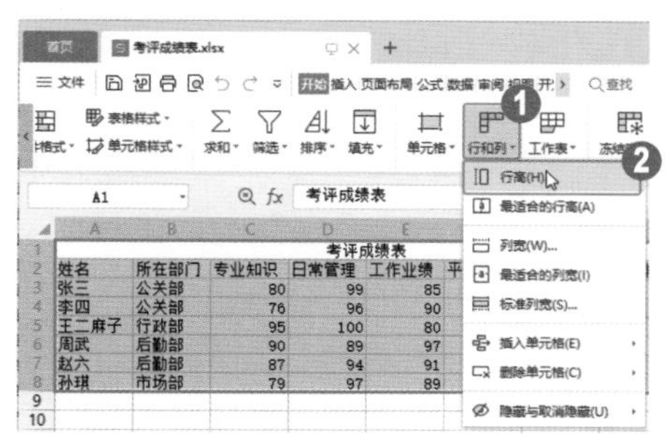

图 5-21

第 2 步 弹出【行高】对话框，❶在【行高】微调框中输入数值，❷单击【确定】按钮，如图 5-22 所示。

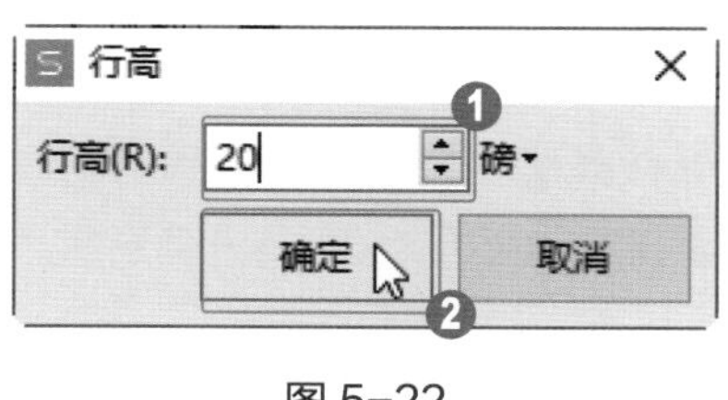

图 5-22

第 3 步 可以看到表格的行高已经改变，❶再次单击【行和列】下拉按钮，❷在下拉列表中选择【列宽】选项，如图 5-23 所示。

第 4 步 弹出【列宽】对话框，❶在【列宽】微调框中输入数值，❷单击【确定】按钮，如图 5-24 所示。

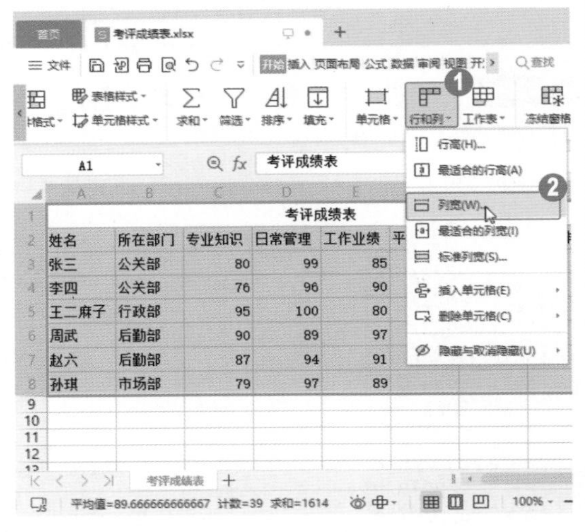

图 5-23

第 5 步 通过以上步骤即可完成调整行高和列宽的操作，如图 5-25 所示。

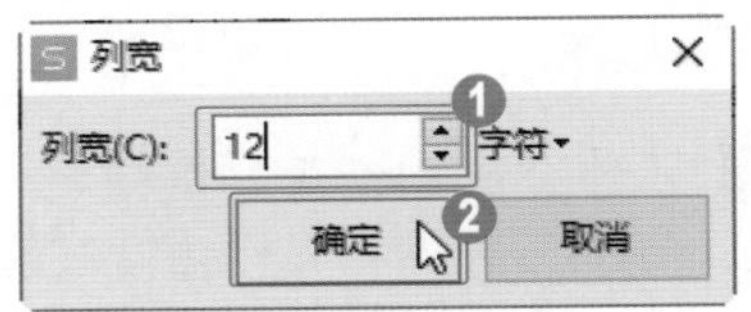

图 5-24

图 5-25

5.2.5 课堂范例——制作公司员工考勤表

考勤表是公司员工每天上班的凭证，也是员工领工资的凭证，因为它记录了员工上班的天数。考勤表中有具体的上、下班时间。

<< 扫码获取配套视频课程，本节视频课程播放时长约为 2 分 45 秒。

配套素材路径：配套素材/第5章

素材文件名称：公司员工考勤表.xlsx

操作步骤

Step by Step

第 1 步 新建空白工作簿，选中 A1~AH1 单元格，单击【开始】选项卡中的【合并居中】按钮，输入内容，如图 5-26 所示。

第 2 步 在 A2、B2 和 C2 单元格中输入内容，如图 5-27 所示。

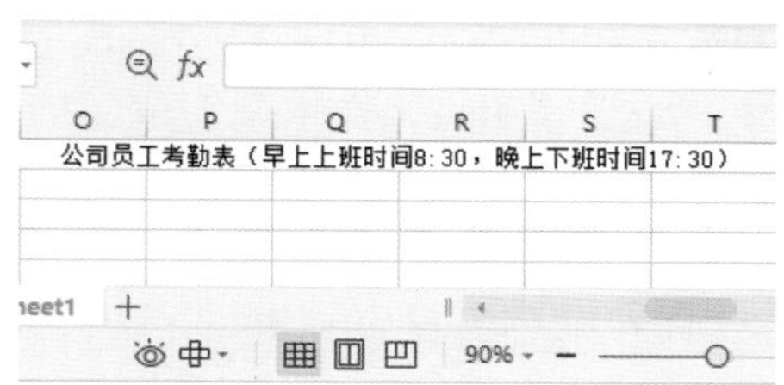

图 5-26

第 3 步 用鼠标右键单击 A3 单元格，选择【插入】→【插入行】菜单项，在单元格上方插入一行单元格，分别合并编号和编号上方的空白单元格、姓名和姓名上方的空白单元格，如图 5-28 所示。

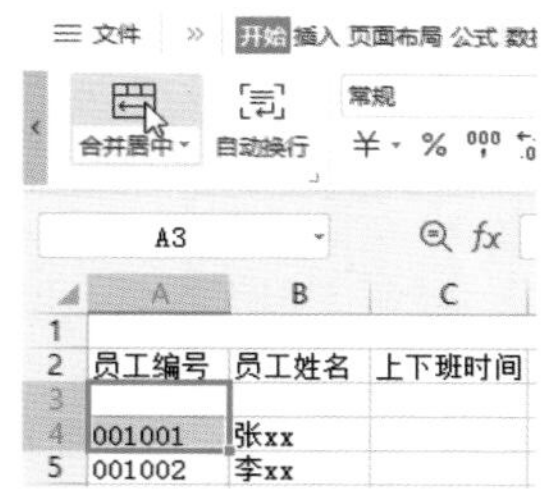

图 5-28

第 5 步 在 C3 单元格中输入“上班时间”，在 C4 单元格中输入“下班时间”，将鼠标指针移动到单元格区域右下角的填充柄上，当鼠标指针变成黑色十字形状时，单击并按住鼠标左键向下拖动鼠标进行填充，如图 5-30 所示。

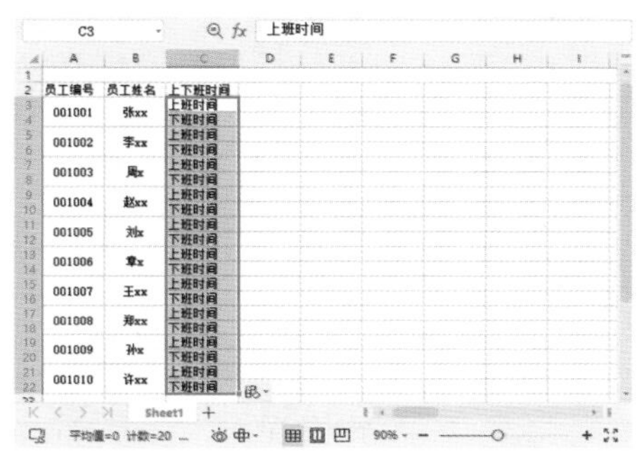

图 5-30

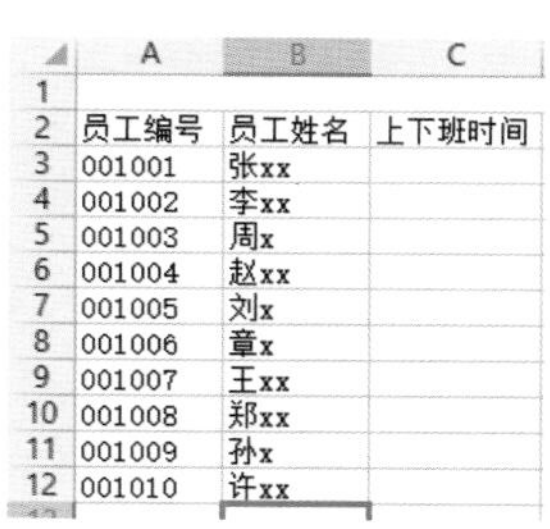

图 5-27

第 4 步 在每一行员工编号的上方都插入空白行，并分别合并员工编号和编号上方的空白单元格、员工姓名和姓名上方的空白单元格，如图 5-29 所示。

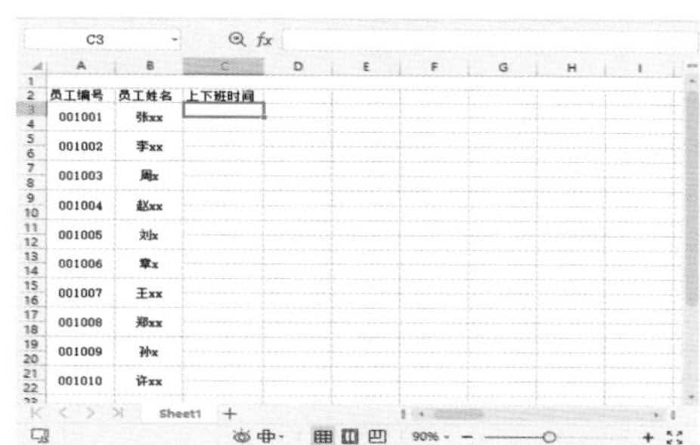

图 5-29

第 6 步 右击 A2 单元格，选择【插入】→【插入行】菜单项，在单元格上方插入一行单元格，分别合并“员工编号”“员工姓名”“上下班时间”上方的空白单元格，如图 5-31 所示。

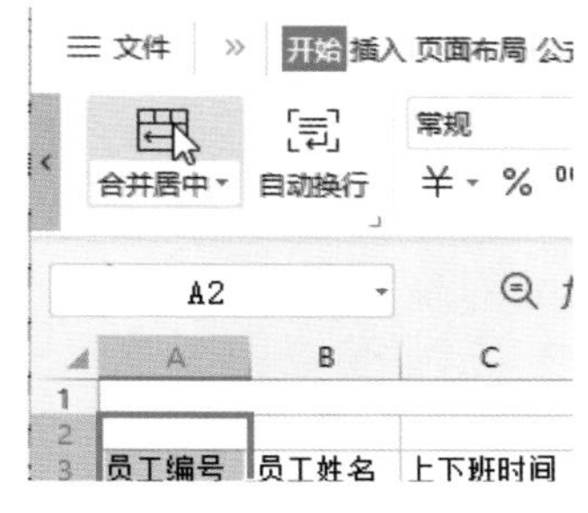

图 5-31

第 7 步 选中 D2~AH2 单元格，单击【合并居中】按钮，输入“2022 年 5 月份”，如图 5-32 所示。

图 5-32

第 8 步 在 D3 单元格中输入数值 1，在 E3 单元格中输入数值 2，选中两个单元格，将鼠标移动到单元格区域右下角的填充柄上，当鼠标指针变成黑色十字形状时，单击并按住鼠标左键向右拖动鼠标进行填充，如图 5-33 所示。

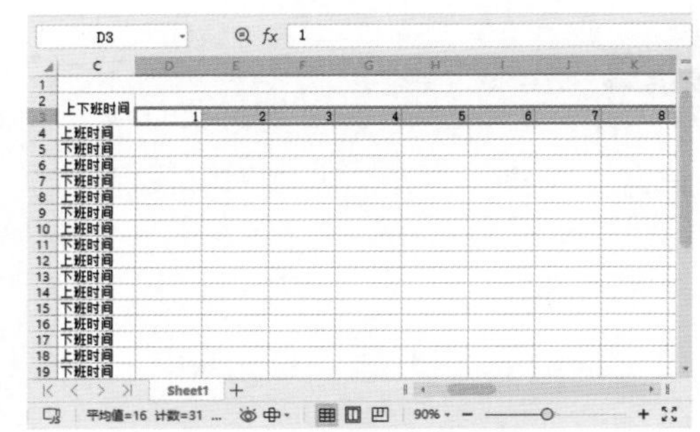

图 5-33

第 9 步 设置标题字体为【华文行楷】，字号为 18 和 12，颜色为黑色和红色；设置 A2~AH3 单元格字体为【华文新魏】，字号为 12；设置 D3~AH3 单元格居中对齐，如图 5-34 所示。

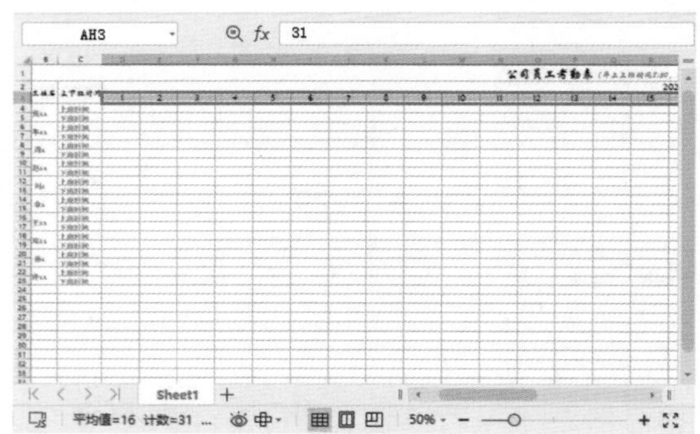

图 5-34

第10步 选中 D3~AH3 单元格，执行【开始】→【行和列】→【列宽】命令，弹出【列宽】对话框，❶在【列宽】微调框中输入数值，❷单击【确定】按钮，如图 5-35 所示。

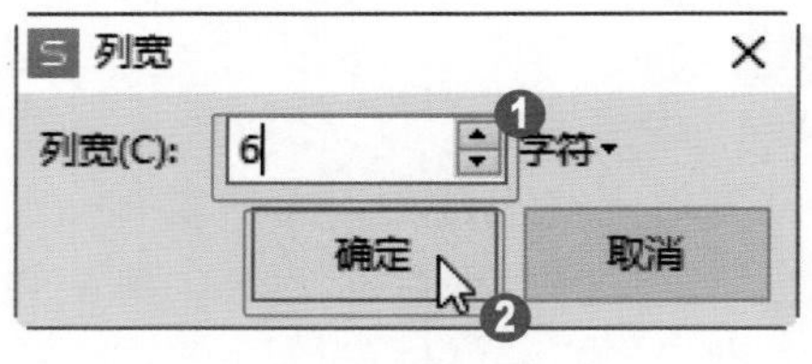

图 5-35

第11步 通过以上步骤即可完成制作公司员工考勤表的操作，如图 5-36 所示。

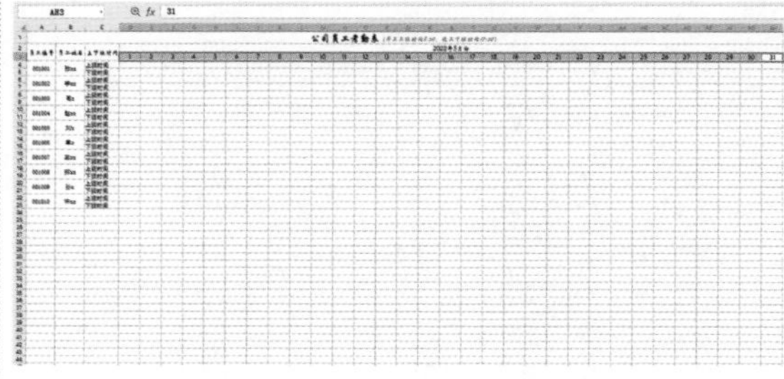

图 5-36

5.3 美化和修饰电子表格

在默认状态下制作的工作表具有相同的文字格式和对齐方式，没有边框和底纹效果。为了让制作的表格更加美观，适于交流，最简单的办法就是设置单元格格式，还可以套用 WPS 自带的表格样式。

5.3.1 套用表格样式

WPS 提供了许多预定义的表格样式，使用这些样式可以快速美化表格效果。下面简要介绍套用表格样式的操作方法。

操作步骤 Step by Step

第 1 步 选中整个表格，❶在【开始】选项卡中单击【表格样式】下拉按钮，❷在下拉列表中选择一种样式，如图 5-37 所示。

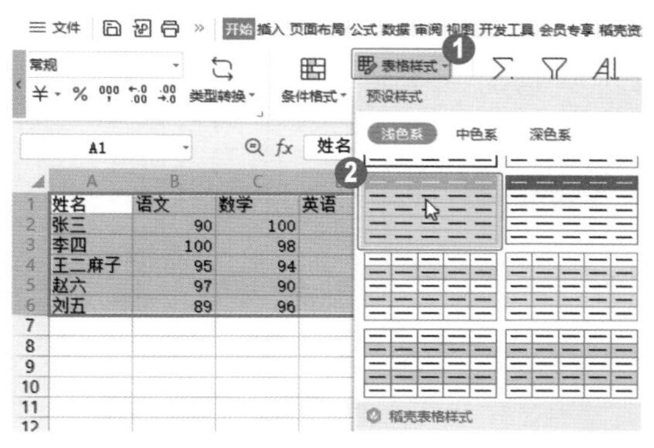

图 5-37

第 2 步 弹出【套用表格样式】对话框，❶在【表数据的来源】输入框中显示了选择的表格区域，❷确认无误后单击【确定】按钮，如图 5-38 所示。

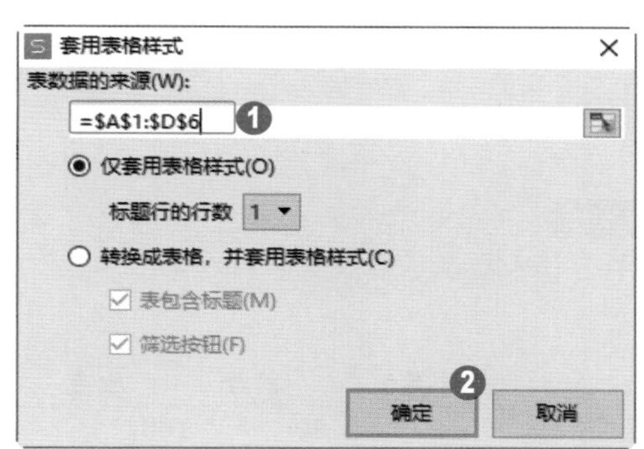

图 5-38

第 3 步 返回表格中，即可查看套用表格样式的效果，如图 5-39 所示。

	A	B	C	D
1	姓名	语文	数学	英语
2	张三	90	100	85
3	李四	100	98	92
4	王二麻子	95	94	88
5	赵六	97	90	97
6	刘五	89	96	80
7				
8				

图 5-39

5.3.2 设置单元格边框样式

在默认状态下，单元格的边框在屏幕上显示为浅灰色，但是打印出来实际为没有边框，需要用户自己设置边框样式。下面介绍设置单元格边框样式的操作方法。

操作步骤 Step by Step

第 1 步 选中整个表格，❶在【开始】选项卡中单击【单元格】下拉按钮，❷在下拉列表中选择【设置单元格格式】选项，如图 5-40 所示。

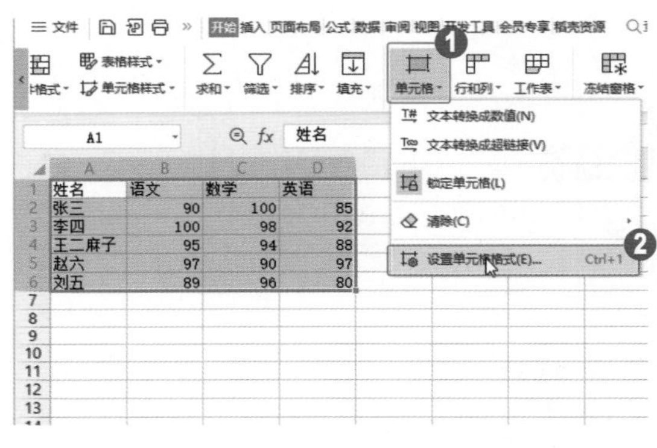

图 5-40

第 2 步 弹出【单元格格式】对话框，❶选择【边框】选项卡，❷在【样式】区域选择一种边框样式，❸在【颜色】下拉列表中选择一种颜色，❹在【预置】区域单击【外边框】和【内部】按钮，❺单击【确定】按钮，如图 5-41 所示。

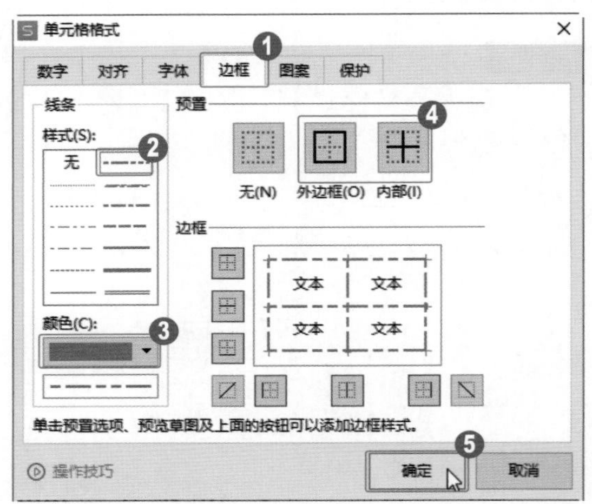

图 5-41

第 3 步 返回表格中，表格已经添加了边框，如图 5-42 所示。

	A	B	C	D
1	姓名	语文	数学	英语
2	张三	90	100	85
3	李四	100	98	92
4	王二麻子	95	94	88
5	赵六	97	90	97
6	刘五	89	96	80
7				

图 5-42

5.3.3 突出显示单元格

在编辑数据表格的过程中，有时需要将某些区域中的特定数据用特定颜色突出显示，便于观看。下面介绍突出显示单元格的操作方法。

操作步骤

Step by Step

第 1 步 选中单元格区域，❶在【开始】选项卡中单击【单元格】下拉按钮，❷在下拉列表中选择【设置单元格格式】选项，如图 5-43 所示。

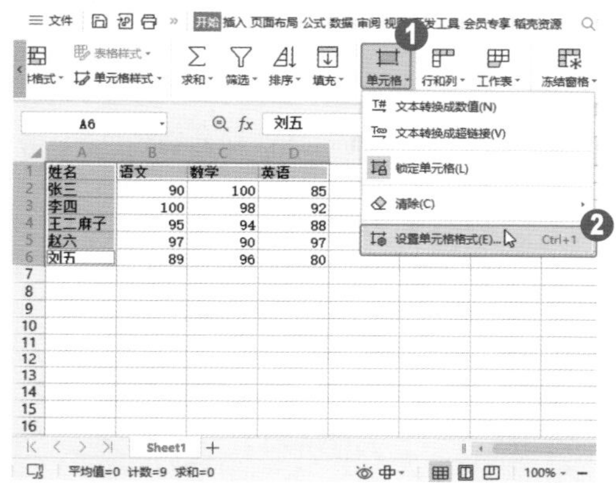

图 5-43

第 2 步 弹出【单元格格式】对话框，❶选择【图案】选项卡，❷在【颜色】区域选择一种颜色，❸在【图案样式】中选择一种样式，❹单击【确定】按钮，如图 5-44 所示。

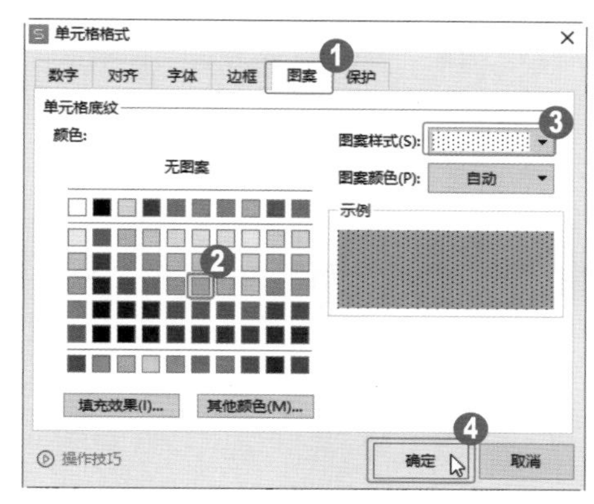

图 5-44

第 3 步 返回表格，此时表格已经添加了图案，如图 5-45 所示。

	A	B	C	D
1	姓名	语文	数学	英语
2	张三	90	100	85
3	李四	100	98	92
4	王二麻子	95	94	88
5	赵六	97	90	97
6	刘五	89	96	80
7				

图 5-45

■ 指点迷津

如果想要清除表格格式同时保留数据，选中表格区域，在【开始】选项卡中单击【单元格】下拉按钮，选择【清除】菜单项，再选择【格式】子菜单项即可。

5.3.4 课堂范例——设置成绩表样式

成绩表可以反映学生考试的结果，教师和家长通过成绩表能清晰地看到学生的不足之处，可以有的放矢地制订针对性的学习计划。本范例将介绍设置成绩表样式的方法。

<< 扫码获取配套视频课程，本节视频课程播放时长约为 33 秒。

配套素材路径：配套素材/第5章

素材文件名称：成绩表.xlsx

操作步骤

Step by Step

第 1 步 打开表格文档，选中整个表格，❶在【开始】选项卡中单击【表格样式】下拉按钮，❷选择一种表格样式，如图 5-46 所示。

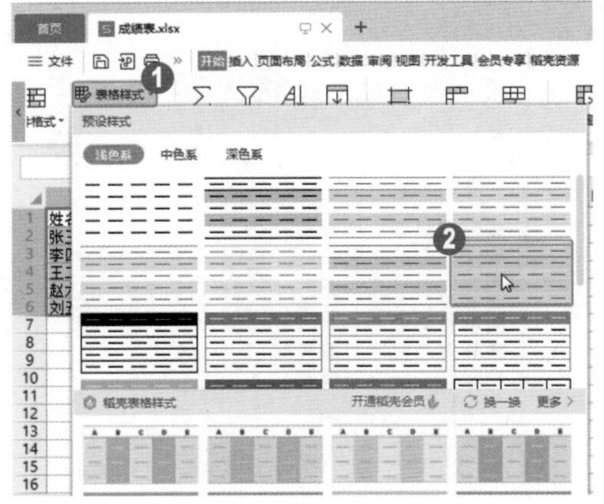

图 5-46

第 2 步 弹出【套用表格样式】对话框，在【表数据的来源】输入框中显示了选择的表格区域，确认无误后单击【确定】按钮，如图 5-47 所示。

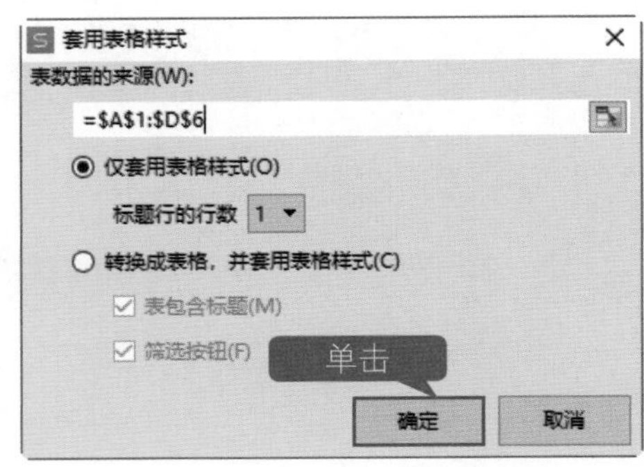

图 5-47

第 3 步 返回表格，可以看到表格已经套用了表格样式，如图 5-48 所示。

	A	B	C	D
1	姓名	语文	数学	英语
2	张三	90	100	85
3	李四	100	98	92
4	王二麻子	95	94	88
5	赵六	97	90	97
6	刘五	89	96	80

图 5-48

第 4 步 选中两个成绩为 100 的单元格，❶单击【单元格样式】下拉按钮，❷选择一种突出显示样式，如图 5-49 所示。

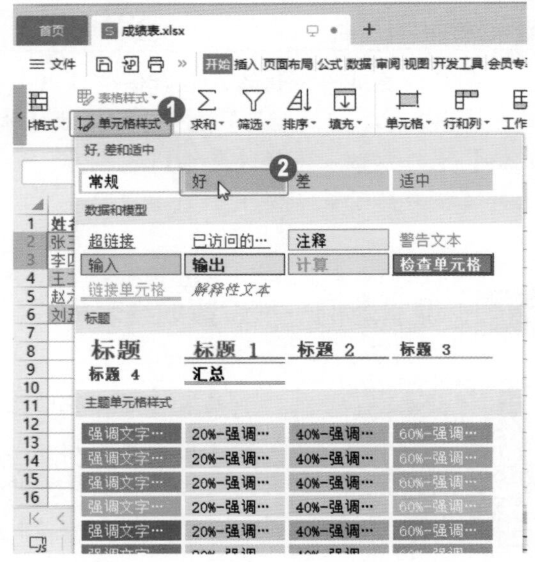

图 5-49

第 5 步 此时可以看到成绩为 100 的单元格已突出显示，如图 5-50 所示。

	A	B	C	D
1	姓名	语文	数学	英语
2	张三	90	100	85
3	李四	100	98	92
4	王二麻子	95	94	88
5	赵六	97	90	97
6	刘五	89	96	80

图 5-50

5.4 在表格中应用公式

输入公式是使用函数的第一步，WPS 表格中的公式是一种对工作表中的数值进行计算的等式，它可以帮助用户快速完成各种复杂的数据运算。在对数据进行计算时，应先输入公式，如果输入错误或对公式不满意，还需要对其进行编辑或修改。

5.4.1 输入和编辑公式

在 WPS 表格中输入计算公式进行数据计算时，需要遵循一个特定的次序或语法：最前面是等号“=”，然后是计算公式，公式中可以包含运算符、常量数值、单元格引用、单元格区域引用和函数等。下面介绍输入和编辑公式的方法。

操作步骤 Step by Step

第 1 步 选中F3单元格，输入“=(C3+D3+E3) /3”，编辑栏中将同步显示输入内容，如图 5-51 所示。

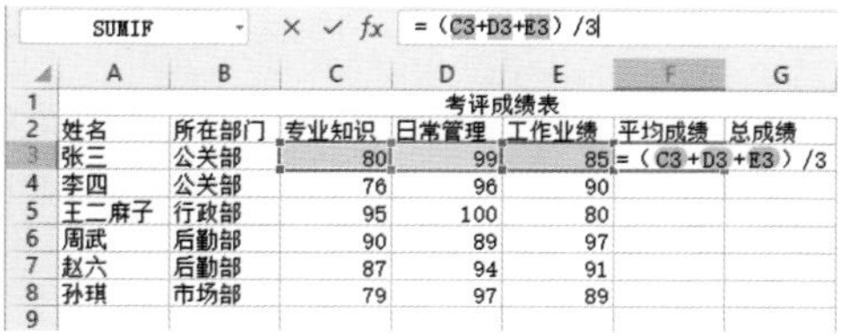

SUMIF　=（C3+D3+E3）/3

	A	B	C	D	E	F	G
1				考评成绩表			
2	姓名	所在部门	专业知识	日常管理	工作业绩	平均成绩	总成绩
3	张三	公关部	80	99	85	=（C3+D3+E3）/3	
4	李四	公关部	76	96	90		
5	王二麻子	行政部	95	100	80		
6	周武	后勤部	90	89	97		
7	赵六	后勤部	87	94	91		
8	孙琪	市场部	79	97	89		
9							

图 5-51

第 2 步 按 Enter 键，表格将对公式进行计算，并在 F3 单元格中显示计算结果，如图 5-52 所示。

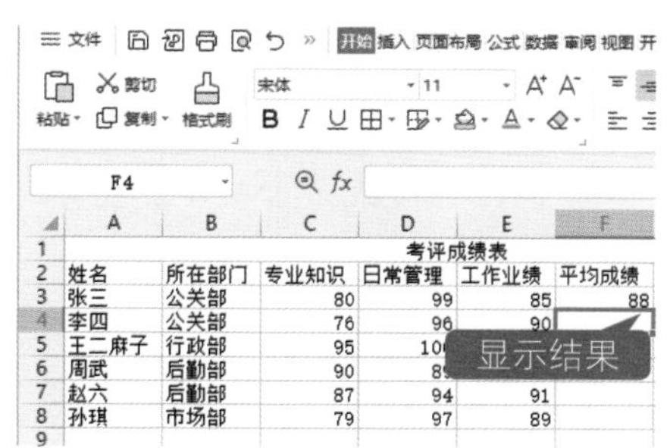

图 5-52

第 3 步 选中 G3 单元格，输入“=C3+D3+E3”，编辑栏中同步显示输入内容，如图 5-53 所示。

=C3+D3+E3

C	D	E	F	G
	考评成绩表			
专业知识	日常管理	工作业绩	平均成绩	总成绩
80	99	85	88	=C3+D3+E3
76	96	90		
95	100	80		
90	89	97		
87	94	91		
79	97	89		

图 5-53

第 4 步 按 Enter 键，表格将对公式进行计算，并在 G3 单元格中显示计算结果，如图 5-54 所示。

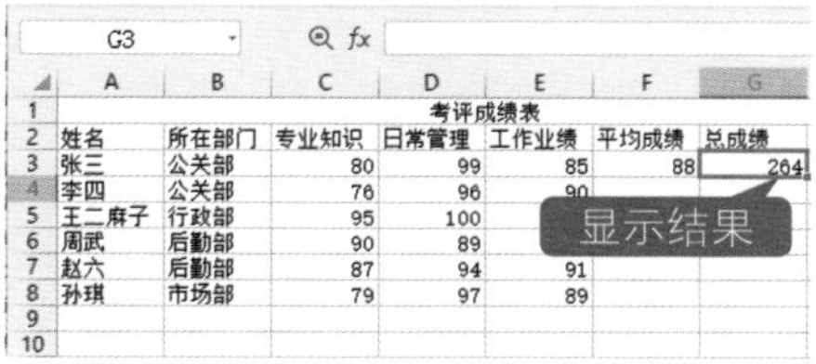

G3

	A	B	C	D	E	F	G
1				考评成绩表			
2	姓名	所在部门	专业知识	日常管理	工作业绩	平均成绩	总成绩
3	张三	公关部	80	99	85	88	264
4	李四	公关部	76	96	90		
5	王二麻子	行政部	95	100			
6	周武	后勤部	90	89			
7	赵六	后勤部	87	94	91		
8	孙琪	市场部	79	97	89		
9							
10							

显示结果

图 5-54

5.4.2 使用运算符

运算符是用来对公式中的元素进行运算而规定的特殊字符。WPS 表格中包含 3 种类型的运算符，即算术运算符、字符连接运算符和关系运算符。

1. 算术运算符

算术运算符用来完成基本的数学运算，如加、减、乘、除等。算术运算符的基本含义如表 5-1 所示。

表 5-1　算术运算符

算术运算符	含　义	示　例
+（加号）	加法	9+6
–（减号）	减法或负号	9–6；–5
*（星号）	乘法	3*9
/（正斜号）	除法	6/3
%（百分号）	百分比	69%
^（脱字号）	乘方	5^2

2. 字符连接运算符

字符连接运算符是可以将一个或多个文本连接为一个组合文本的一种运算符号，它使用和号“&”连接一个或多个文本字符串，从而产生新的文本字符串。字符连接运算符的基本含义如表 5-2 所示。

表 5-2　字符连接运算符

字符连接运算符	含　义	示　例
&（和号）	将两个文本连接起来产生一个连续的文本值	“漂”&“亮”得到“漂亮”

3. 关系运算符

关系运算符用于比较两个数值间的大小关系，并产生逻辑值真（TRUE）或假（FALSE），关系运算符的基本含义如表 5-3 所示。

表 5-3　关系运算符

关系运算符	含　义	示　例
=（等号）	等于	A1=B1
>（大于号）	大于	A1>B1
<（小于号）	小于	A1<B1

续表

关系运算符	含　义	示　例
> =（大于等于号）	大于或等于	A1>=B1
< =（小于等于号）	小于或等于	A1<=B1
<>（不等号）	不等于	A1< >B1

5.4.3 引用单元格

单元格的引用是指单元格所在的列表和行号表示其在工作表中的位置。单元格的引用包括相对引用、绝对引用和混合引用 3 种。

相对引用是基于包含公式和引用的单元格的相对位置而言的。如果公式所在单元格的位置改变，引用也将随之改变。如果多行或多列地复制公式，引用会自动调整。在默认情况下，新公式使用相对引用。

绝对引用则总是在指定位置引用单元格（如 $A$1）。如果公式所在单元格的位置改变，绝对引用的单元格也始终保持不变。如果多行或多列地复制公式，绝对引用将不作调整。

混合引用包括绝对列和相对行（如 $A1），或者绝对行和相对列（如 A$1）两种形式。如果公式所在单元格的位置改变，则相对引用改变，而绝对引用不变。如果多行或多列地复制公式，相对引用自动调整，而绝对引用不作调整。

知识拓展

如果要引用同一工作表中的单元格，表达方式为“工作表名称！单元格地址”；如果要引用同一工作簿多张工作表中的单元格或单元格区域，表达方式为“工作表名称：工作表名称！单元格地址”；除了引用同一工作簿中工作表的单元格外，还可以引用其他工作簿中的单元格。

5.5 函数的基本操作

在 WPS 表格中，将一组特定功能的公式组合在一起，就形成了函数。利用公式可以计算一些简单的数据，而利用函数则可以很容易地完成各种复杂数据的处理工作，并简化公式的使用。本节将介绍函数基本操作的相关知识。

5.5.1 函数的结构和类型

在 WPS 表格中，调用函数时需要遵守 Excel 对于函数所制定的语法结构，否则将会产生语法错误。函数的语法结构由等号、函数名称、括号、参数组成，下面详细介绍其组成部分，如图 5-55 所示。

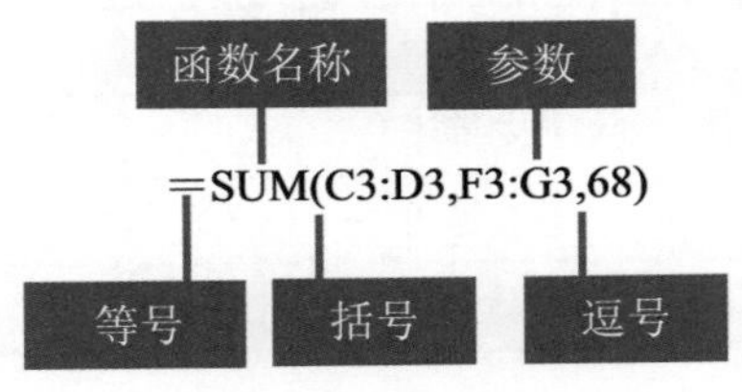

图 5-55

- 等号：函数一般以公式的形式出现，必须在函数名称前面输入“=”号。
- 函数名称：用来标识调用功能函数的名称。
- 参数：可以是数字、文本、逻辑值和单元格引用，也可以是公式或其他函数。
- 括号：用来输入函数参数，各参数之间需用逗号（必须是半角状态下的逗号）隔开。
- 逗号：各参数之间用来表示间隔的符号。

WPS表格为用户提供了6种常用的函数类型，包括财务函数、逻辑函数、查找与引用函数、文本函数、日期和时间函数、数学和三角函数等，在【公式】选项卡中即可查看函数类型，如表 5-4 所示。

表 5-4　函数的分类

分　类	功　能
财务函数	用于对财务进行分析和计算
逻辑函数	用于进行数据逻辑方面的运算
查找与引用函数	用于查找数据或单元格的引用
文本函数	用于处理公式中的字符、文本或对数据进行计算与分析
日期和时间函数	用于分析和处理时间及日期值
数学和三角函数	用于进行数学计算

5.5.2 输入函数

SUM 函数是常用的求和函数，用来返回某一单元格区域中数字、逻辑值及数字的文本表达式之和。下面以输入 SUM 函数为例，介绍输入函数的方法。

操作步骤 Step by Step

第 1 步 选中 E2 单元格，输入“=SUM”，单元格下方自动弹出可供选择的函数表格，双击“SUM”函数，如图 5-56 所示。

第 2 步 函数后面添加了括号，光标自动定位在括号中，选中 B2:D2 单元格区域，完成函数的输入，如图 5-57 所示。

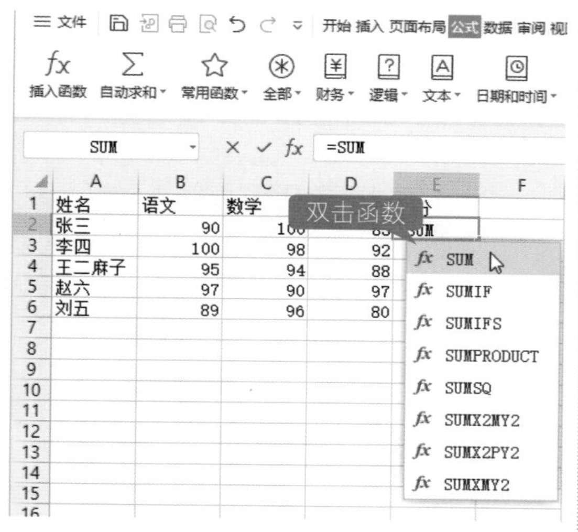

图 5-56

	A	B	C	D	E
1	姓名	语文	数学	英语	总分
2	张三	90	100	85	B2:D2)
3	李四			92	
4	王二麻子			88	
5	赵六	97	90	97	
6	刘五	89	96	80	

=SUM(B2:D2)

选中单元格区域

图 5-57

第 3 步 按 Enter 键，表格将对公式进行计算，并在 E2 单元格中显示计算结果，如图 5-58 所示。

	A	B	C	D	E
1	姓名	语文	数学	英语	总分
2	张三	90	100	85	275
3	李四	100	98	92	
4	王二麻子	95	94	88	
5	赵六	97	90	97	
6	刘五	89	96	80	

图 5-58

5.5.3 嵌套函数

一个函数表达式中包括一个或多个函数，函数与函数之间可以层层相套，括号内的函数作为括号外函数的一个参数，这样的函数即是嵌套函数。例如，要根据员工各科的平均分统计“等级”情况，其中平均分 80 分以上（含 80 分）为“优”，其余评为“良”，下面详细介绍嵌套函数的方法。

操作步骤 Step by Step

第 1 步 选中 K3 单元格，输入“=IF(AVERAGE(D3:H3)>=80,"优","良")”，如图 5-59 所示。

第 2 步 按 Enter 键显示结果，选中 K3 单元格，将鼠标指针移动至 K3 单元格右下角，当鼠标指针变成黑色十字形状时，单击并按住鼠标左键向下拖动进行填充，将公式填充到单元格 K12，如图 5-60 所示。

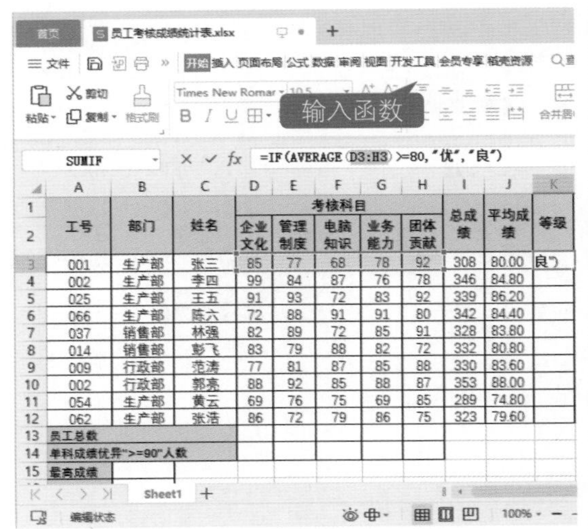

图 5-59

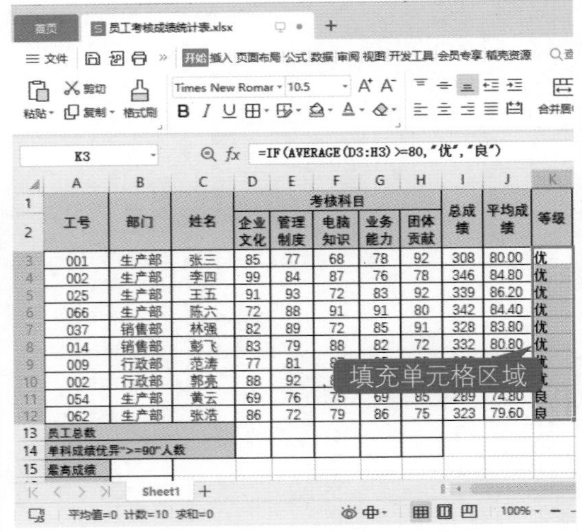

图 5-60

5.6 实战课堂——计算员工销售业绩

“员工销售业绩”工作簿反映了每个季度员工的销售情况，根据与总目标的对比，可以看出员工是否完成目标、完成率是多少。本范例将介绍计算“员工销售业绩”工作簿的内容。

<< 扫码获取配套视频课程，本节视频课程播放时长约为 39 秒。

配套素材路径：配套素材/第5章

素材文件名称：员工销售业绩.xlsx

5.6.1 计算年度合计

“年度合计”单元格的数值等于 4 个季度的数值之和，这里可以使用“自动求和”功能进行计算。

操作步骤 Step by Step

第 1 步 打开素材表格，❶选中 H3 单元格，❷选择【公式】选项卡，❸单击【自动求和】按钮，如图 5-61 所示。

第 2 步 单元格中显示完整的函数公式，确认没有问题后按 Enter 键，如图 5-62 所示。

员工销售业绩

姓名	所属部门	第一季度	第二季度	第三季度	第四季度	年度合计
蔡云帆	销售一部	60	85	88	70	
方艳云	销售一部	80	60	61	50	
谷城	销售一部	60	92	94	90	
顾飞	销售一部	63	54	55	58	
蒋京华	销售一部	64	90	89	96	
龙泽苑	销售一部	90	89	96	80	
詹晓婷	销售一部	66	89	96	89	
刘畅	销售一部	67	72	60	95	
魏宁祥	销售二部	68	85	88	70	
汤家桥	销售二部	69	92	94	90	
唐丽萌	销售二部	70	84	80	87	
赵飞	销售二部	70	72	60	88	
李哲明	销售二部	60	54	55	58	

图 5-61

员工销售业绩

所属部门	第一季度	第二季度	第三季度	第四季度	年度合计	销售目标
销售一部	60	85	88		=SUM(D3:G3)	
销售一部	80	60	61	50	SUM（数值1，...）	
销售一部	60	92	94	90		
销售一部	63	54	55	58		360
销售一部	64	90	89	96		
销售一部	90	89	96	80		
销售一部	66	89	96	89		
销售一部	67	72	60	95		
销售二部	68	85	88	70		
销售二部	69	92	94	90		
销售二部	70	84	80	87		320
销售二部	70	72	60	88		
销售二部	60	54	55	58		

图 5-62

第 3 步 H3 单元格显示计算结果，如图 5-63 所示。

员工销售业绩

所属部门	第一季度	第二季度	第三季度	第四季度	年度合计
销售一部	60	85	88	70	303
销售一部	80	60	61	50	
销售一部	60	92	94	90	
销售一部	63	54	55	58	
销售一部	64	90	89	96	
销售一部	90	89	96	80	
销售一部	66	89	96	89	
销售一部	67	72	60	95	
销售二部	68	85	88	70	
销售二部	69	92	94	90	
销售二部	70	84	80	87	
销售二部	70	72	60	88	
销售二部	60	54	55	58	

图 5-63

第 4 步 将鼠标指针移动到 H3 单元格右下角的填充柄上，当鼠标指针变成黑色十字形状时，单击并按住鼠标左键向下拖动进行填充，如图 5-64 所示。

员工销售业绩

第一季度	第二季度	第三季度	第四季度	年度合计	销售目
60	85	88	70	303	
80	60	61	50	251	
60	92	94	90	336	
63	54	55	58	230	
64	90	89	96	339	360
90	89	96	80	355	
66	89	96	89	340	
67	72	60	95	294	
68	85	88	70	311	
69	92	94	90	345	
70	84	80	87	321	320
70	72	60	88	290	
60	54	55	58	227	

图 5-64

5.6.2 计算销售一部的完成率

“完成率”单元格的数值等于“年度合计”单元格与销售一部的“销售目标”单元格之比，这里要注意的是，“销售目标”单元格要使用绝对引用。

操作步骤 Step by Step

第 1 步 选中 J3 单元格，输入“==H3/$I$3”，如图 5-65 所示。

=H3/$I$3

E	F	G	H	I	J
员工销售业绩					
第二季度	第三季度	第四季度	年度合计	销售目标	完成率
85	88	70	303	360	=H3/$I$3
60	61	50	251		
92	94	90	336		
54	55	58	230		
90	89	96	339		
89	96	80	355		
89	96	89	340		
72	60	95	294		

图 5-65

第 2 步 按 Enter 键完成计算，J3 单元格显示计算结果，如图 5-66 所示。

F	G	H	I	J
销售业绩				
第三季度	第四季度	年度合计	销售目标	显示结果
88	70	303		0.841666667
61	50	251		
94	90	336		

图 5-66

第 3 步 ❶选中 J3 单元格，❷在【开始】选项卡中单击【百分比样式】按钮，如图 5-67 所示。

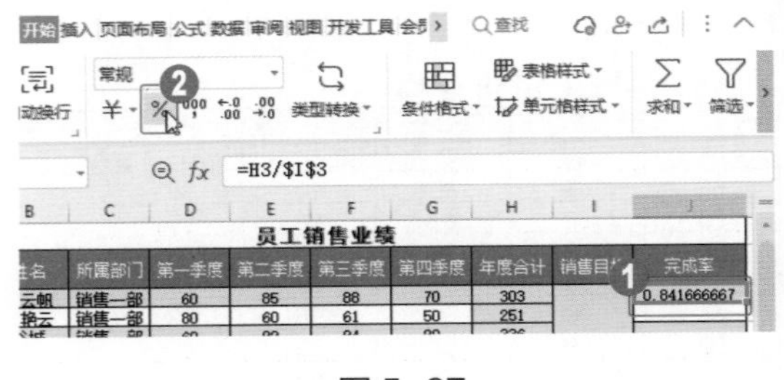

图 5-67

第 4 步 J3 单元格的数值变为百分比样式时，将鼠标移动到 J3 单元格右下角的填充柄上，当鼠标指针变成黑色十字形状时，单击并按住鼠标左键向下拖动进行填充，如图 5-68 所示。

第四季度	年度合计	销售目标	完成率
70	303	360	84%
50	251		70%
90	336		93%
58	230		64%
96	339		94%
80	355		99%
89	340		94%
95	294		82%
70	311		
90	345		

图 5-68

5.6.3 计算销售二部的完成率

“完成率”单元格的数值等于“年度合计”单元格与销售二部的“销售目标”单元格之比，这里要注意的是“销售目标”单元格要使用绝对引用。

操作步骤 Step by Step

第 1 步 选中 J11 单元格，输入“=H11/$I$11”，如图 5-69 所示。

第 2 步 按 Enter 键完成计算，J11 单元格显示计算结果，如图 5-70 所示。

图 5-69

第 3 步 ❶选中 J11 单元格，❷在【开始】选项卡中单击【百分比样式】按钮，如图 5-71 所示。

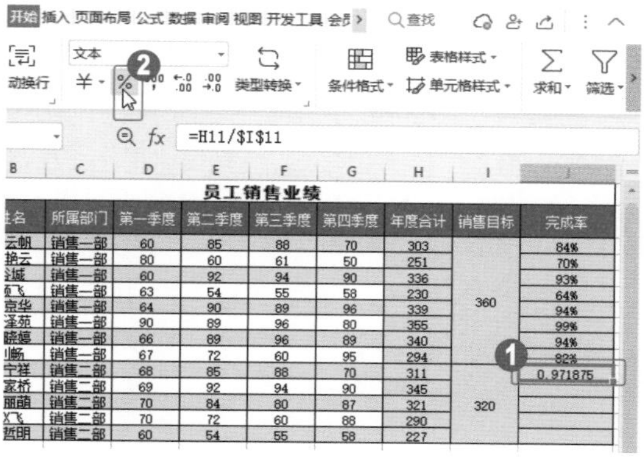

图 5-71

图 5-70

第 4 步 J3 单元格的数值变为百分比样式，将鼠标移动到 J3 单元格右下角的填充柄上，当鼠标指针变成黑色十字形状时，单击并按住鼠标左键向下拖动进行填充，如图 5-72 所示。

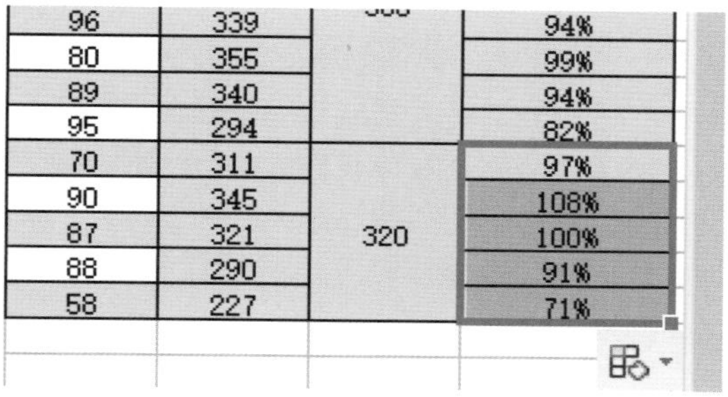

图 5-72

5.7 思考与练习

通过本章的学习，读者可以掌握编辑电子表格和数据计算的基础知识以及一些常见的操作方法，在本节中将针对本章知识点，进行相关知识测试，以达到巩固与提高的目的。

一、填空题

1. 启动 WPS，进入表格新建界面，直接按 ________ 组合键，可以快速创建一个空白电子表格。

2. 在 WPS 中，常见的数据类型有文本型、________、日期时间型和公式等，输入不同的数据类型其显示方式也有所不同。

二、判断题

1. 默认新建的工作簿以“工作簿 1”命名，并显示在标题栏的文档名处。 （ ）

2. 如果想要清除表格格式同时保留数据，选中表格区域，执行【开始】→【单元格】→【清除】命令即可。 （ ）

三、简答题

1. 在 WPS 中如何输入日期和时间？
2. 在 WPS 中如何套用表格样式？

第6章

电子表格的排序、筛选与汇总

- 数据排序
- 数据筛选
- 数据分类汇总
- 设置条件格式

本章主要介绍数据排序、数据筛选、数据分类汇总和设置条件格式方面的知识与技巧，在本章的最后针对实际工作需求，讲解统计分析员工工资表的方法。通过本章的学习，读者可以掌握电子表格的排序、筛选与汇总方面的知识，为深入学习WPS奠定基础。

6.1 数据排序

为了方便查看表格中的数据，可以按照一定的顺序对工作表中的数据进行重新排序。数据排序可以使工作表中的数据按照规定的顺序排列，从而使工作表条理清晰。数据排序方法主要包括简单排序、多重排序和自定义排序。

6.1.1 简单排序

简单排序是根据数据表中的相关数据或字段名，将表格数据按照升序（从低到高）或降序（从高到低）的方式进行排列，是处理数据时最常用的排序方式。下面介绍进行简单排序的方法。

操作步骤 Step by Step

第 1 步 选中 H2 单元格，❶选择【数据】选项卡，❷单击【排序】按钮，如图 6-1 所示。

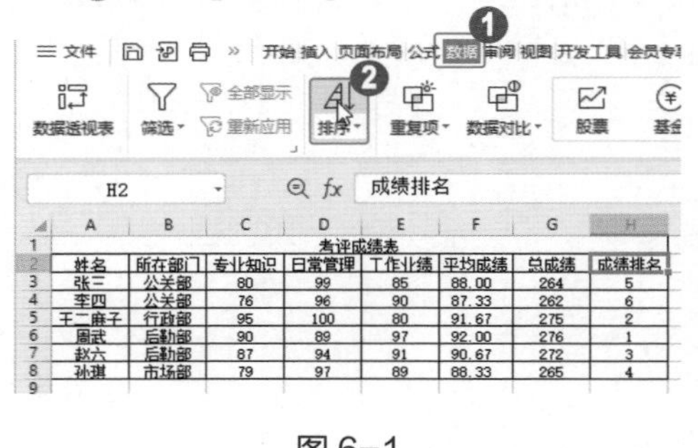

图 6-1

第 2 步 此时，表格中的“成绩排名”列数据已经按照从低到高进行升序排序，如图 6-2 所示。

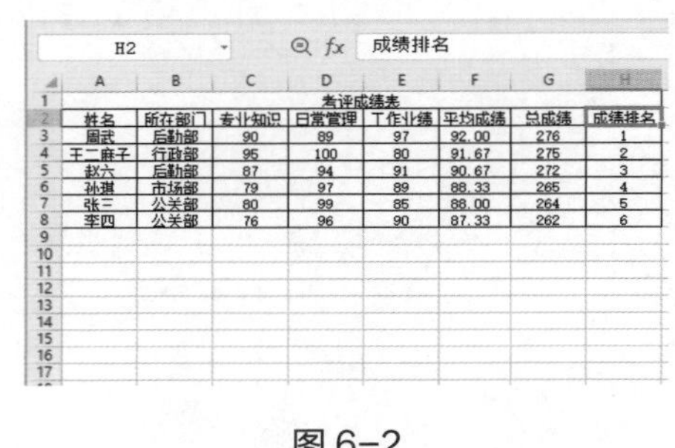

图 6-2

6.1.2 多重排序

在对数据表中的某一字段进行排序时，记录中出现一些含有相同数据而无法正确排序的情况，此时就需要另设其他条件来对含有相同数据的记录进行排序。下面介绍进行多重排序的方法。

操作步骤 Step by Step

第 1 步 选中数据区域中的任意单元格，❶选择【数据】选项卡，❷单击【排序】下拉按钮，❸在下拉列表中选择【自定义排序】选项，如图 6-3 所示。

第 2 步 弹出【排序】对话框，❶设置【主要关键字】为【专业知识】，❷【排序依据】为【数值】，❸【次序】为【升序】，❹单击【添加条件】按钮，如图 6-4 所示。

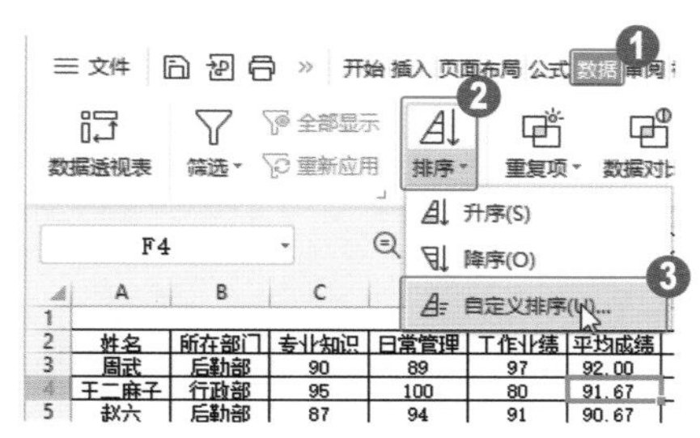

图 6-3

第 3 步 此时添加一组新的排序条件，❶设置【次要关键字】为【工作业绩】，❷【排序依据】为【数值】，❸【次序】为【升序】，❹单击【确定】按钮，如图 6-5 所示。

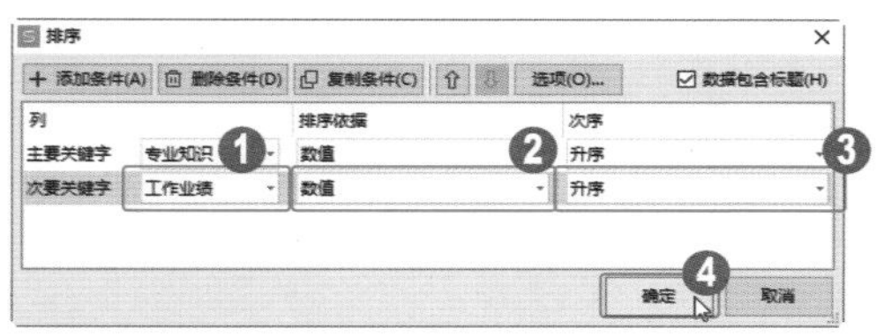

图 6-5

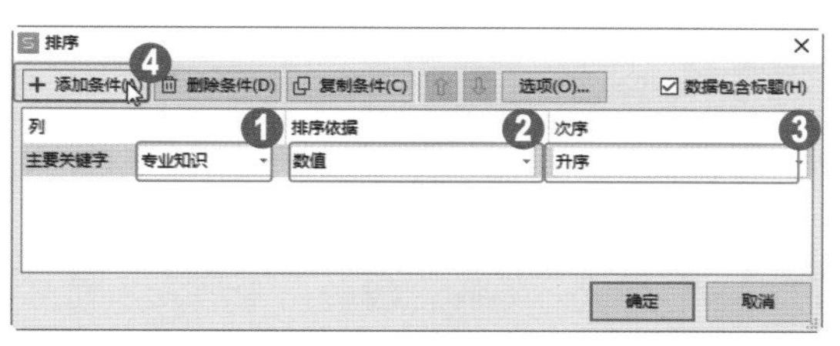

图 6-4

第 4 步 数据在根据“专业知识”进行升序排序的基础上，再按照“工作业绩”进行升序排序，如图 6-6 所示。

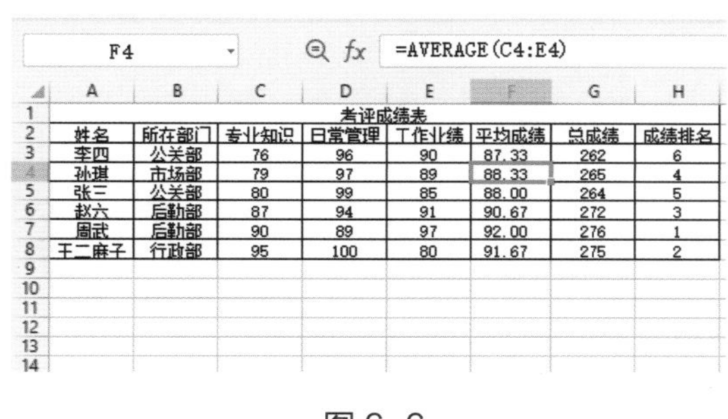

F4 =AVERAGE(C4:E4)

考评成绩表							
姓名	所在部门	专业知识	日常管理	工作业绩	平均成绩	总成绩	成绩排名
李四	公关部	76	96	90	87.33	262	6
孙琪	市场部	79	97	89	88.33	265	4
张三	公关部	80	99	85	88.00	264	5
赵六	后勤部	87	94	91	90.67	272	3
周武	后勤部	90	89	97	92.00	276	1
王二麻子	行政部	95	100	80	91.67	275	2

图 6-6

6.1.3 自定义排序

自定义排序是指对选定的数据区域按用户定义的顺序进行排序，用户可以根据表格中的列标题进行自定义排序。下面以“工作业绩，专业知识，日常管理”为序列介绍进行自定义排序的方法。

操作步骤 Step by Step

第 1 步 选中数据区域中的任意单元格，执行【数据】→【排序】→【自定义排序】命令，如图 6-7 所示。

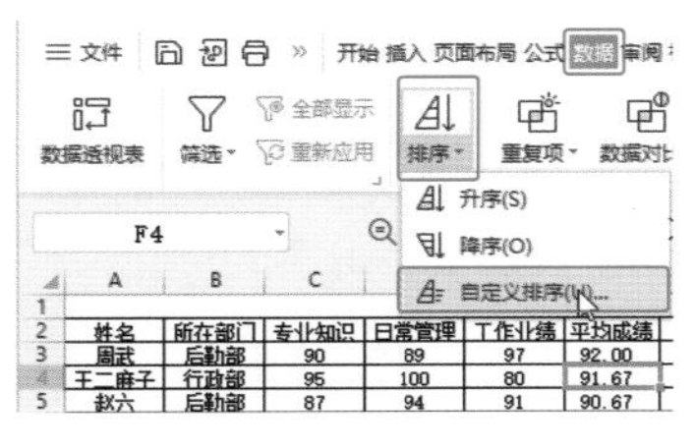

图 6-7

第 2 步 弹出【排序】对话框，将【次序】设置为【自定义序列】，如图 6-8 所示。

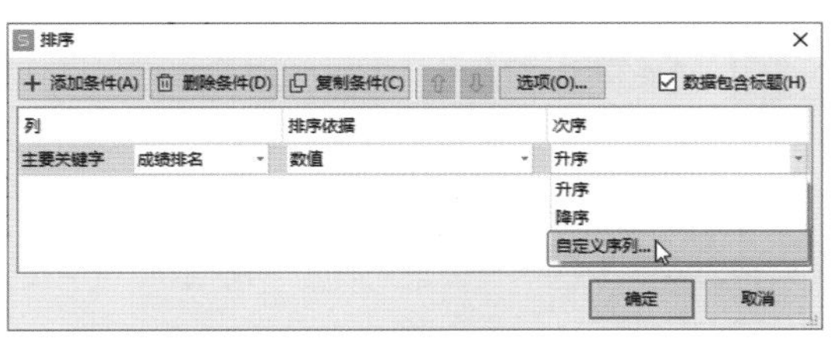

图 6-8

第 3 步 弹出【自定义序列】对话框，❶在【自定义序列】列表框中选择【新序列】选项，❷在【输入序列】列表框中输入“工作业绩,专业知识,日常管理”，中间用英文半角状态下的逗号隔开，❸单击【添加】按钮，如图 6-9 所示。

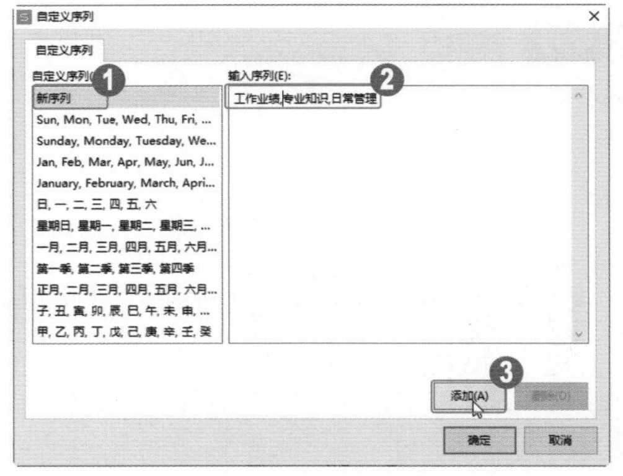

图 6-9

第 5 步 返回【排序】对话框，单击【确定】按钮，如图 6-11 所示。

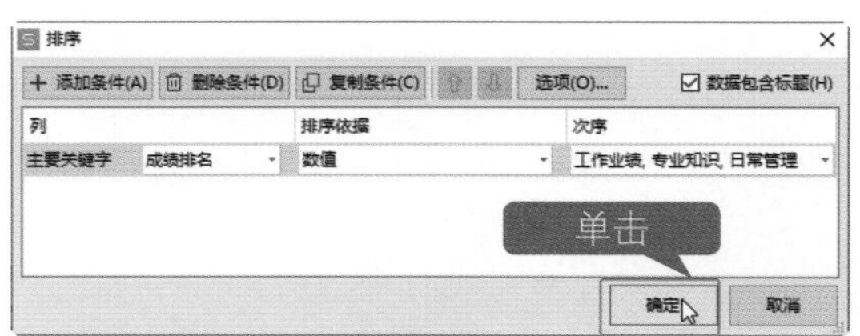

图 6-11

第 4 步 此时新定义的序列就添加到了【自定义序列】列表中，单击【确定】按钮，如图 6-10 所示。

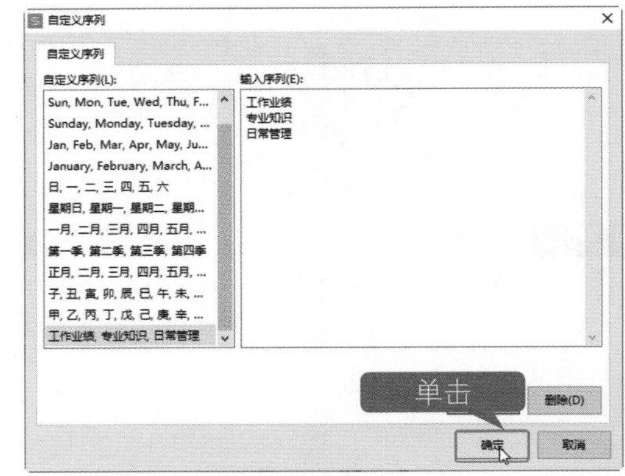

图 6-10

第 6 步 此时数据已按照排序条件排序完成，如图 6-12 所示。

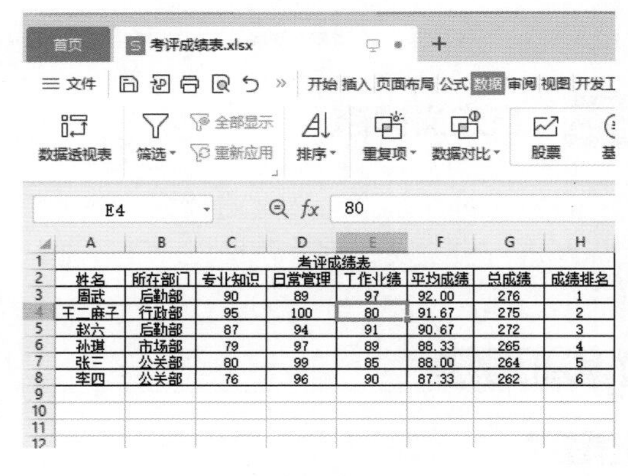

姓名	所在部门	专业知识	日常管理	工作业绩	平均成绩	总成绩	成绩排名
周武	后勤部	90	89	97	92.00	276	1
王二麻子	行政部	95	100	80	91.67	275	2
赵六	后勤部	87	94	91	90.67	272	3
孙琪	市场部	79	97	89	88.33	265	4
张三	公关部	80	99	85	88.00	264	5
李四	公关部	76	96	90	87.33	262	6

图 6-12

6.1.4 课堂范例——排序分析销售统计表

本范例将对家用电器的销售情况进行排序分析，使用 WPS 的排序功能根据“销售区域”进行升序排序的基础上，按照“销售额”进行降序排序。

<< 扫码获取配套视频课程，本节视频课程播放时长约为 39 秒。

配套素材路径：配套素材/第6章

素材文件名称：销售统计表.xlsx

操作步骤

Step by Step

第 1 步 选中数据区域中的任意单元格，执行【数据】→【排序】→【自定义排序】命令，如图 6-13 所示。

	A	B	C	D	E	F
1	销售日期	产品名称	销售区域	销售数量	产品单价	销售额
2	2022/7/1	液晶电视	上海分部	59	8000	472000
3	2022/7/2	冰箱	上海分部	45	4100	184500
4	2022/7/3	电脑	广州分部	234	5600	1310400
5	2022/7/4	空调	天津分部	69	3500	241500
6	2022/7/5	饮水机	北京分部	76	1200	91200
7	2022/7/6	饮水机	天津分部	90	1200	108000
8	2022/7/7	洗衣机	广州分部	80	3800	304000
9	2022/7/8	冰箱	北京分部	100	4100	410000
10	2022/7/9	空调	广州分部	200	3500	700000
11	2022/7/10	电脑	上海分部	30	5600	168000
12	2022/7/11	饮水机	天津分部	40	1200	48000
13	2022/7/12	液晶电视	北京分部	60	8000	480000
14	2022/7/13	饮水机	广州分部	80	1200	96000

图 6-13

第 3 步 此时，添加一组新的排序条件，❶将【次要关键字】设置为【销售额】，❷【排序依据】设置为【数值】，❸【次序】设置为【降序】，❹单击【确定】按钮，如图 6-15 所示。

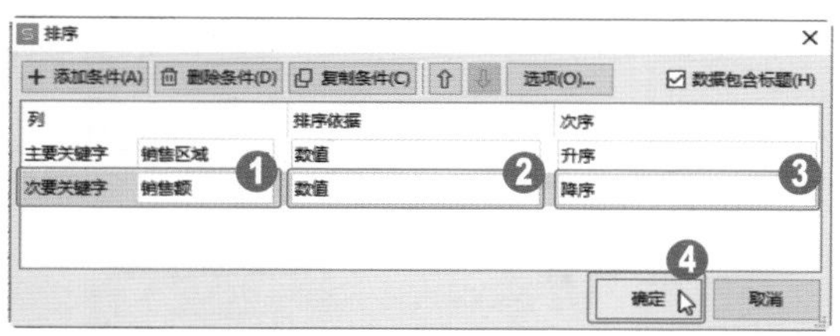

图 6-15

第 2 步 弹出【排序】对话框，❶将【主要关键字】设置为【销售区域】，❷【排序依据】设置为【数值】，❸【次序】设置为【升序】，❹单击【添加条件】按钮，如图 6-14 所示。

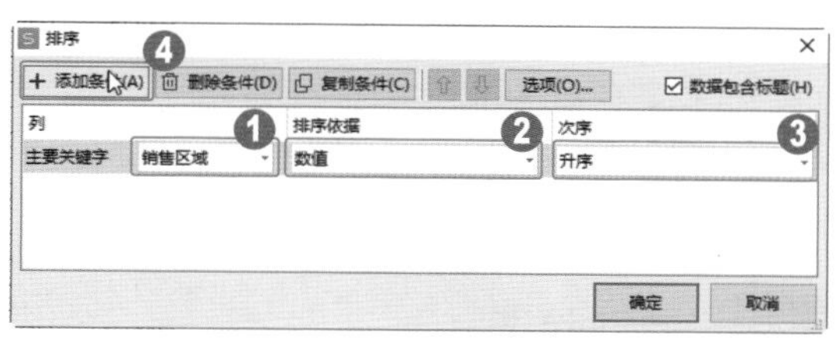

图 6-14

第 4 步 返回工作表，数据在根据“销售区域”进行升序排序的基础上，按照“销售额”进行了降序排序，如图 6-16 所示。

	A	B	C	D	E	F
1	销售日期	产品名称	销售区域	销售数量	产品单价	销售额
2	2022/7/19	液晶电视	北京分部	75	8000	600000
3	2022/7/28	液晶电视	北京分部	65	8000	520000
4	2022/7/12	液晶电视	北京分部	60	8000	480000
5	2022/7/8	冰箱	北京分部	100	4100	410000
6	2022/7/5	饮水机	北京分部	76	1200	91200
7	2022/7/3	电脑	广州分部	234	5600	1310400
8	2022/7/9	空调	广州分部	200	3500	700000
9	2022/7/7	洗衣机	广州分部	80	3800	304000
10	2022/7/24	空调	广州分部	41	3500	143500
11	2022/7/20	洗衣机	广州分部	32	3800	121600
12	2022/7/13	饮水机	广州分部	80	1200	96000
13	2022/7/26	饮水机	广州分部	22	1200	26400
14	2022/7/18	液晶电视	上海分部	85	8000	680000
15	2022/7/1	液晶电视	上海分部	59	8000	472000
16	2022/7/30	冰箱	上海分部	93	4100	381300
17	2022/7/29	洗衣机	上海分部	78	3800	296400
18	2022/7/2	冰箱	上海分部	45	4100	184500
19	2022/7/25	电脑	上海分部	32	5600	179200
20	2022/7/10	电脑	上海分部	30	5600	168000
21	2022/7/22	洗衣机	上海分部	32	3800	121600
22	2022/7/14	饮水机	上海分部	90	1200	108000
23	2022/7/27	饮水机	上海分部	44	1200	52800
24	2022/7/17	冰箱	天津分部	95	4100	389500
25	2022/7/16	电脑	天津分部	65	5600	364000
26	2022/7/15	空调	天津分部	70	3500	245000
27	2022/7/4	空调	天津分部	69	3500	241500
28	2022/7/31	空调	天津分部	32	3500	112000
29	2022/7/6	饮水机	天津分部	90	1200	108000
30	2022/7/11	饮水机	天津分部	40	1200	48000
31	2022/7/21	饮水机	天津分部	12	1200	14400

图 6-16

知识拓展

有时要对“销售额”“工资”等字段进行排序，又不希望打乱表格原有数据的顺序，而只需要得到一个排列名次，这时该怎么办呢？对于这类问题，用户可以用 RANK 函数来实现次序的排列。

6.2 数据筛选

如果要在成百上千条数据记录中查询需要的数据，用 WPS 表格的筛选功能，可轻松地筛选出符合条件的数据。筛选功能主要有“自动筛选”和“自定义筛选”两种。本节将详细介绍数据筛选的知识。

6.2.1 自动筛选

自动筛选是一个易于操作且经常使用的功能。自动筛选通常是按简单的条件进行筛选，筛选时将不满足条件的数据暂时隐藏起来，只显示符合条件的数据。

操作步骤 Step by Step

第 1 步 选中数据区域中的任意单元格，❶选择【数据】选项卡，❷单击【筛选】下拉按钮，❸在下拉列表中选择【筛选】选项，如图 6-17 所示。

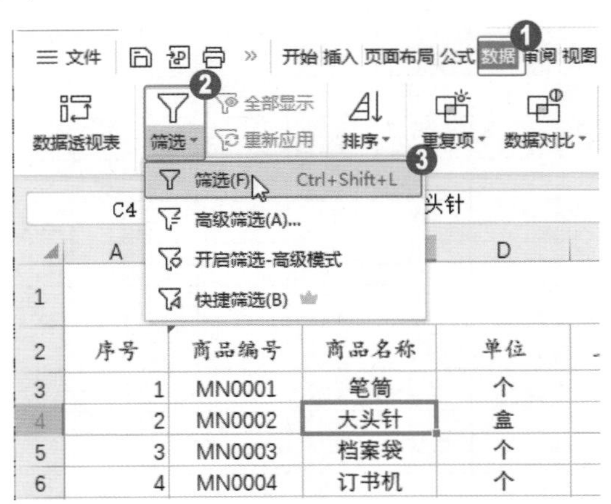

图 6-17

第 2 步 所有列标题单元格的右上方自动显示【筛选】按钮，单击 H2 单元格右上方的【筛选】按钮，如图 6-18 所示。

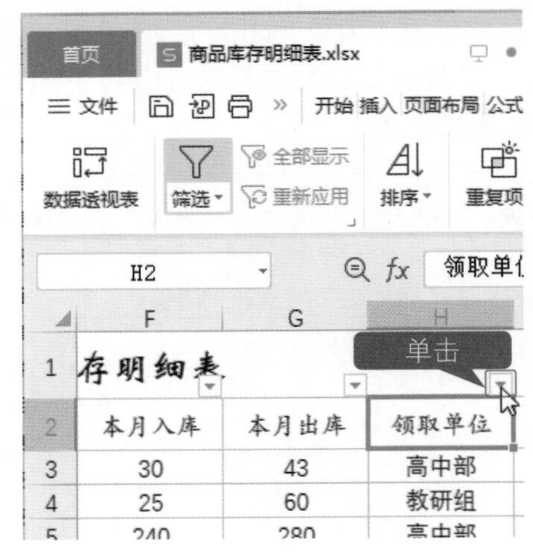

图 6-18

第 3 步 ❶在弹出的列表中勾选【初中部】复选框，❷单击【确定】按钮，如图 6-19 所示。

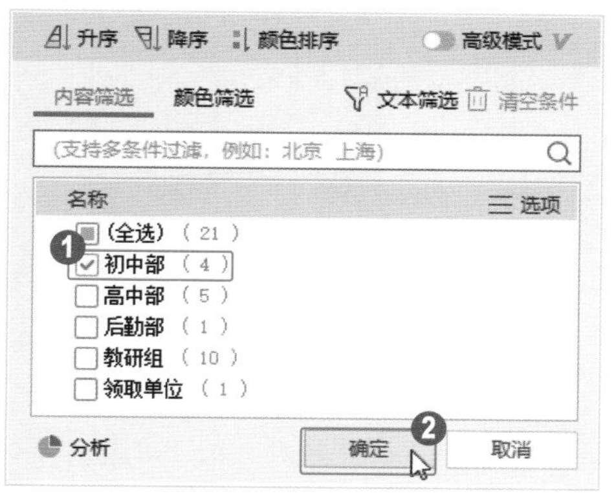

图 6-19

第 4 步 此时，表格将和初中部有关的商品筛选出来，如图 6-20 所示。

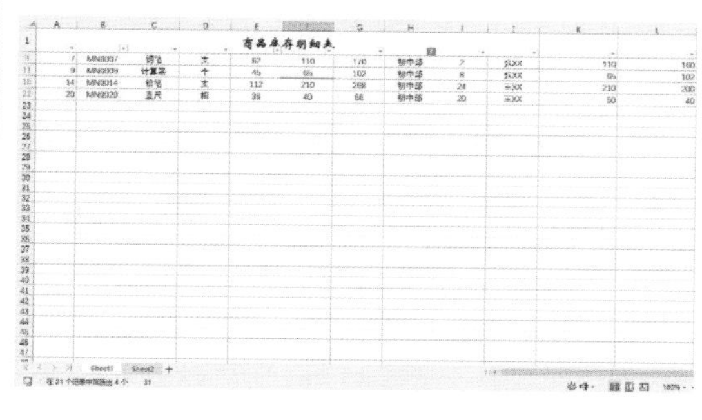

图 6-20

6.2.2 自定义筛选

与数据排序类似，如果自动筛选方式不能满足需要，此时可自定义筛选条件。下面介绍自定义筛选的方法。

操作步骤

Step by Step

第 1 步 选中数据区域中的任意单元格，❶选择【数据】选项卡，❷单击【筛选】下拉按钮，❸在下拉列表中选择【筛选】选项，如图 6-21 所示。

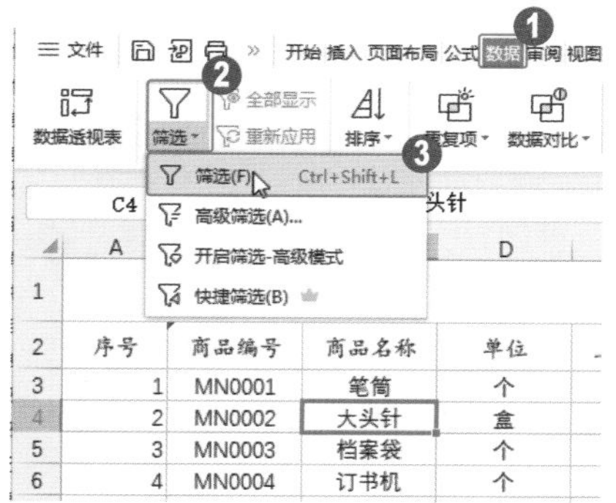

图 6-21

第 2 步 所有列标题单元格的右上方自动显示【筛选】按钮，❶单击【本月入库】单元格右上方的【筛选】按钮，❷在弹出的列表框中选择【数字筛选】菜单项，❸选择【介于】子菜单项，如图 6-22 所示。

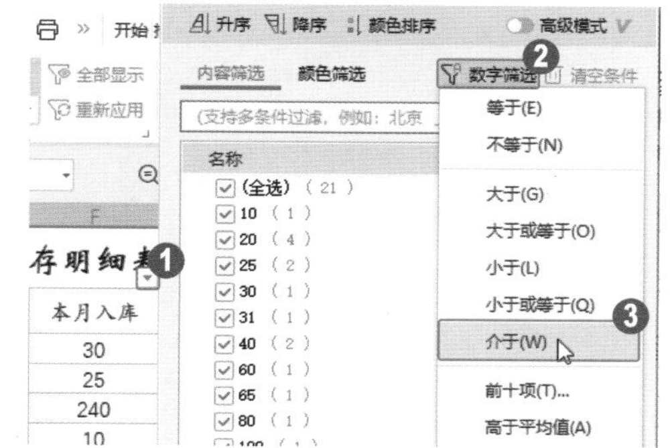

图 6-22

第 3 步 弹出【自定义自动筛选方式】对话框，❶将筛选条件设置为本月入库【大于或等于】20 与【小于或等于】31，❷单击【确定】按钮，如图 6-23 所示。

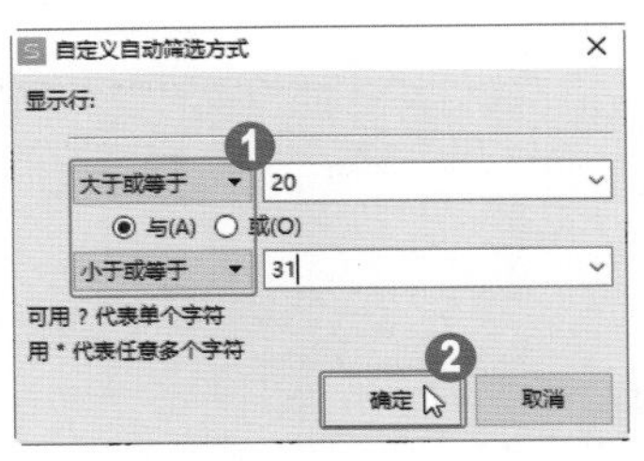

图 6-23

第 4 步 此时，表格将本月入库介于 20 ~ 31 的商品筛选出来，如图 6-24 所示。

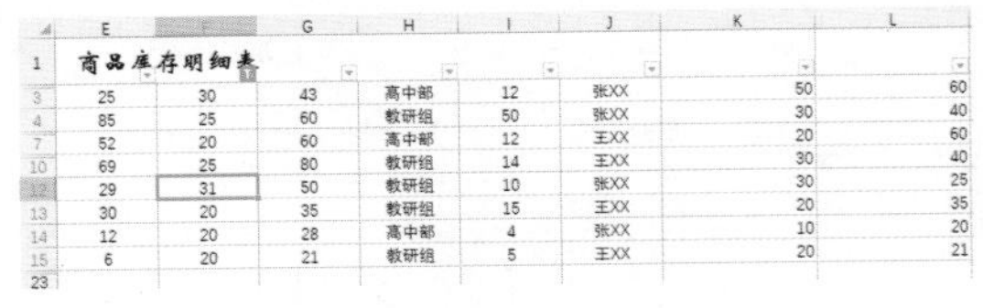

	E	F	G	H	I	J	K	L
1	商品库存明细表							
3	25	30	43	高中部	12	张XX	50	60
4	85	25	60	教研组	50	张XX	30	40
7	52	20	60	高中部	12	王XX	20	60
10	69	25	80	教研组	14	王XX	30	40
12	29	31	50	教研组	10	张XX	30	25
13	30	20	35	教研组	15	王XX	20	35
14	12	20	28	高中部	4	张XX	10	20
15	6	20	21	教研组	5	王XX	20	21
23								

图 6-24

6.2.3 课堂范例——筛选分析商品库存明细表

本范例将对商品库存明细表进行筛选分析，主要筛选审核人是张××的商品都有哪些，需要运用 WPS 的高级筛选功能来实现。

<< 扫码获取配套视频课程，本节视频课程播放时长约为 49 秒。

配套素材路径：配套素材/第6章

素材文件名称：商品库存明细表.xlsx

操作步骤

Step by Step

第 1 步 在 I25、I26 和 J25 单元格内输入内容，如图 6-25 所示。

	H	I	J
20	后勤部	12	王XX
21	教研组	46	王XX
22	初中部	20	王XX
23			
24			
25		审核人	商品名称
26		张xx	

输入内容

图 6-25

第 2 步 选中数据区域中的任意单元格，❶选择【数据】选项卡，❷单击【筛选】下拉按钮，❸在下拉列表中选择【高级筛选】选项，如图 6-26 所示。

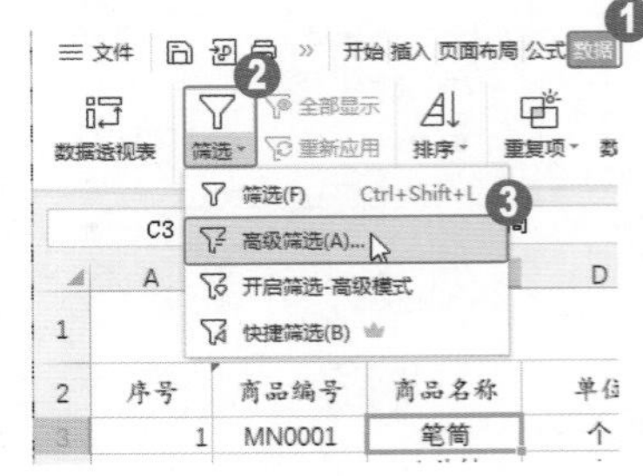

图 6-26

第 3 步 弹出【高级筛选】对话框，❶选中【将筛选结果复制到其他位置】单选按钮，❷在【列表区域】【条件区域】和【复制到】文本框中输入单元格区域，❸勾选【选择不重复的记录】复选框，❹单击【确定】按钮，如图 6-27 所示。

图 6-27

第 4 步 即可将商品库存明细表中张 ×× 审核的商品名称单独筛选并复制到指定区域，如图 6-28 所示。

审核人	商品名称
张xx	笔筒
	大头针
	档案袋
	订书机
	复印纸
	钢笔
	计算器
	胶带
	毛笔
	签字笔
	文件袋

图 6-28

6.3 数据分类汇总

利用 WPS 表格提供的分类汇总功能，用户可以将表格中的数据进行分类，然后再把性质相同的数据汇总到一起，使其结构更清晰，便于查找数据。本节主要介绍创建单项分类汇总与嵌套分类汇总的知识。

6.3.1 单项分类汇总

在进行分类汇总前，首先需要对数据进行排序，排序后可以对数据进行单项的分类汇总，即根据一个字段分类汇总表格数据。下面介绍创建单项分类汇总的方法。

操作步骤 Step by Step

第 1 步 选中数据区域的任意单元格，❶选择【数据】选项卡，❷单击【排序】下拉按钮，在下拉列表中选择【自定义排序】选项，如图 6-29 所示。

第 2 步 弹出【排序】对话框，❶将【主要关键字】设置为【所属部门】，❷将【排序依据】设置为【数值】，❸将【次序】设置为【升序】，❹单击【确定】按钮，如图 6-30 所示。

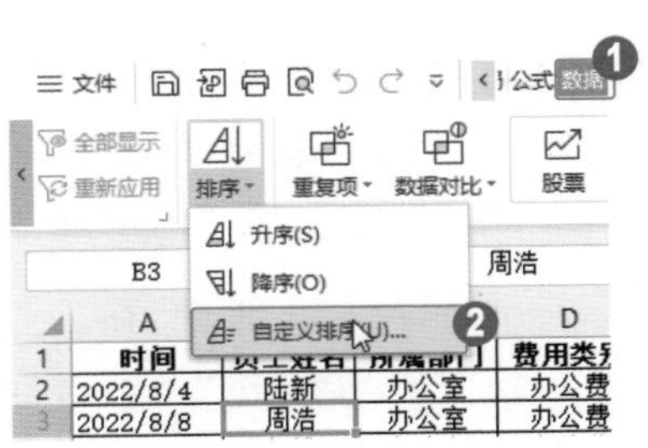

图 6-29

第 3 步 此时，表格中的数据就会根据“所属部门”的拼音首字母进行升序排列，单击【数据】选项卡中的【分类汇总】按钮，如图 6-31 所示。

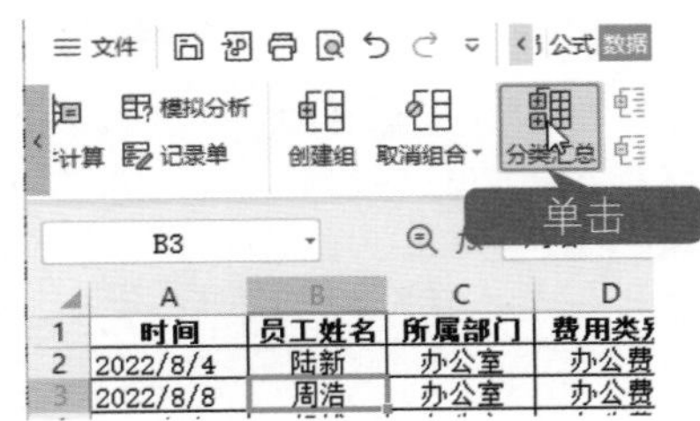

图 6-31

第 5 步 此时，即可看到按照“所属部门”对费用金额进行汇总的第 3 级汇总结果，如图 6-33 所示。

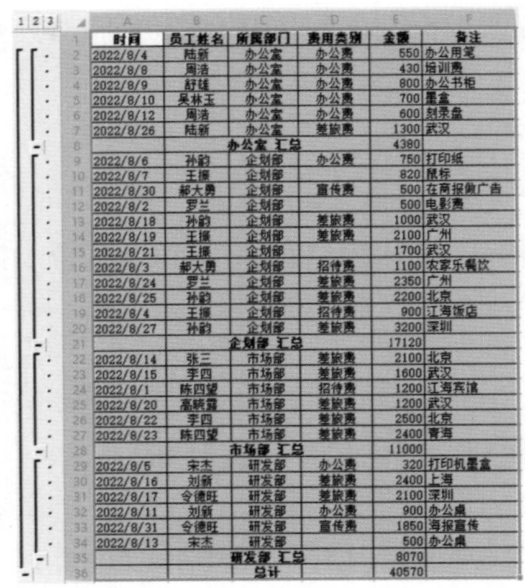

图 6-33

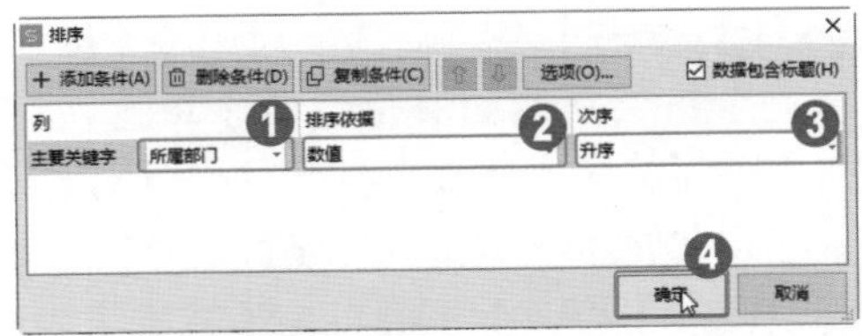

图 6-30

第 4 步 弹出【分类汇总】对话框，❶在【分类字段】下拉列表框中选择【所属部门】选项，❷在【汇总方式】下拉列表框中选择【求和】选项，❸在【选定汇总项】列表框中勾选【金额】复选框，❹单击【确定】按钮，如图 6-32 所示。

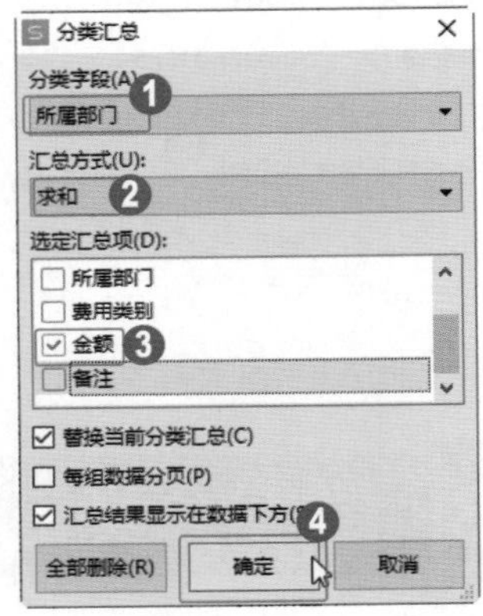

图 6-32

第 6 步 单击汇总区域左上角的数字按钮【2】，即可查看第 2 级汇总结果，如图 6-34 所示。

时间	员工姓名	所属部门	费用类别	金额	备注
		办公室 汇总		4380	
		企划部 汇总		17120	
		市场部 汇总		11000	
		研发部 汇总		8070	
		总计		40570	

图 6-34

6.3.2 嵌套分类汇总

除了进行简单汇总外，用户还可以对数据进行嵌套分类汇总。下面介绍创建嵌套分类汇总的操作方法。

操作步骤 Step by Step

第 1 步 选中数据区域的任意单元格，❶选择【数据】选项卡，❷单击【分类汇总】按钮，如图 6-35 所示。

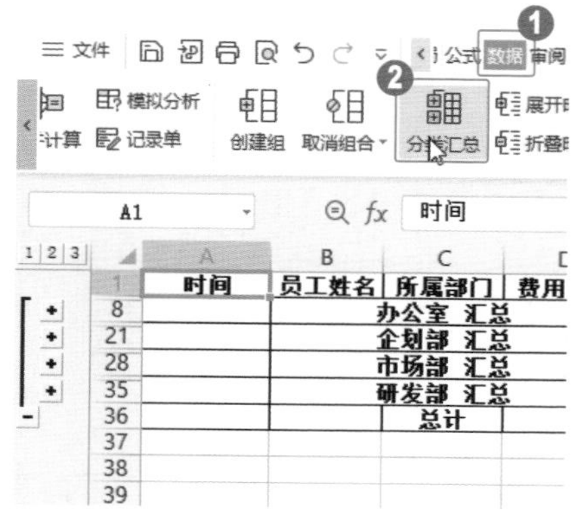

图 6-35

第 2 步 弹出【分类汇总】对话框，❶将【分类字段】设置为【所属部门】，❷将【汇总方式】设置为【平均值】，❸在【选定汇总项】下拉列表框中选中【金额】复选框，❹取消勾选【替换当前分类汇总】复选框，❺单击【确定】按钮，如图 6-36 所示。

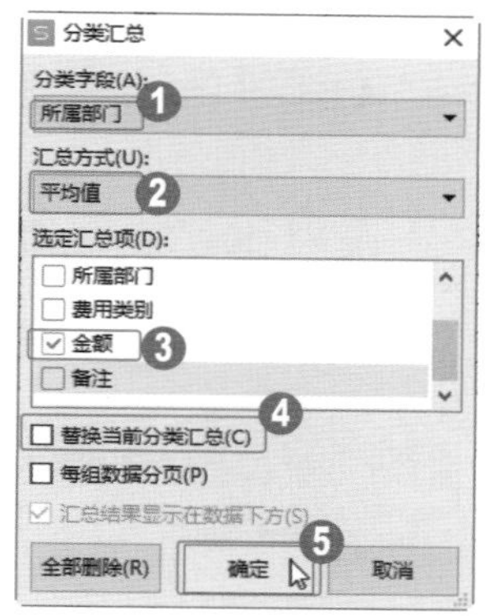

图 6-36

第 3 步 即可生成 4 级嵌套分类汇总，并显示第 4 级嵌套汇总结果，如图 6-37 所示。

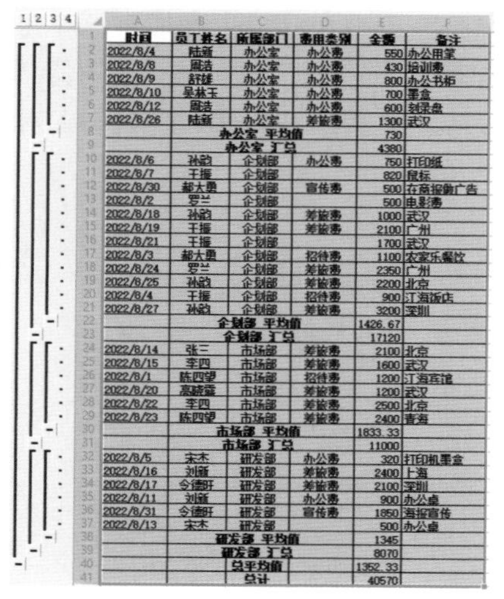

时间	员工姓名	所属部门	费用类别	金额	备注
2022/8/4	陆新	办公室	办公费	550	办公用笔
2022/8/8	周浩	办公室	办公费	430	培训费
2022/8/9	舒雄	办公室	办公费	800	办公书柜
2022/8/10	吴林玉	办公室	办公费	700	笔盒
2022/8/12	周浩	办公室	办公费	600	刻录盘
2022/8/26	陆新	办公室	差旅费	1300	武汉
	办公室 平均值			730	
	办公室 汇总			4380	
2022/8/6	孙韵	企划部	办公费	750	打印纸
2022/8/7	王振	企划部		820	鼠标
2022/8/30	郝大勇	企划部	宣传费	500	在商报做广告
2022/8/2	罗兰	企划部		500	电影费
2022/8/18	孙韵	企划部	差旅费	1000	武汉
2022/8/19	王振	企划部	差旅费	2100	广州
2022/8/21	王振	企划部		1700	武汉
2022/8/3	郝大勇	企划部	招待费	1100	农家乐餐饮
2022/8/24	罗兰	企划部	差旅费	2350	广州
2022/8/25	孙韵	企划部	差旅费	2200	北京
2022/8/4	王振	企划部	招待费	900	江海饭店
2022/8/27	孙韵	企划部	差旅费	3200	深圳
	企划部 平均值			1426.67	
	企划部 汇总			17120	
2022/8/14	张三	市场部	差旅费	2100	北京
2022/8/15	李四	市场部	差旅费	1600	武汉
2022/8/1	陈四望	市场部	招待费	1200	江海宾馆
2022/8/20	高晓霞	市场部	差旅费	1200	武汉
2022/8/22	李四	市场部	差旅费	2500	北京
2022/8/23	陈四望	市场部	差旅费	2400	青海
	市场部 平均值			1833.33	
	市场部 汇总			11000	
2022/8/5	宋杰	研发部	办公费	320	打印机墨盒
2022/8/16	刘新	研发部	差旅费	2400	上海
2022/8/17	令德旺	研发部	差旅费	2100	深圳
2022/8/11	刘新	研发部	办公费	900	办公桌
2022/8/31	令德旺	研发部	宣传费	1850	海报宣传
2022/8/13	宋杰	研发部		500	办公桌
	研发部 平均值			1345	
	研发部 汇总			8070	
		总平均值		1352.33	
		总计		40570	

图 6-37

第 4 步 单击汇总区域左上角的数字按钮【2】，即可查看第 2 级汇总结果，如图 6-38 所示。

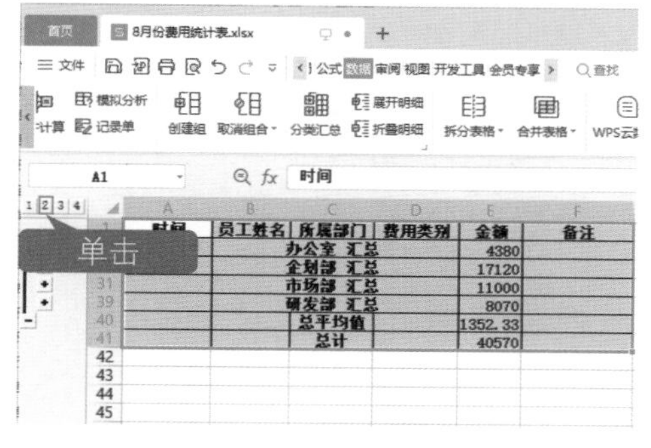

图 6-38

6.3.3 课堂范例——汇总分析商品销售表

本范例将使用 WPS 的排序功能，首先对表格按照商品种类进行升序排序，然后使用汇总功能对数据以“商品种类”为分类字段，统计销售数量之和。

<< 扫码获取配套视频课程，本节视频课程播放时长约为 39 秒。

配套素材路径：配套素材/第6章

素材文件名称：商品销售表.xlsx

操作步骤 Step by Step

第 1 步 打开素材表格，选中数据区域的任意单元格，❶选择【数据】选项卡，❷单击【排序】下拉按钮，❸选择【自定义排序】选项，如图 6-39 所示。

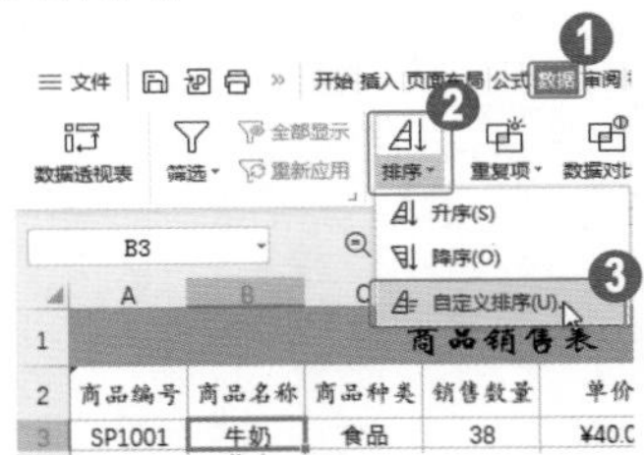

图 6-39

第 3 步 表格数据按照“商品种类”进行升序排序，选中 A2~G22 单元格区域，单击【数据】选项卡中的【分类汇总】按钮，如图 6-41 所示。

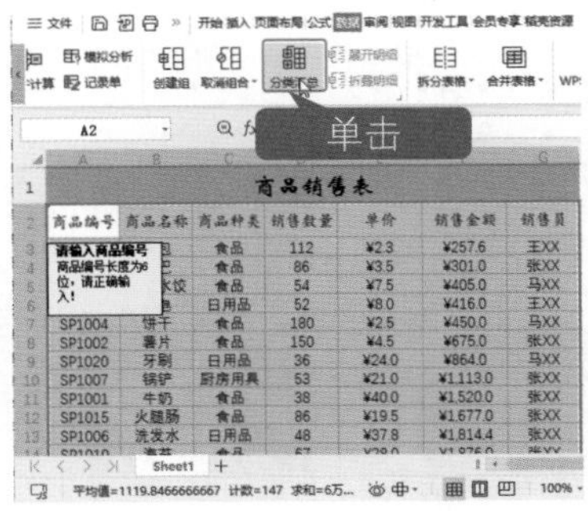

图 6-41

第 2 步 弹出【排序】对话框，❶设置排序条件，❷单击【确定】按钮，如图 6-40 所示。

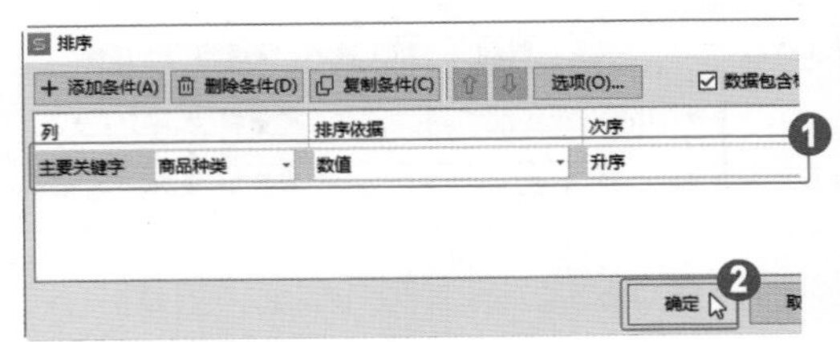

图 6-40

第 4 步 弹出【分类汇总】对话框，❶在【分类字段】下拉列表框中选择【商品种类】选项，❷在【汇总方式】下拉列表框中选择【求和】选项，❸在【选定汇总项】下拉列表框中选中【销售数量】复选框，❹单击【确定】按钮，如图 6-42 所示。

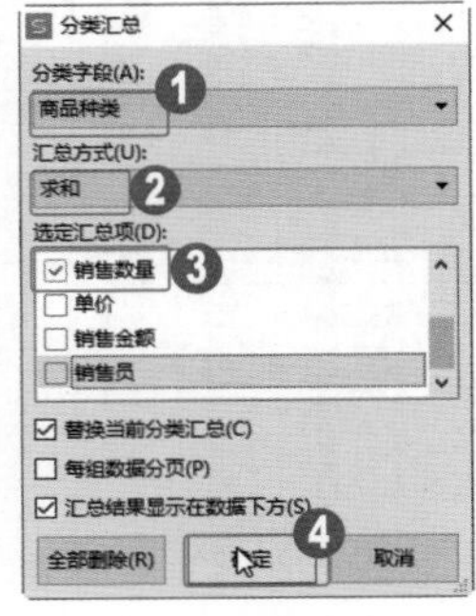

图 6-42

第 5 步 此时，即可看到按照“商品种类”对销售数量进行汇总的第 3 级汇总结果，如图 6-43 所示。

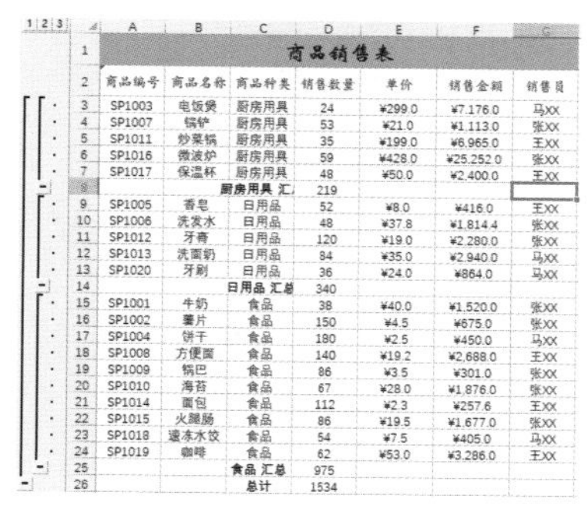

商品编号	商品名称	商品种类	销售数量	单价	销售金额	销售员
SP1003	电饭煲	厨房用具	24	¥299.0	¥7,176.0	马XX
SP1007	锅铲	厨房用具	53	¥21.0	¥1,113.0	张XX
SP1011	炒菜锅	厨房用具	35	¥199.0	¥6,965.0	王XX
SP1016	微波炉	厨房用具	59	¥428.0	¥25,252.0	张XX
SP1017	保温杯	厨房用具	48	¥50.0	¥2,400.0	王XX
		厨房用具 汇	219			
SP1005	香皂	日用品	52	¥8.0	¥416.0	王XX
SP1006	洗发水	日用品	48	¥37.8	¥1,814.4	张XX
SP1012	牙膏	日用品	120	¥19.0	¥2,280.0	张XX
SP1013	洗面奶	日用品	84	¥35.0	¥2,940.0	马XX
SP1020	牙刷	日用品	36	¥24.0	¥864.0	马XX
		日用品 汇总	340			
SP1001	牛奶	食品	38	¥40.0	¥1,520.0	张XX
SP1002	薯片	食品	150	¥4.5	¥675.0	张XX
SP1004	饼干	食品	180	¥2.5	¥450.0	马XX
SP1008	方便面	食品	140	¥19.2	¥2,688.0	王XX
SP1009	锅巴	食品	86	¥3.5	¥301.0	张XX
SP1010	海苔	食品	67	¥28.0	¥1,876.0	张XX
SP1014	面包	食品	112	¥2.3	¥257.6	王XX
SP1015	火腿肠	食品	86	¥19.5	¥1,677.0	张XX
SP1018	速冻水饺	食品	54	¥7.5	¥405.0	马XX
SP1019	咖啡	食品	62	¥53.0	¥3,286.0	王XX
		食品 汇总	975			
		总计	1534			

图 6-43

6.4 设置条件格式

条件格式用于将数据表中满足指定条件的数据以特定格式显示出来。在 WPS 表格中使用条件格式，可以在工作表中突出显示所关注的单元格或单元格区域，强调异常值，而使用数据条、色阶和图标集等可以更直观地显示数据。

6.4.1 添加数据条

数据条可用于查看某个单元格相对于其他单元格的值。数据条的长度代表单元格中的值，数据条越长，表示值越大；数据条越短，表示值越小。下面介绍添加数据条的方法。

操作步骤 Step by Step

第 1 步 选中 E2 ~ E29 单元格区域，❶在【开始】选项卡中单击【条件格式】下拉按钮，❷在下拉列表中选择【数据条】选项，❸选择一种数据条样式，如图 6-44 所示。

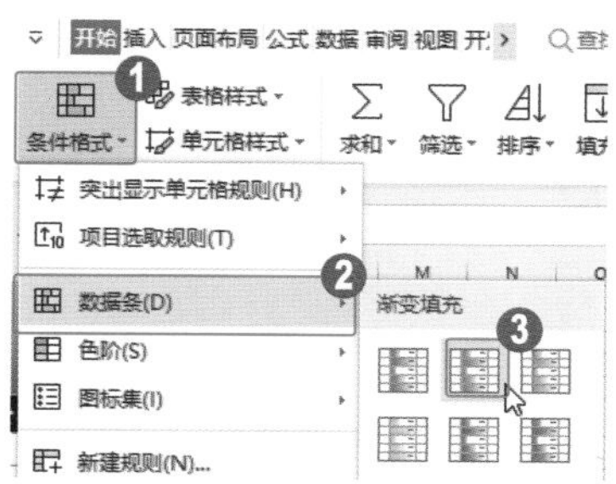

图 6-44

第 2 步 选中的单元格区域已经添加了数据条，如图 6-45 所示。

图 6-45

6.4.2 添加色阶

使用色阶样式主要通过颜色对比直观地显示数据，并帮助用户了解数据的分布和变化。下面介绍添加色阶的方法。

操作步骤 Step by Step

第 1 步 选中 E2 ~ E29 单元格区域，❶在【开始】选项卡中单击【条件格式】下拉按钮，❷在下拉列表中选择【色阶】选项，❸选择一种色阶样式，如图 6-46 所示。

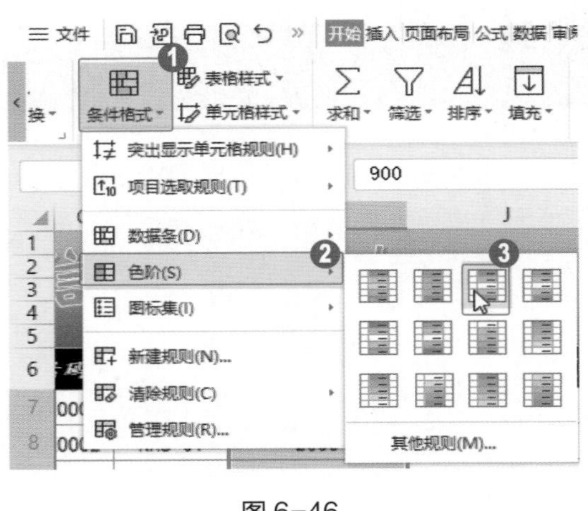

图 6-46

第 2 步 选中的单元格区域已经添加了色阶，如图 6-47 所示。

图 6-47

6.4.3 添加图标集

使用图标集可以对数据进行注释，并可以按大小将数值分为 3~5 个类别，每个图标集代表一个数值范围。下面介绍添加图标集的方法。

操作步骤 Step by Step

第 1 步 选中 E2 ~ E29 单元格区域，执行【开始】→【条件格式】→【图标集】命令，选择一种图标集样式，如图 6-48 所示。

第 2 步 选中的单元格区域已经添加了图标集，如图 6-49 所示。

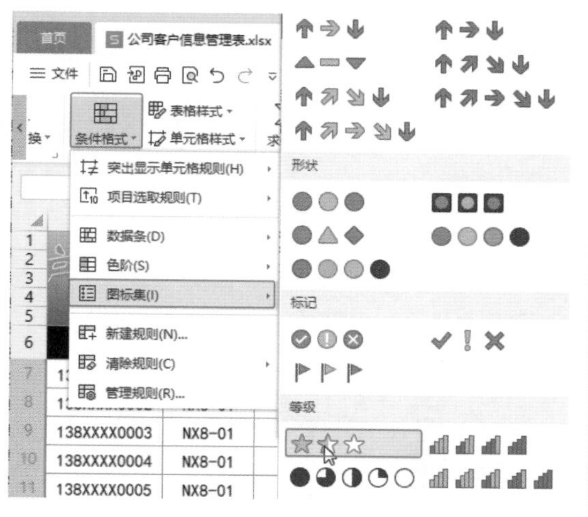

图 6-48

图 6-49

6.5 实战课堂——统计分析员工工资表

本范例将使用 WPS 的排序功能，首先对表格数据按照部门和工龄进行升序和降序排序；然后使用筛选功能筛选职务为“高级职员”的数据；最后使用汇总功能对数据进行汇总分析。

<< 扫码获取配套视频课程，本节视频课程播放时长约为 1 分 25 秒。

配套素材路径：配套素材/第6章

素材文件名称：员工工资表.xlsx

6.5.1 排序表格

本小节需要使用 WPS 的自定义排序功能，对表格数据根据“部门”和“工龄”两个条件进行排序。

操作步骤 Step by Step

第 1 步 打开素材表格，选中数据区域的任意单元格，❶选择【数据】选项卡，❷单击【排序】下拉按钮，❸在下拉列表中选择【自定义排序】选项，如图 6-50 所示。

第 2 步 弹出【排序】对话框，❶设置排序条件，❷单击【确定】按钮，如图 6-51 所示。

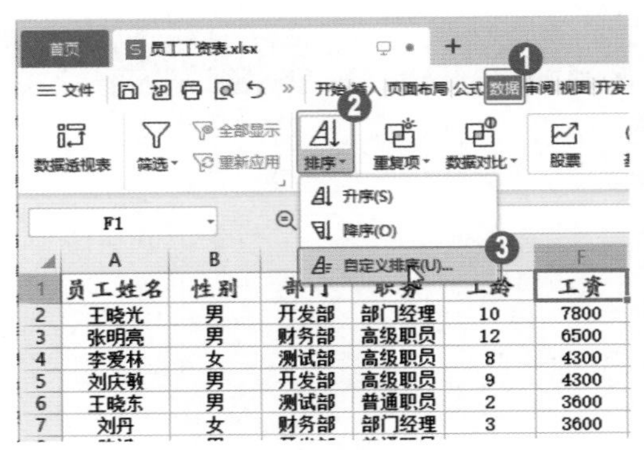

图 6-50

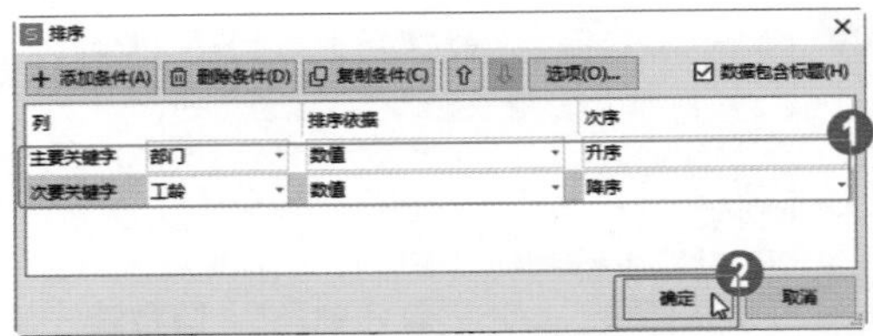

图 6-51

第 3 步 表格按照排序条件进行排序，如图 6-52 所示。

	A	B	C	D	E	F
1	员工姓名	性别	部门	职务	工龄	工资
2	张明亮	男	财务部	高级职员	12	6500
3	王平	女	财务部	普通职员	10	7000
4	刘丹	女	财务部	部门经理	3	3600
5	刘东海	男	测试部	部门经理	9	6500
6	李爱林	女	测试部	高级职员	8	4300
7	陈芳	女	测试部	普通职员	6	5000
8	王晓东	男	测试部	普通职员	2	3600
9	王晓光	男	开发部	部门经理	10	7800
10	刘庆敏	男	开发部	高级职员	9	4300
11	张双寿	男	开发部	普通职员	8	5000
12	任立新	男	开发部	高级职员	7	5200
13	陈斌	男	开发部	普通职员	6	4300
14	杨方明	男	开发部	普通职员	1	2800
15						

图 6-52

6.5.2 筛选表格数据

本小节主要介绍使用筛选功能筛选出职务是“高级职员”的员工数据等内容。

操作步骤

Step by Step

第 1 步 ❶在【数据】选项卡中单击【筛选】按钮，所有列标题单元格的右侧自动显示【筛选】按钮，❷单击【职务】单元格右侧的【筛选】按钮，❸选中【高级职员】复选框，❹单击【确定】按钮，如图 6-53 所示。

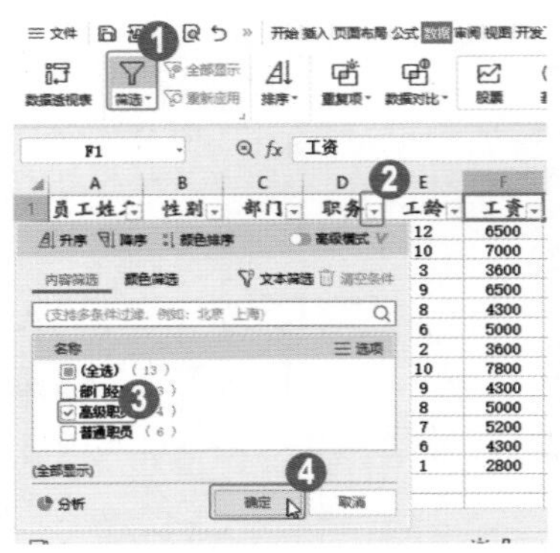

图 6-53

第 2 步 表格筛选出职务为“高级职员”的数据，如图 6-54 所示。

F1 工资

	A	B	C	D	E	F
1	员工姓名	性别	部门	职务	工龄	工资
2	张明亮	男	财务部	高级职员	12	6500
6	李爱林	女	测试部	高级职员	8	4300
10	刘庆敏	男	开发部	高级职员	9	4300
12	任立新	男	开发部	高级职员	7	5200
15						
16						
17						
18						
19						
20						
21						
22						
23						
24						

图 6-54

6.5.3 汇总表格数据

本小节主要内容为使用WPS的汇总功能统计出男性、女性的人数，然后再进行嵌套汇总，统计出男性、女性所在部门的工资合计。

操作步骤 Step by Step

第 1 步 单击【筛选】按钮退出筛选，再次打开【排序】对话框，设置排序条件，如图 6-55 所示。

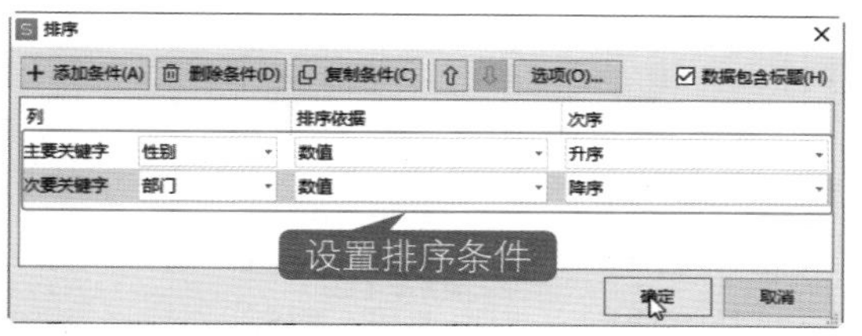

图 6-55

第 2 步 单击【数据】选项卡中的【分类汇总】按钮，如图 6-56 所示。

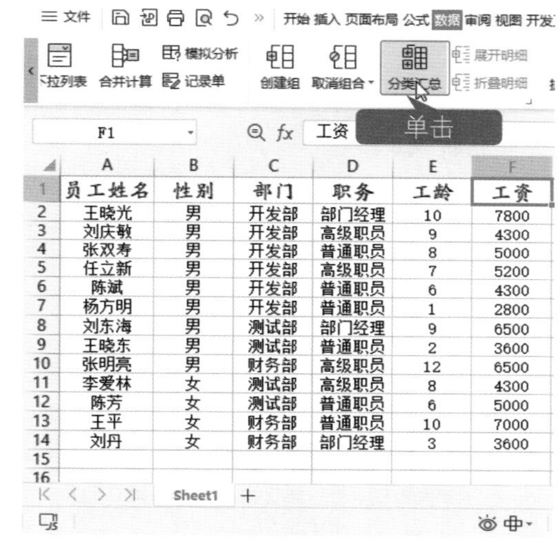

	A	B	C	D	E	F
1	员工姓名	性别	部门	职务	工龄	工资
2	王晓光	男	开发部	部门经理	10	7800
3	刘庆敏	男	开发部	高级职员	9	4300
4	张双寿	男	开发部	普通职员	8	5000
5	任立新	男	开发部	高级职员	7	5200
6	陈斌	男	开发部	普通职员	6	4300
7	杨方明	男	开发部	普通职员	1	2800
8	刘东海	男	测试部	部门经理	9	6500
9	王晓东	男	测试部	普通职员	2	3600
10	张明亮	男	财务部	高级职员	12	6500
11	李爱林	女	测试部	高级职员	8	4300
12	陈芳	女	测试部	普通职员	6	5000
13	王平	女	财务部	普通职员	10	7000
14	刘丹	女	财务部	部门经理	3	3600
15						
16						

图 6-56

第 3 步 弹出【分类汇总】对话框，❶在【分类字段】下拉列表框中选择【性别】选项，❷在【汇总方式】下拉列表框中选择【计数】选项，❸在【选定汇总项】列表框中选中【员工姓名】复选框，❹单击【确定】按钮，如图 6-57 所示。

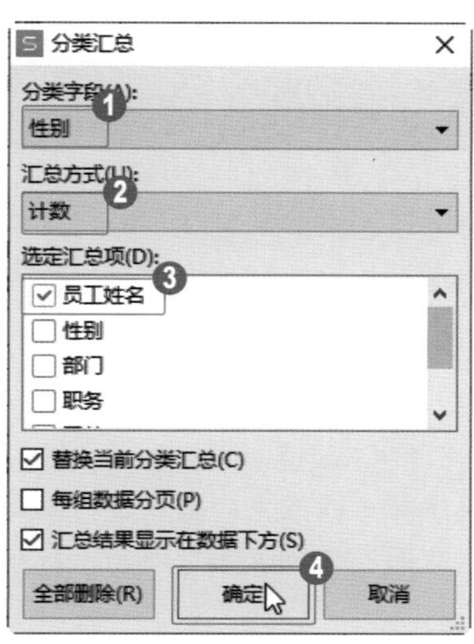

图 6-57

第 4 步 统计出表格中男性、女性的人数，如图 6-58 所示。

	A	B	C	D	E	F
1	员工姓名	性别	部门	职务	工龄	工资
2	王晓光	男	开发部	部门经理	10	7800
3	刘庆敏	男	开发部	高级职员	9	4300
4	张双寿	男	开发部	普通职员	8	5000
5	任立新	男	开发部	高级职员	7	5200
6	陈斌	男	开发部	普通职员	6	4300
7	杨方明	男	开发部	普通职员	1	2800
8	刘东海	男	测试部	部门经理	9	6500
9	王晓东	男	测试部	普通职员	2	3600
10	张明亮	男	财务部	高级职员	12	6500
11	9	男 计数				
12	李爱林	女	测试部	高级职员	8	4300
13	陈芳	女	测试部	普通职员	6	5000
14	王平	女	财务部	普通职员	10	7000
15	刘丹	女	财务部	部门经理	3	3600
16	4	女 计数				
17	13	总计数				
18						
19						

图 6-58

第 5 步 再次单击【数据】选项卡中的【分类汇总】按钮，弹出【分类汇总】对话框，❶在【分类字段】下拉列表框中选择【部门】选项，❷在【汇总方式】下拉列表框中选择【求和】选项，❸在【选定汇总项】列表框中选中【工资】复选框，❹单击【确定】按钮，如图 6-59 所示。

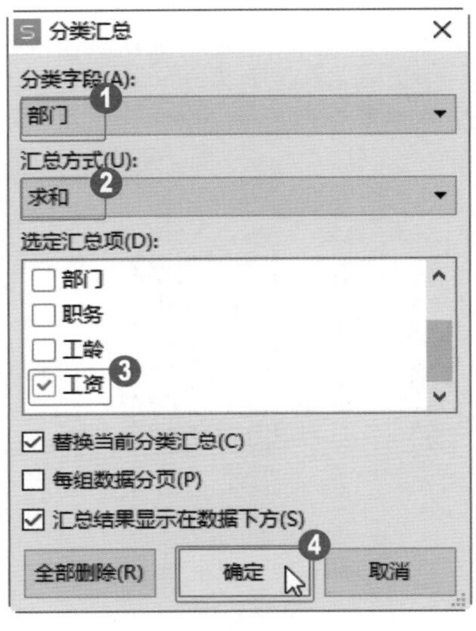

图 6-59

第 6 步 即可在原有的分类汇总基础上进行第 2 次汇总，如图 6-60 所示。

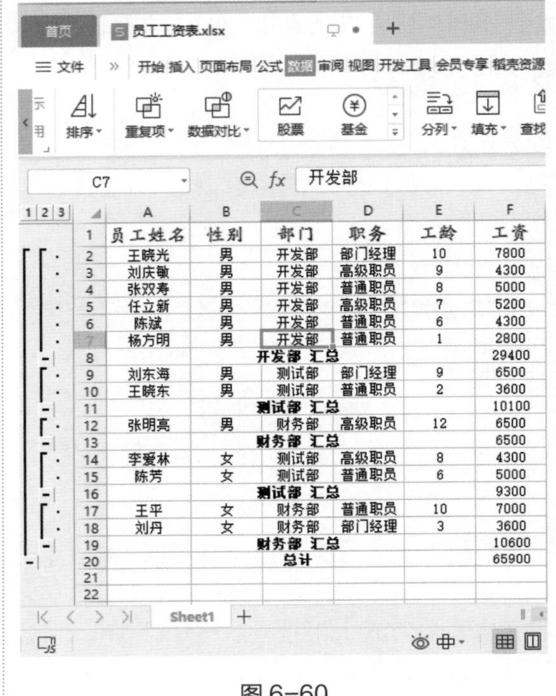

	A	B	C	D	E	F
1	员工姓名	性别	部门	职务	工龄	工资
2	王晓光	男	开发部	部门经理	10	7800
3	刘庆敏	男	开发部	高级职员	9	4300
4	张双寿	男	开发部	普通职员	8	5000
5	任立新	男	开发部	高级职员	7	5200
6	陈斌	男	开发部	普通职员	6	4300
7	杨方明	男	开发部	普通职员	1	2800
8			开发部 汇总			29400
9	刘东海	男	测试部	部门经理	9	6500
10	王晓东	男	测试部	普通职员	2	3600
11			测试部 汇总			10100
12	张明亮	男	财务部	高级职员	12	6500
13			财务部 汇总			6500
14	李爱林	女	测试部	高级职员	8	4300
15	陈芳	女	测试部	普通职员	6	5000
16			测试部 汇总			9300
17	王平	女	财务部	普通职员	10	7000
18	刘丹	女	财务部	部门经理	3	3600
19			财务部 汇总			10600
20			总计			65900

图 6-60

6.6 思考与练习

通过本章的学习，读者可以掌握排序、筛选和汇总电子表格的基础知识以及一些常见的操作方法，在本节中将针对本章知识点，对相关知识的掌握进行测试，以达到巩固与提高的目的。

一、填空题

1. 为了方便查看表格中的数据，可以按照一定的顺序对工作表中的数据进行重新排序。数据排序可以使工作表中的数据按照规定的顺序排列，从而使工作表条理清晰。数据排序方法主要包括简单排序、________和自定义排序。

2. 如果要在成百上千条数据记录中查询需要的数据，就要用到 WPS 表格的筛选功能，轻松地筛选出符合条件的数据。筛选功能主要有 ________ 和“自定义筛选”两种。

二、判断题

1. 在对数据表中的某一字段进行排序时，出现一些记录含有相同数据而无法正确排序的情况，此时就需要另设其他条件来对含有相同数据的记录进行排序。 ( )

2. 自定义筛选通常是按简单的条件进行筛选，筛选时将不满足条件的数据暂时隐藏起来，只显示符合条件的数据。 ( )

3. 在进行分类汇总前，首先需要对数据进行排序，排序后可以对数据进行单项的分类汇总，即根据一个字段分类汇总表格数据。 ( )

4. 数据条可用于查看某个单元格相对于其他单元格的值。数据条的长度代表单元格中的值，数据条越长，表示值越小；数据条越短，表示值越大。 ( )

三、简答题

1. 在 WPS 中如何进行单项分类汇总？
2. 在 WPS 中如何进行多重排序？
3. 在 WPS 中如何为数据添加数据条？

第 7 章

电子表格中的图表与透视表

- 创建与编辑图表
- 美化与修饰图表
- 创建与使用数据透视表
- 创建与设置数据透视图

本章主要介绍创建与编辑图表、美化与修饰图表、创建与使用数据透视表和创建与设置数据透视图方面的知识与技巧，在本章的最后针对实际的工作需求，讲解制作销售业绩透视图表的方法。通过本章的学习，读者可以掌握使用图表和透视表分析表格数据方面的知识，为深入学习WPS奠定基础。

7.1 创建与编辑图表

在 WPS 表格中，图表不仅能够增强视觉效果、起到美化表格的作用，而且还能更直观、形象地显示出表格中各个数据之间的复杂关系，更易于理解和交流。用图表展示数据，表达观点，已经成为现代职场的一个风向标。

7.1.1 插入图表

在 WPS 表格中创建图表的方法非常简单，系统自带了很多图表类型，如柱形图、条形图、折线图等，用户只需根据需要进行选择即可。

操作步骤 Step by Step

第 1 步 选中数据区域内的任意单元格，❶选择【插入】选项卡，❷单击【全部图表】下拉按钮，❸选择【全部图表】选项，如图 7-1 所示。

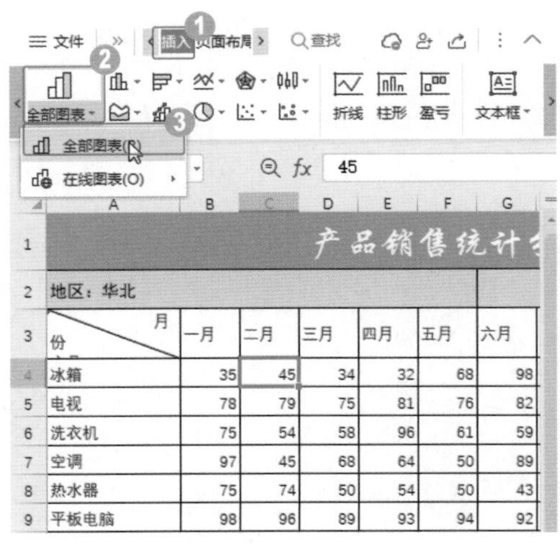

月份	一月	二月	三月	四月	五月	六月
冰箱	35	45	34	32	68	98
电视	78	79	75	81	76	82
洗衣机	75	54	58	96	61	59
空调	97	45	68	64	50	89
热水器	75	74	50	54	50	43
平板电脑	98	96	89	93	94	92

图 7-1

第 2 步 弹出【图表】对话框，❶选择【柱形图】选项卡，❷选择【簇状柱形图】选项，❸单击【插入预设图表】模板，如图 7-2 所示。

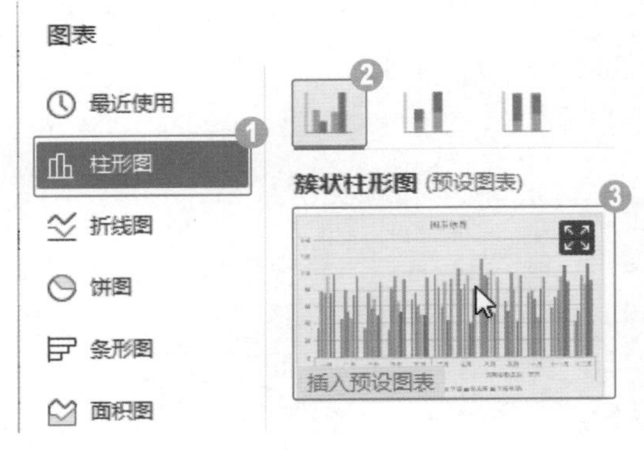

图 7-2

第 3 步 完成创建簇状柱形图表的操作，如图 7-3 所示。

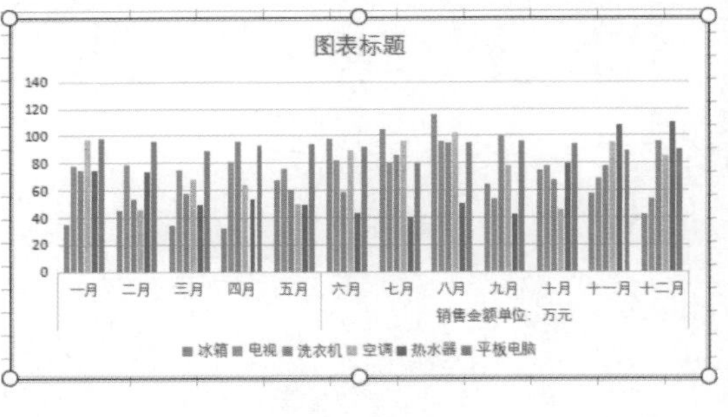

图 7-3

指点迷津

如果要删除图表，只需要选中图表，在键盘上按 Delete 键即可。

知识拓展

除了使用上面的方法创建图表外，用户还可以按 Alt+F1 组合键创建嵌入式图表；按 F11 键创建工作表图表。嵌入式图表就是与工作表数据一起或者与其他嵌入式图表在一起的图表，而工作表图表是特定的工作表，只包含单独的图表。

7.1.2 调整图表的位置和大小

在表格中创建图表后，可以根据需要移动图表位置并修改图表的大小。下面介绍调整图表位置和大小的方法。

操作步骤

Step by Step

第 1 步 选中图表，将鼠标指针移动至图表上，鼠标指针变为十字箭头形状，如图 7-4 所示。

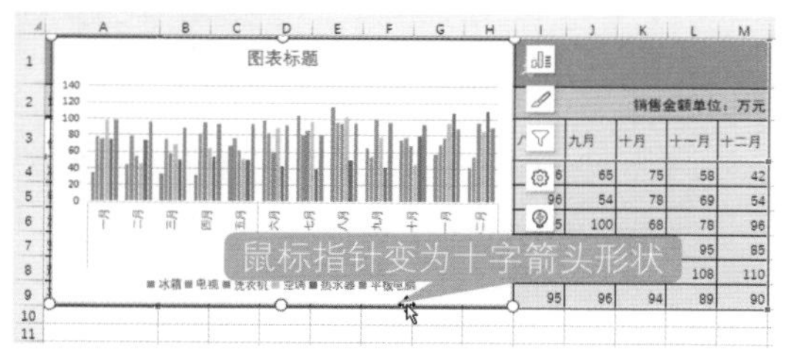

图 7-4

第 3 步 选中图表，将鼠标指针移动至图表右下角控制柄上，鼠标指针变为双箭头形状，如图 7-6 所示。

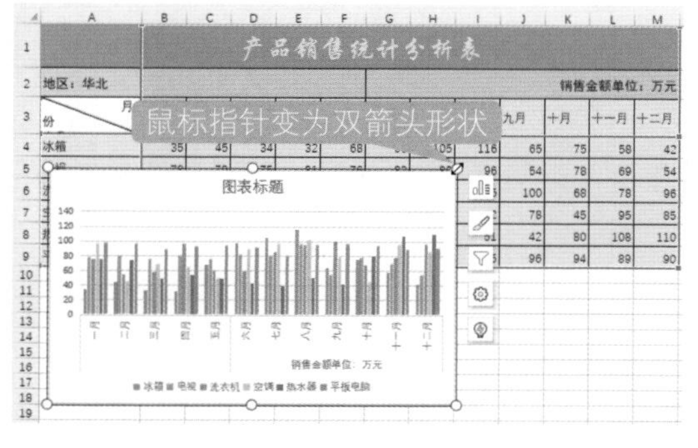

图 7-6

第 2 步 根据需要拖动鼠标即可移动图表，如图 7-5 所示。

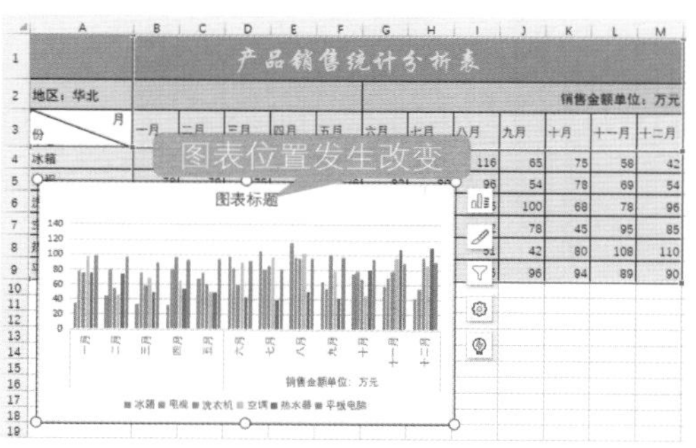

图 7-5

第 4 步 向图表外侧拖动鼠标指针至合适位置，然后释放鼠标，即可放大图表，如图 7-7 所示。

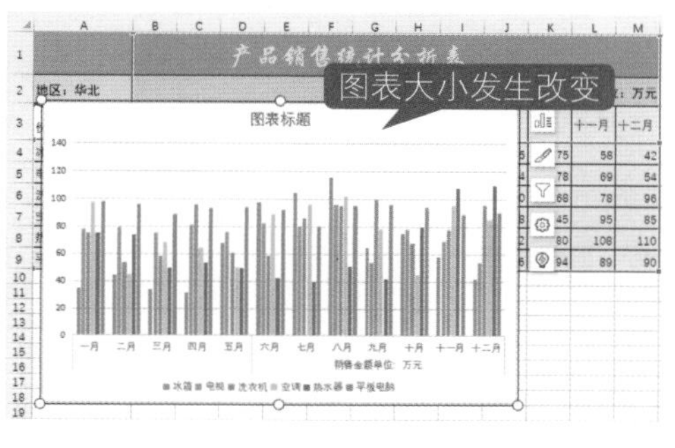

图 7-7

7.1.3 更改图表数据源

在对创建的图表进行修改时，会遇到更改某个数据系列数据源的问题。下面介绍更改图表数据源的方法。

操作步骤 Step by Step

第 1 步 选中图表，在【图表工具】选项卡中单击【选择数据】按钮，如图 7-8 所示。

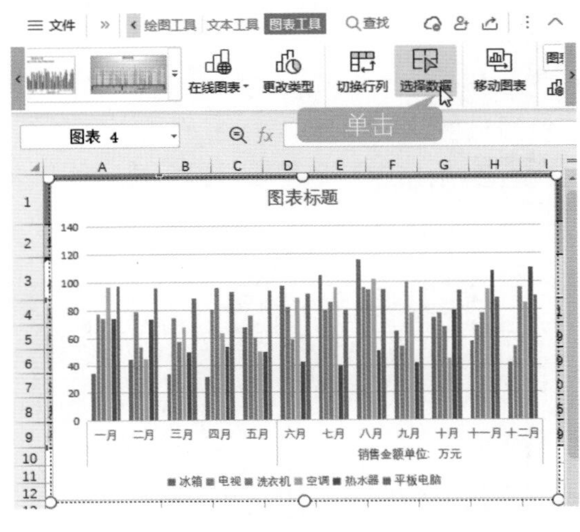

图 7-8

第 3 步 返回到表格中，可以看到图表已经发生改变，如图 7-10 所示。

第 2 步 弹出【编辑数据源】对话框，❶在【图表数据区域】文本框中输入新的数据源，❷单击【确定】按钮，如图 7-9 所示。

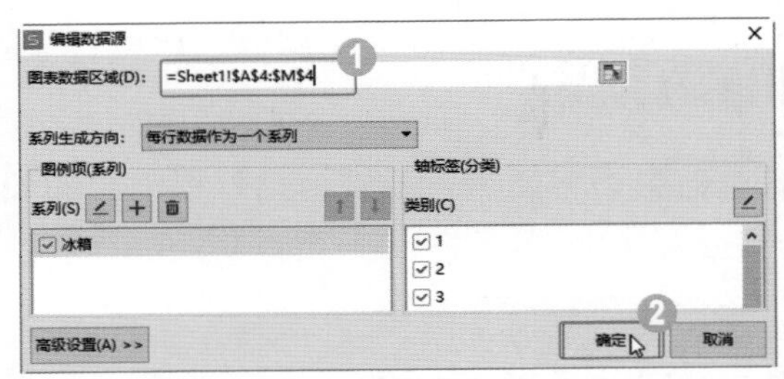

图 7-9

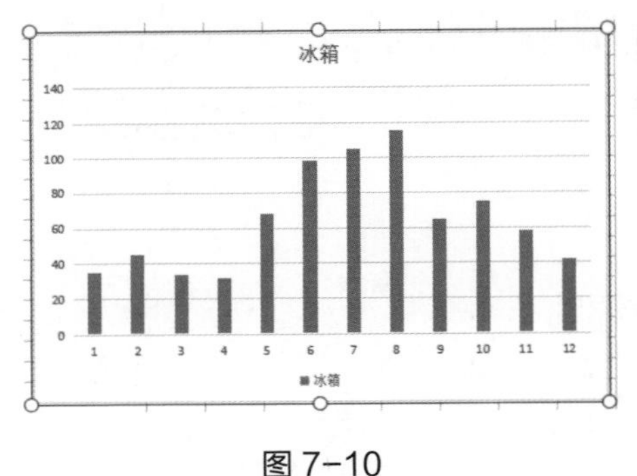

图 7-10

7.1.4 更改图表类型

插入图表后，如果用户对当前图表类型不满意，可以更改图表类型。下面介绍更改图表类型的方法。

操作步骤 Step by Step

第 1 步 用鼠标右键单击图表空白处，在弹出的快捷菜单中选择【更改图表类型】菜单项，如图 7-11 所示。

第 2 步 弹出【更改图表类型】对话框，执行【条形图】→【簇状条形图】→【插入预设图表】命令，如图 7-12 所示。

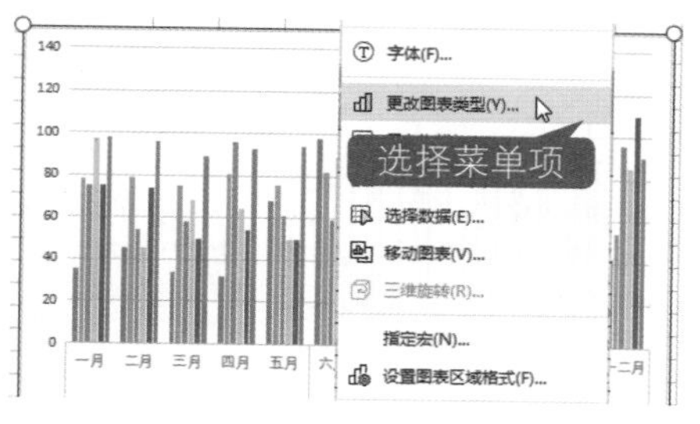

图 7-11

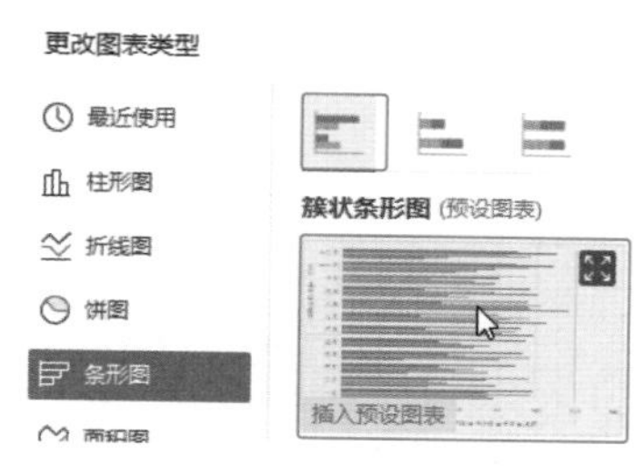

图 7-12

第 3 步 返回到表格中，柱形图已经变为条形图。通过以上步骤即可完成更改图表类型的操作，如图 7-13 所示。

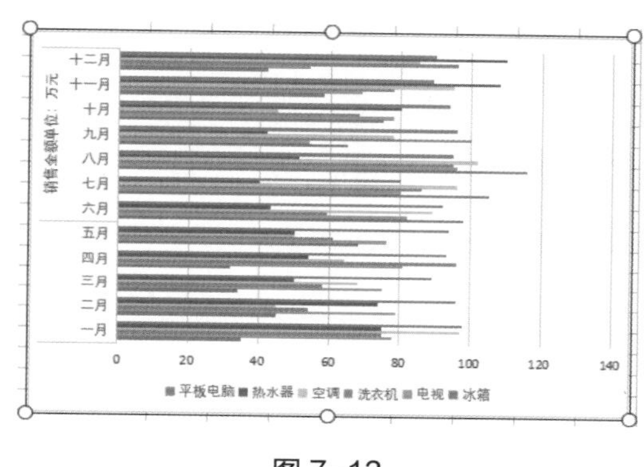

图 7-13

7.1.5 课堂范例——创建销售图表

本范例将为某产品 12 个月的销售数据制作柱形图表，并将柱形图表修改为折线图表，最后再修改销售图表的数据。通过本范例用户可以掌握创建与编辑图表的相关知识。

<< 扫码获取配套视频课程，本节视频课程播放时长约为 1 分钟。

配套素材路径：配套素材/第7章

素材文件名称：销售统计表.xlsx

操作步骤

Step by Step

第 1 步 打开素材表格，选中 A2:A14 和 D2:D14 单元格区域，❶选择【插入】选项卡，❷单击【全部图表】下拉按钮，❸在下拉列表中选择【全部图表】选项，如图 7-14 所示。

第 2 步 弹出【图表】对话框，❶选择【柱形图】选项卡，❷选择【簇状柱形图】选项，❸单击【插入预设图表】模板，如图 7-15 所示。

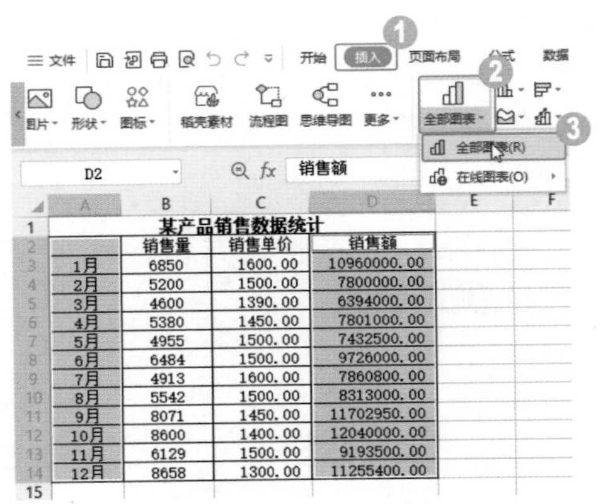

某产品销售数据统计			
	销售量	销售单价	销售额
1月	6850	1600.00	10960000.00
2月	5200	1500.00	7800000.00
3月	4600	1390.00	6394000.00
4月	5380	1450.00	7801000.00
5月	4955	1500.00	7432500.00
6月	6484	1500.00	9726000.00
7月	4913	1600.00	7860800.00
8月	5542	1500.00	8313000.00
9月	8071	1450.00	11702950.00
10月	8600	1400.00	12040000.00
11月	6129	1500.00	9193500.00
12月	8658	1300.00	11255400.00

图 7-14

第 3 步 图表创建完成，如图 7-16 所示。

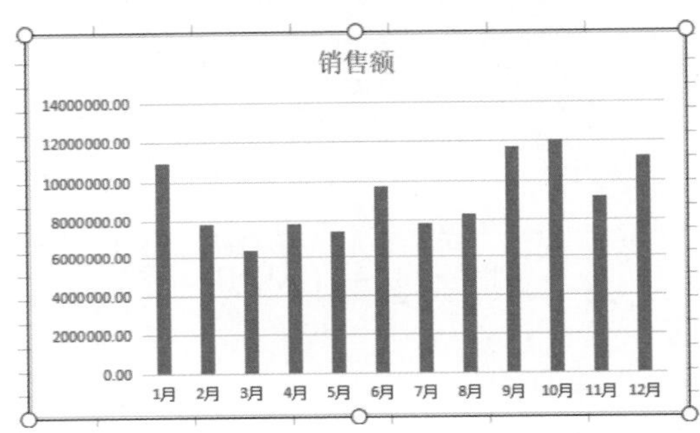

图 7-16

第 5 步 弹出【编辑数据源】对话框，❶在【图表数据区域】输入框中输入新的数据源，❷单击【确定】按钮，如图 7-18 所示。

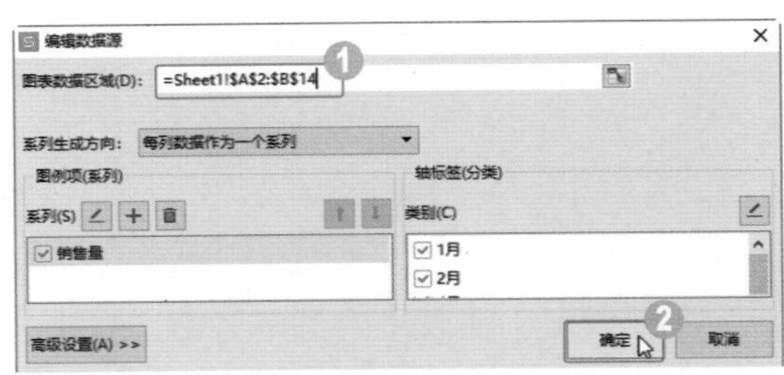

图 7-18

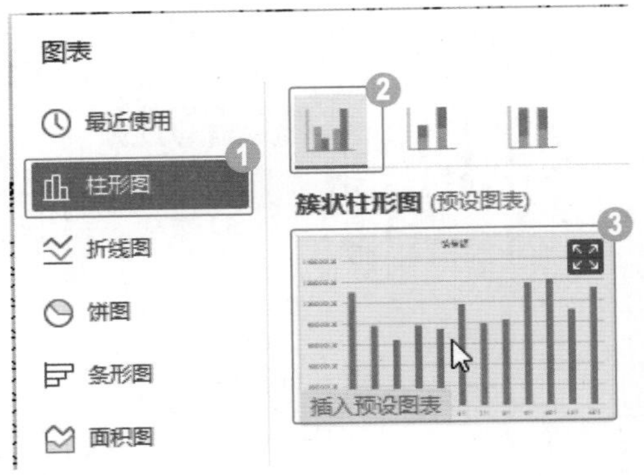

图 7-15

第 4 步 选中图表，在【图表工具】选项卡中单击【选择数据】按钮，如图 7-17 所示。

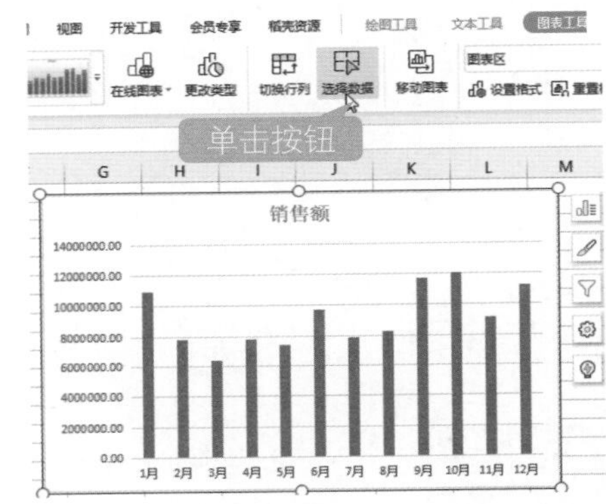

图 7-17

第 6 步 返回到表格中，可以看到图表已经发生改变，如图 7-19 所示。

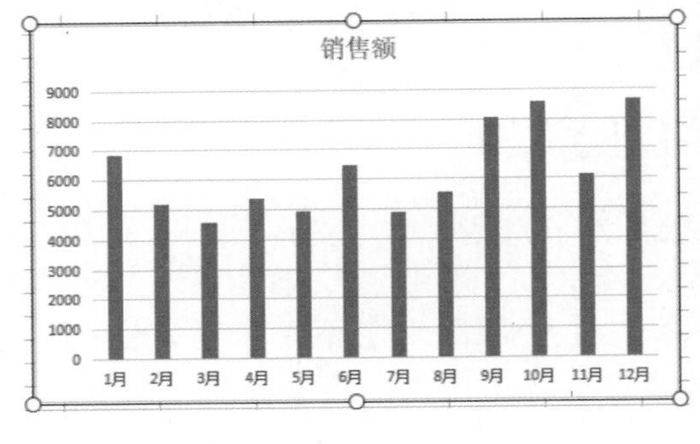

图 7-19

第 7 步 用鼠标右键单击图表空白处，在弹出的快捷菜单中选择【更改图表类型】菜单项，如图 7-20 所示。

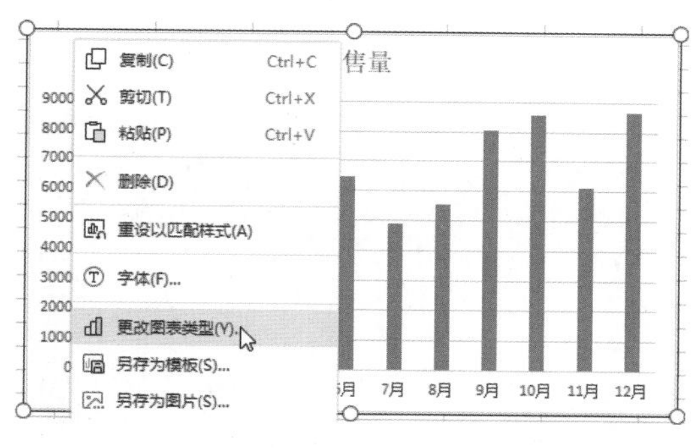

图 7-20

第 8 步 弹出【更改图表类型】对话框，执行【折线图】→【折线图】→【插入预设图表】命令，如图 7-21 所示。

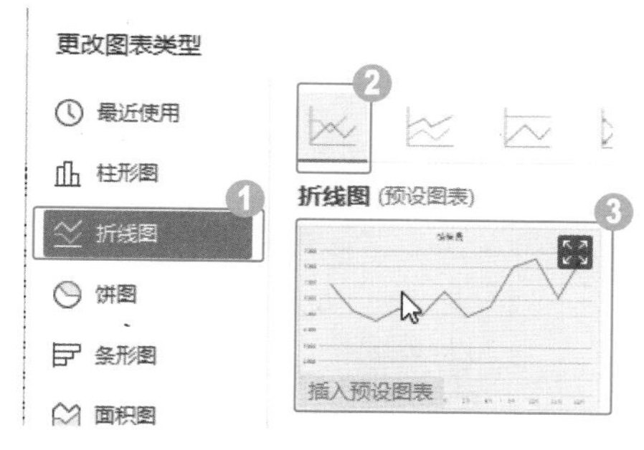

图 7-21

第 9 步 返回到表格中，看到柱形图已经变为折线图。通过以上步骤即可完成创建销售图表的操作，如图 7-22 所示。

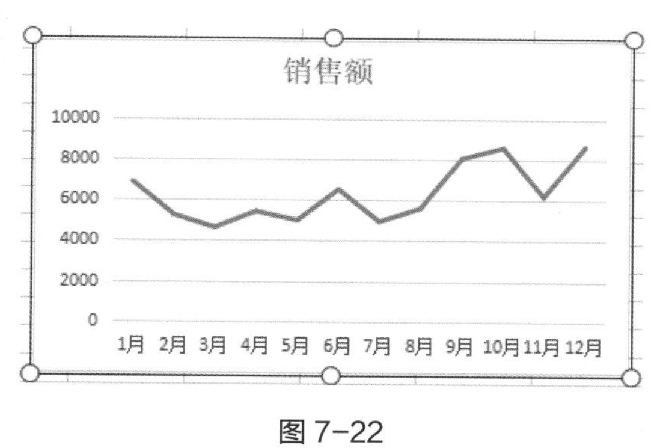

图 7-22

7.2 美化与修饰图表

创建和编辑好图表后，用户可以根据自己的喜好对图表布局和样式进行设置，以达到美化图表的目的。用户可以设置图表区样式、设置绘图区样式及设置数据系列颜色。本节将详细介绍美化与修饰图表的知识。

7.2.1 设置图表区样式

图表区即整个图表的背景区域，包括所有的数据信息以及图表辅助的说明信息。下面介绍设置图表区样式的操作方法。

操作步骤 Step by Step

第 1 步 选中图表，❶在【图表工具】选项卡中单击【图表样式】下拉按钮，❷选择一个图表样式，如图 7-23 所示。

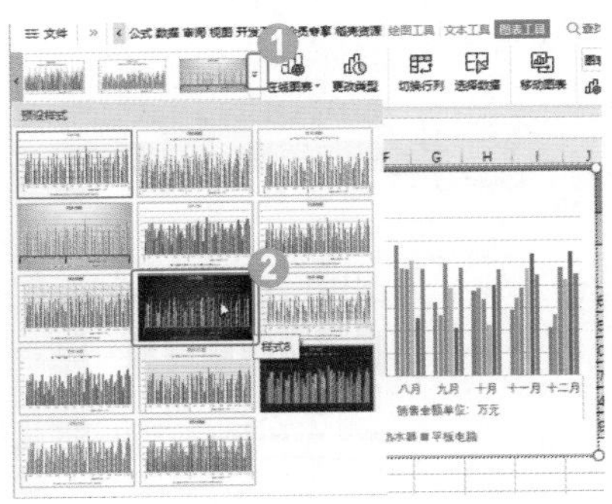

图 7-23

第 2 步 图表已经应用了样式，通过以上步骤即可完成设置图表区样式的操作，如图 7-24 所示。

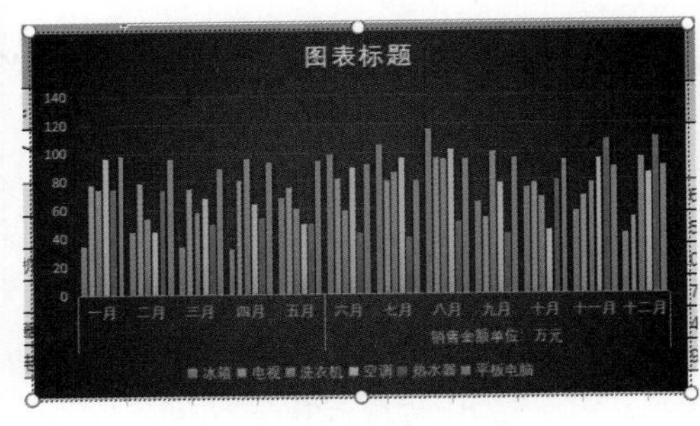

图 7-24

7.2.2 设置绘图区样式

绘图区是图表中描绘图形的区域，其形状是根据表格数据形象化转换而来的。绘图区包括数据系列、坐标轴和网格线。下面介绍设置绘图区样式的方法。

操作步骤 Step by Step

第 1 步 选中图表，❶在【图表工具】选项卡下的【图表元素】列表中选择【绘图区】选项，❷单击【设置格式】按钮，如图 7-25 所示。

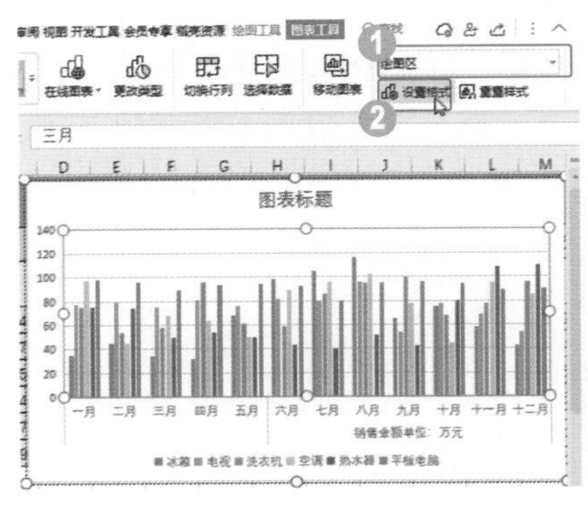

图 7-25

第 2 步 打开【属性】窗格，❶选择【填充与线条】选项卡，❷在【填充】选项区域选中【纯色填充】单选按钮，❸选择一种颜色，如图 7-26 所示。

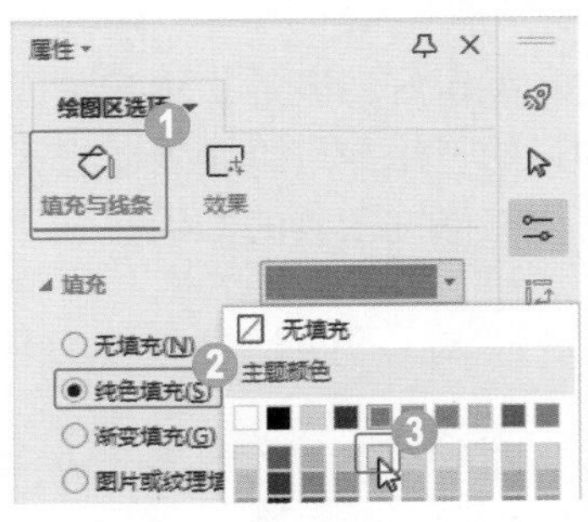

图 7-26

第 3 步 图表的绘图区颜色已经更改，如图 7-27 所示。

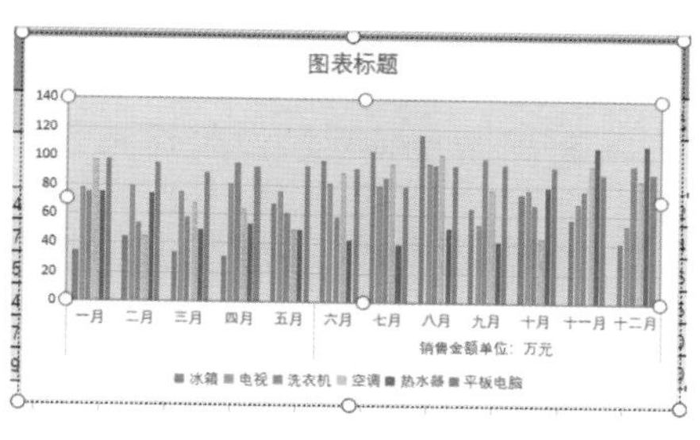

图 7-27

7.2.3 设置数据系列颜色

数据系列是根据用户指定的图表类型以系列的方式显示在图表中的可视化数据。下面介绍设置数据系列颜色的方法。

操作步骤 Step by Step

第 1 步 选中图表，❶在【图表工具】选项卡下的【图表元素】列表中选择【系列“电视”】选项，❷单击【设置格式】按钮，如图 7-28 所示。

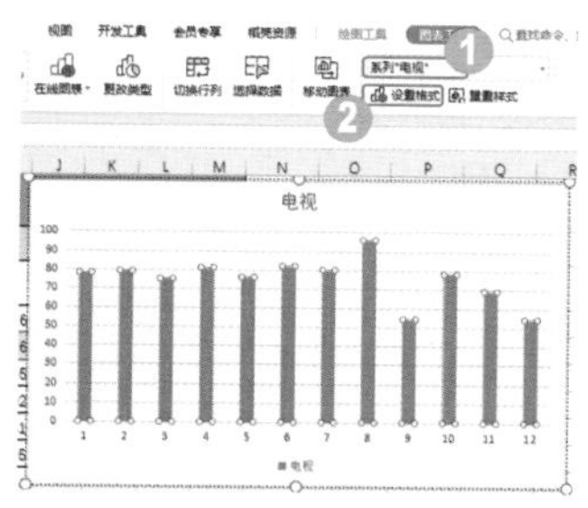

图 7-28

第 2 步 打开【属性】窗格，❶选择【填充与线条】选项卡，❷在【填充】选项区域选中【图案填充】单选按钮，❸选择一种图案，如图 7-29 所示。

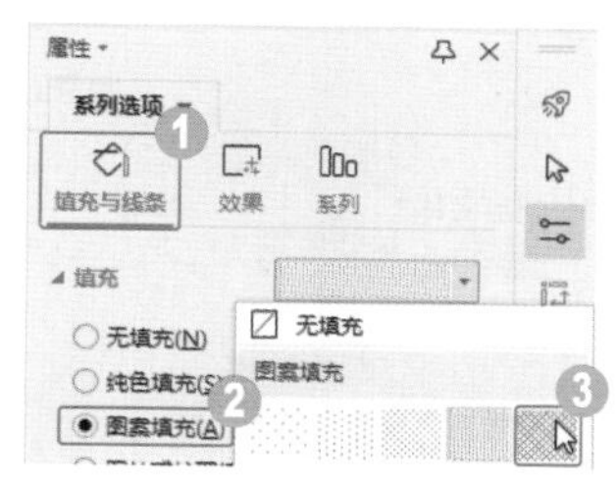

图 7-29

第 3 步 设置图案【前景】和【背景】的颜色，如图 7-30 所示。

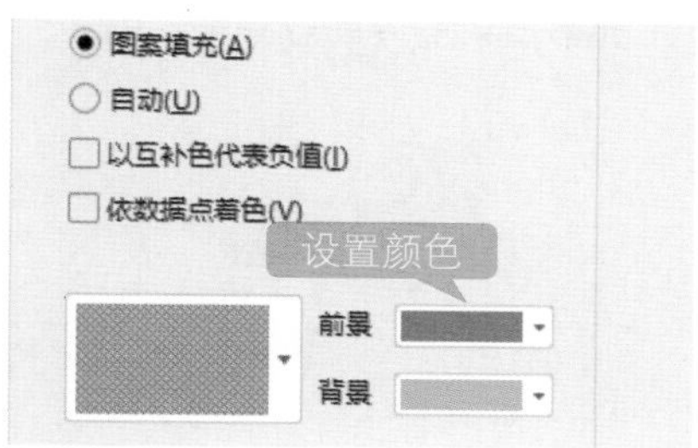

图 7-30

第 4 步 此时，图表的数据系列颜色已经更改，如图 7-31 所示。

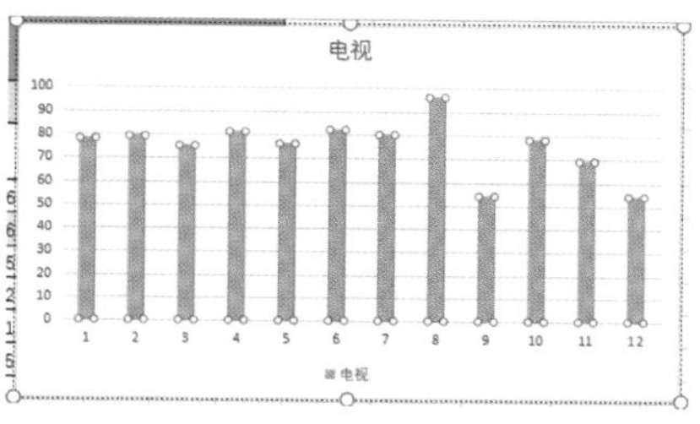

图 7-31

7.3 创建与使用数据透视表

使用“数据透视表”功能，可以根据基础表中的字段，从成千上万条数据记录中直接生成汇总表。当数据源工作表符合创建数据透视表的要求时，即可创建数据透视表，以便更好地对工作表进行分析和处理。

7.3.1 创建数据透视表

要创建数据透视表，首先要选择需要创建透视表的单元格区域。值得注意的是，数据内容要存在分类，数据透视表进行汇总才有意义。下面介绍创建数据透视表的操作方法。

操作步骤 Step by Step

第 1 步 选中数据区域任意单元格，❶选择【插入】选项卡，❷单击【数据透视表】按钮，如图 7-32 所示。

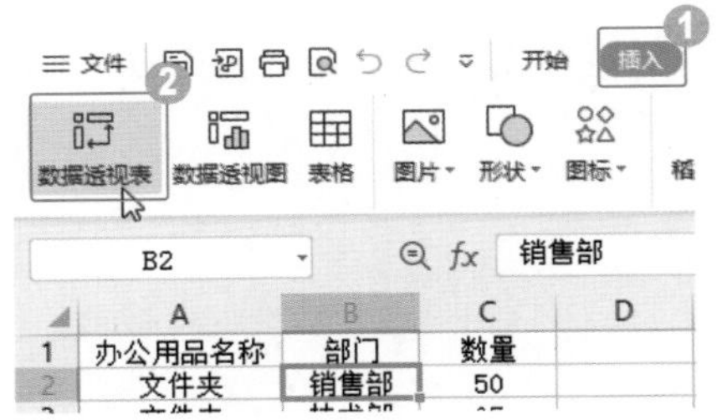

图 7-32

第 2 步 弹出【创建数据透视表】对话框，❶选中【请选择单元格区域】单选按钮，❷选中【现有工作表】单选按钮，❸单击【确定】按钮，如图 7-33 所示。

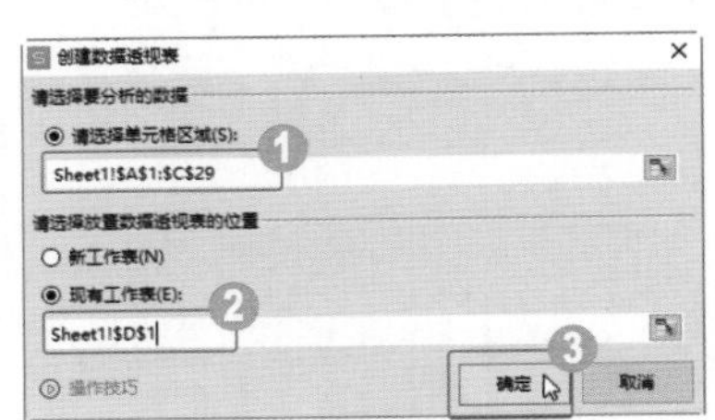

图 7-33

第 3 步 打开【数据透视表】窗格，用户可以在其中添加数据字段，如图 7-34 所示。

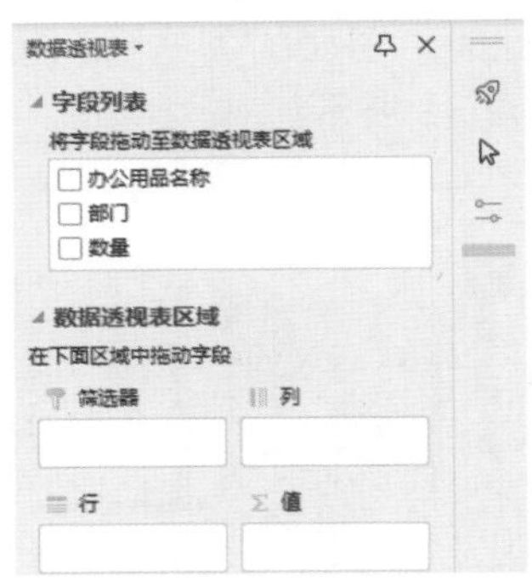

图 7-34

第 4 步 即可创建数据透视表，目前表中没有可用字段，所以是空白的，如图 7-35 所示。

图 7-35

7.3.2 添加字段

数据透视表默认是空白的，原因是还没有为其添加需要的字段。下面介绍为数据透视表添加字段的操作方法。

操作步骤 Step by Step

第 1 步 在【数据透视表】窗格中将【办公用品名称】字段拖至【列】区域中，将【部门】字段拖至【行】区域中，将【数量】字段拖至【值】区域中，如图 7-36 所示。

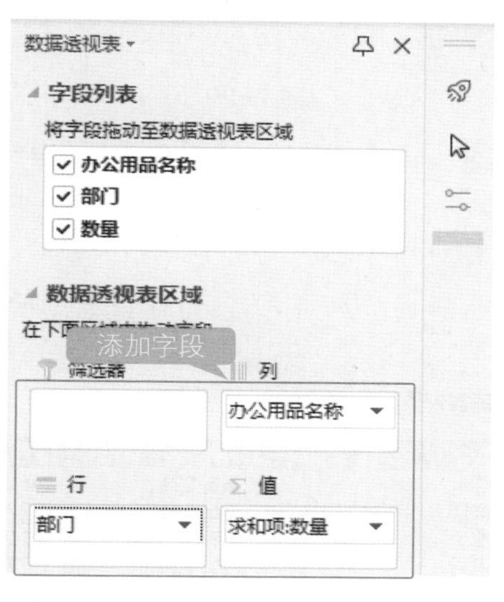

图 7-36

第 2 步 通过以上步骤即可生成数据透视表，如图 7-37 所示。

D	E	F	G	H	I	J	K	L
求和项：数量	办公用品名称							
部门	便利贴	档案盒	复印纸	名片盒	文件夹	荧光笔	中性笔	总计
财务部	50	50	40	20	100	10	100	370
后勤部	30	20	100	10	75	20	100	355
技术部	80	25	30	60	65	100	80	440
销售部	20	25	35	80	50	50	100	360
总计	180	120	205	170	290	180	380	1525

图 7-37

■ 指点迷津

在【数据透视表】窗格中，【行】和【列】字段分别代表数据透视表的行标题和列标题；【筛选器】是需要筛选的条件字段；【数值】字段是需要汇总的数据。

7.3.3 设置值字段数据格式

数据透视表默认的格式是常规型数据，用户可以手动对数据格式进行设置。下面介绍设置值字段数据格式的操作方法。

操作步骤 Step by Step

第 1 步 用鼠标右键单击数据透视表中的任意单元格，在快捷菜单中选择【值字段设置】菜单项，如图 7-38 所示。

第 2 步 弹出【值字段设置】对话框，单击【数字格式】按钮，如图 7-39 所示。

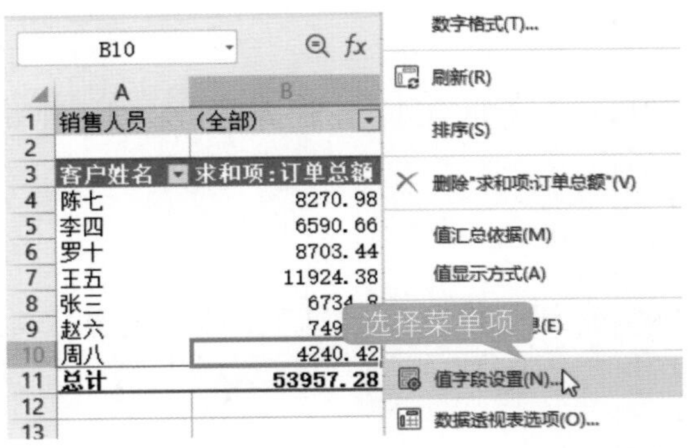

图 7-38

第 3 步 弹出【单元格格式】对话框，❶在【分类】列表框中选择【货币】选项，❷设置【小数位数】为 0，❸单击【确定】按钮，如图 7-40 所示。

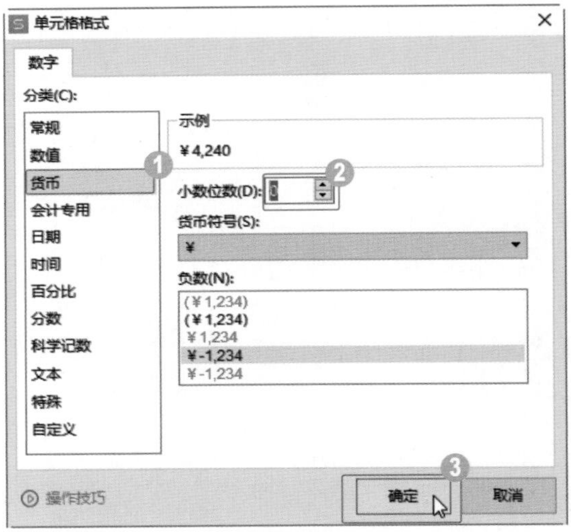

单元格格式
数字
分类(C):
常规
数值
货币
会计专用
日期
时间
百分比
分数
科学记数
文本
特殊
自定义
示例
¥4,240
小数位数(D): 0
货币符号(S):
¥
负数(N):
(¥1,234)
(¥1,234)
¥1,234
¥-1,234
¥-1,234
操作技巧
确定
取消

图 7-40

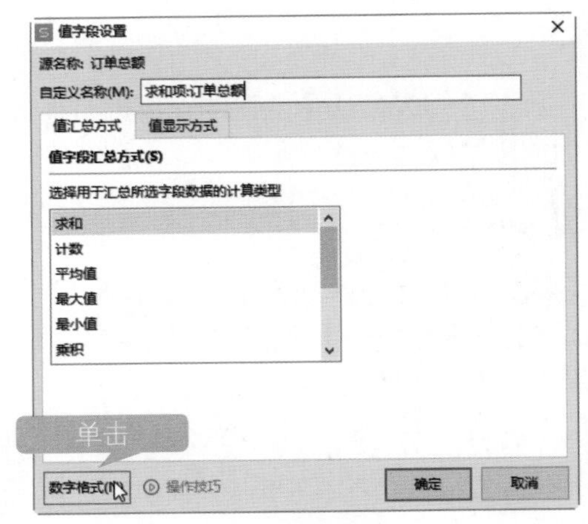

图 7-39

第 4 步 返回【值字段设置】对话框，单击【确定】按钮。通过以上步骤即可完成设置值字段数据格式的操作，如图 7-41 所示。

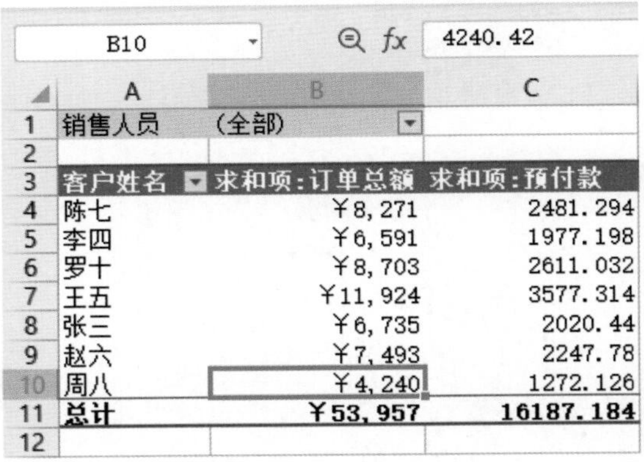

B10 4240.42

	A	B	C
1	销售人员	(全部)	
2			
3	客户姓名	求和项:订单总额	求和项:预付款
4	陈七	¥8,271	2481.294
5	李四	¥6,591	1977.198
6	罗十	¥8,703	2611.032
7	王五	¥11,924	3577.314
8	张三	¥6,735	2020.44
9	赵六	¥7,493	2247.78
10	周八	¥4,240	1272.126
11	总计	¥53,957	16187.184
12			

图 7-41

7.3.4 设置值字段汇总方式

数据透视表中“值汇总方式”有多种，包括求和、计数、平均值、最大值、最小值、乘积等。下面介绍设置值字段数据格式的操作方法。

操作步骤 Step by Step

第 1 步 用鼠标右键单击数据透视表中的任意单元格，在快捷菜单中选择【值字段设置】菜单项，如图 7-42 所示。

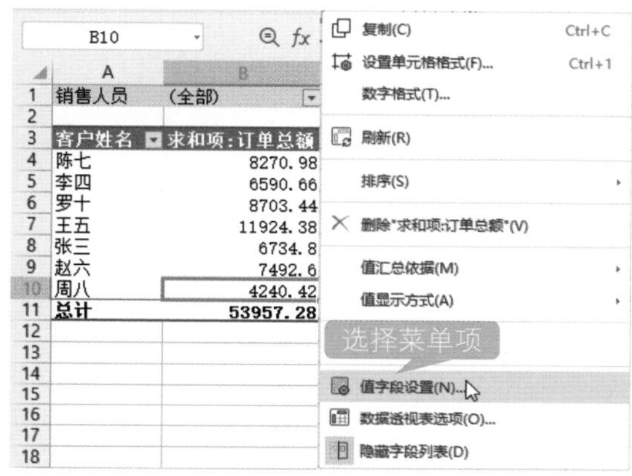

图 7-42

第 2 步 弹出【值字段设置】对话框，❶选择【值显示方式】选项卡，❷将【值显示方式】设置为【总计的百分比】，❸单击【确定】按钮，如图 7-43 所示。

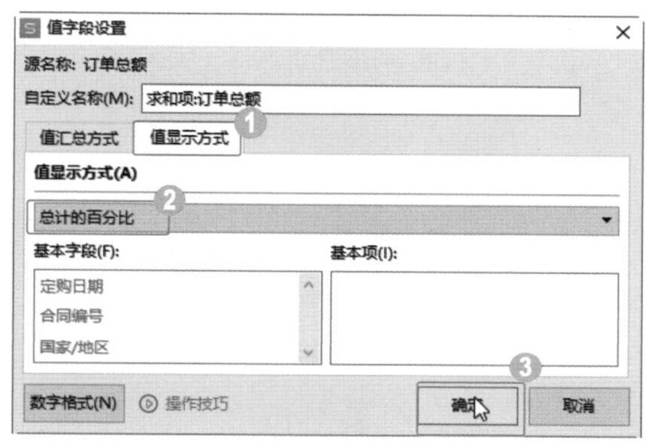

图 7-43

第 3 步 此时，“订单总额”的“值显示方式”就变成了“总计的百分比”格式，如图 7-44 所示。

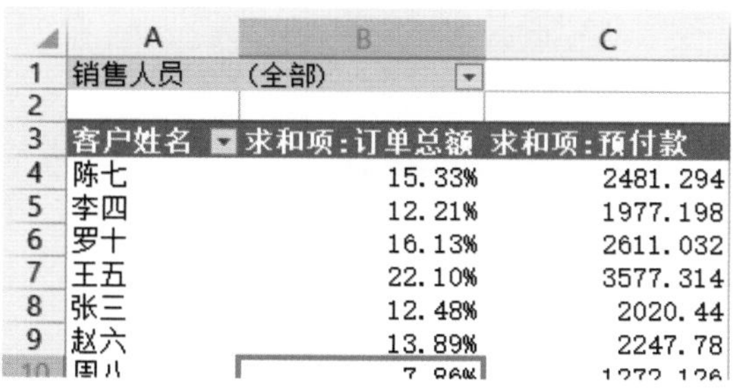

图 7-44

7.3.5 课堂范例——创建办公用品采购透视表

本范例将为公司各部门办公用品的采购数据制作数据透视表，并设置数据透视表的外观，最后设置数据透视表的样式。通过本范例用户可以掌握创建与编辑数据透视表的相关知识。

<< 扫码获取配套视频课程，本节视频课程播放时长约为 1 分 25 秒。

配套素材路径：配套素材/第7章

素材文件名称：办公用品采购透视表.xlsx

操作步骤

Step by Step

第 1 步　选中数据区域任意单元格，❶选择【插入】选项卡，❷单击【数据透视表】按钮，如图 7–45 所示。

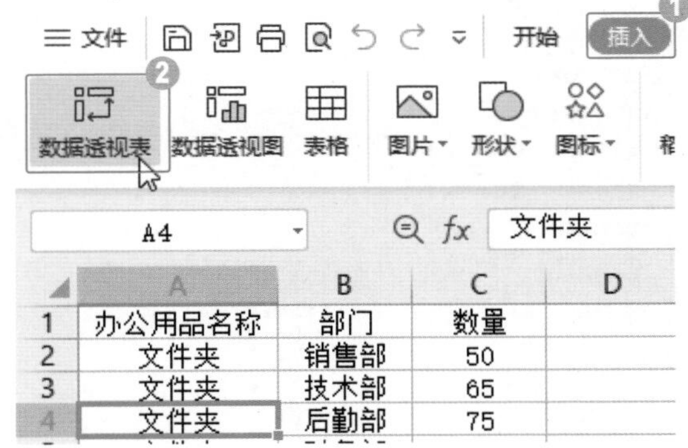

图 7–45

第 3 步　打开【数据透视表】窗格，用户可以在其中添加数据字段，如图 7–47 所示。

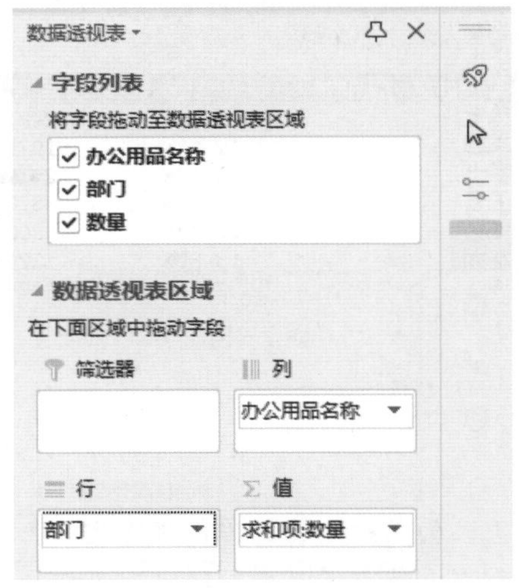

图 7–47

第 5 步　即可在数据透视表中加入镶边行和镶边列，如图 7–49 所示。

第 2 步　弹出【创建数据透视表】对话框，❶选中【请选择单元格区域】单选按钮，❷选中【现有工作表】单元按钮，❸单击【确定】按钮，如图 7–46 所示。

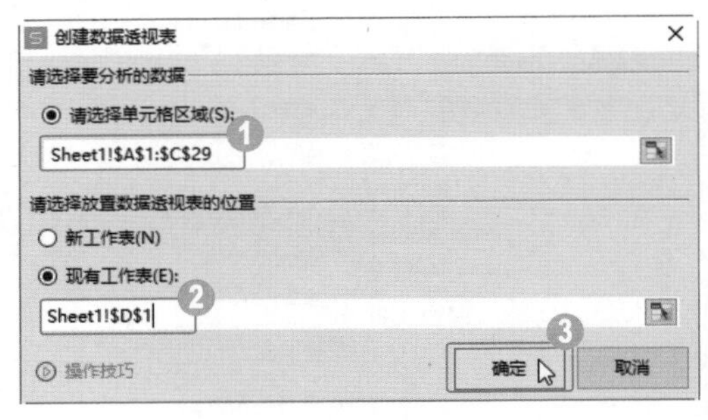

图 7–46

第 4 步　选中透视表区域中的任意单元格，❶选择【设计】选项卡，❷勾选【镶边行】和【镶边列】复选框，如图 7–48 所示。

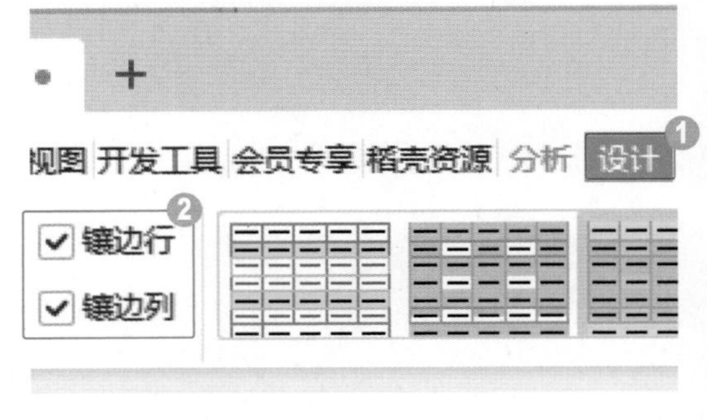

图 7–48

第 6 步　选中透视表区域中的任意单元格，❶选择【分析】选项卡，❷单击【选项】按钮，如图 7–50 所示。

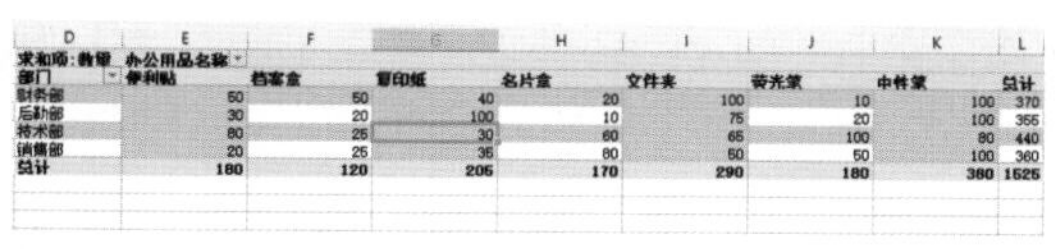

图 7-49

第 7 步 弹出【数据透视表选项】对话框，在【布局和格式】选项卡中取消勾选【更新时自动调整列宽】复选框，如图 7-51 所示。

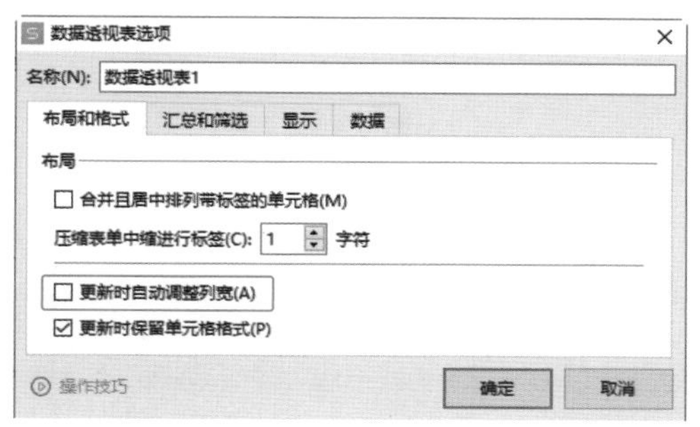

图 7-51

第 9 步 ❶选择【设计】选项卡，❷单击【总计】下拉按钮，❸在下拉列表中选择【对行和列启用】选项，如图 7-53 所示。

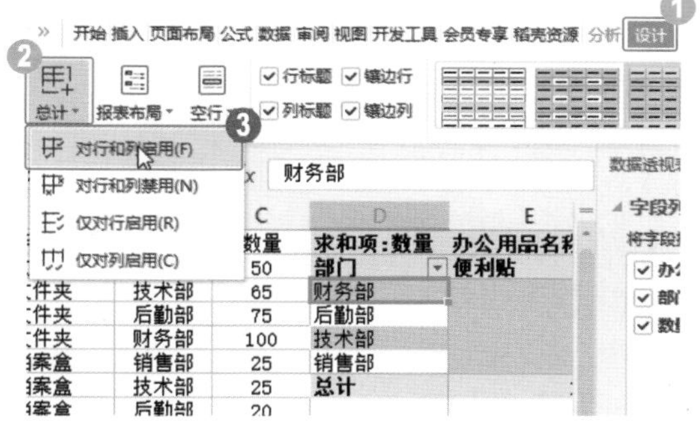

图 7-53

第11步 数据表以压缩形式显示，如图 7-55 所示。

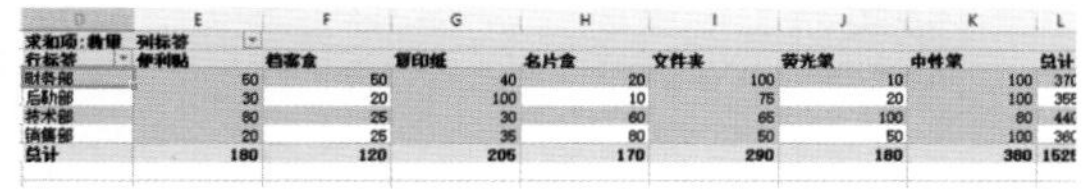

图 7-55

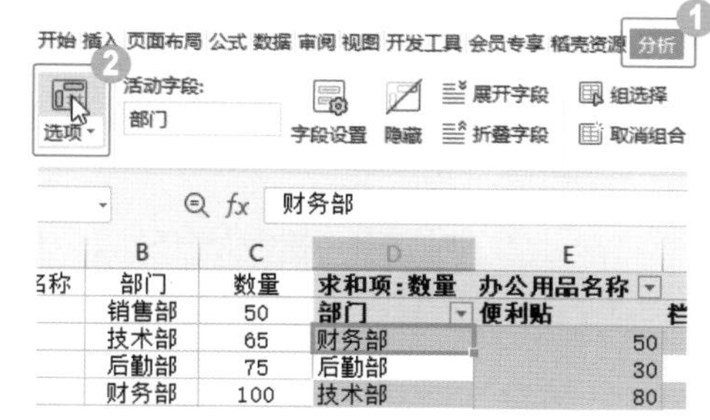

图 7-50

第 8 步 ❶选择【数据】选项卡，❷勾选【打开文件时刷新数据】复选框，❸单击【确定】按钮，如图 7-52 所示。

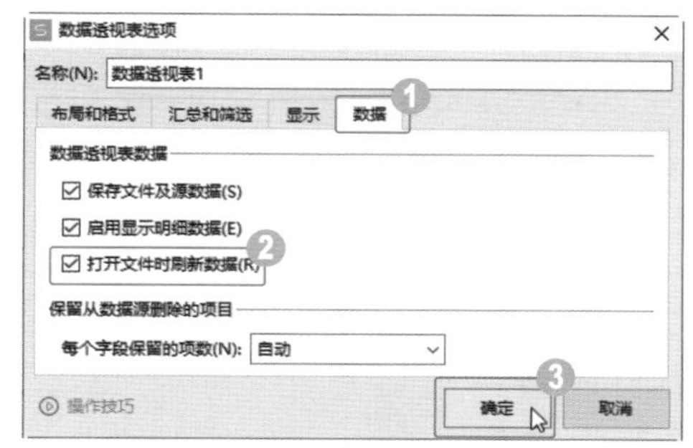

图 7-52 、

第10步 ❶选择【设计】选项卡，❷单击【报表布局】下拉按钮，❸在下拉列表中选择【以压缩形式显示】选项，如图 7-54 所示。

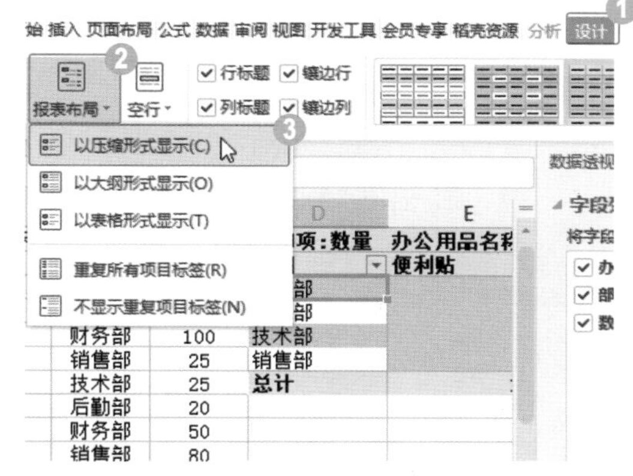

图 7-54

第12步 ❶在【设计】选项卡中单击样式下拉按钮，❷在【预设样式】中选择一种样式，如图 7-56 所示。

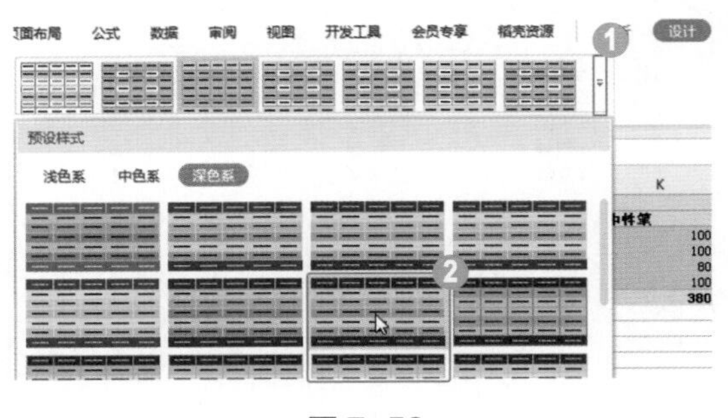

图 7-56

第13步 此时数据表应用了该样式，如图 7-57 所示。

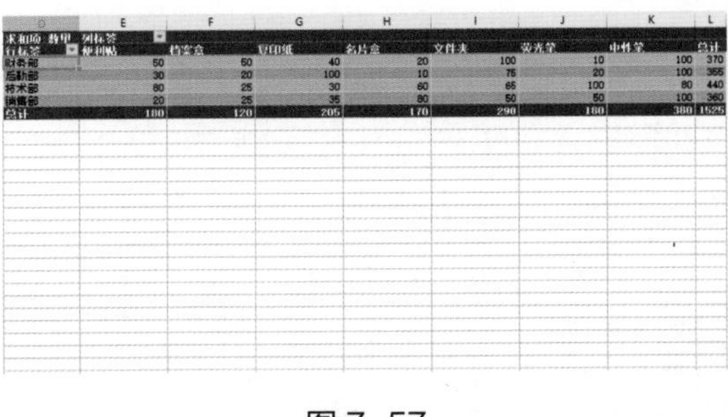

图 7-57

7.4 创建与设置数据透视图

和数据透视表不同，数据透视图可以更直观地展示出数据的数量和变化，反映数据间的对比关系，而且具有很强的数据筛选和汇总功能，用户更容易从数据透视图中找到数据的变化规律和趋势。

7.4.1 插入数据透视图

数据透视图可以通过数据源工作表进行创建。下面介绍插入数据透视图的操作方法。

操作步骤 Step by Step

第 1 步 选中数据区域的任意单元格，❶选择【插入】选项卡，❷单击【数据透视图】按钮，如图 7-58 所示。

图 7-58

第 2 步 弹出【创建数据透视图】对话框，❶选中【请选择单元格区域】单选按钮，❷在输入框中选择需要放置透视图的位置，❸单击【确定】按钮，如图 7-59 所示。

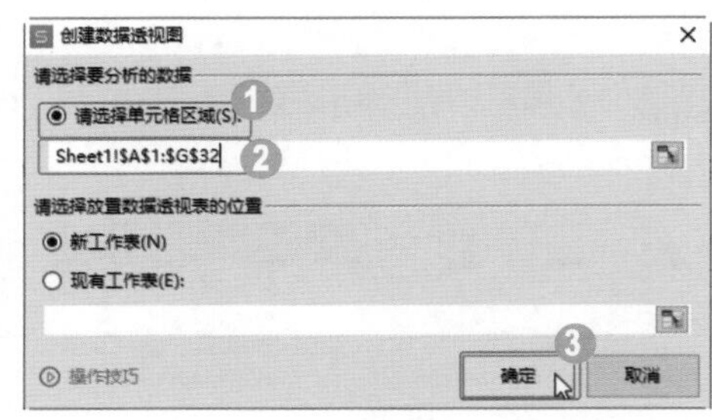

图 7-59

第 3 步 即可在新工作表中插入数据透视图，❶在【数据透视图】窗格中将【销售区域】字段拖至【轴（类别）】区域，❷将【销售数量】和【销售额】字段拖至【值】区域，如图 7-60 所示。

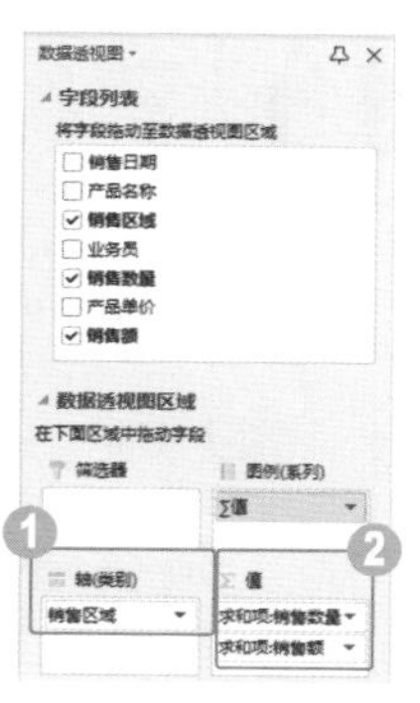

图 7-60

第 4 步 通过以上步骤即可生成透视图，如图 7-61 所示。

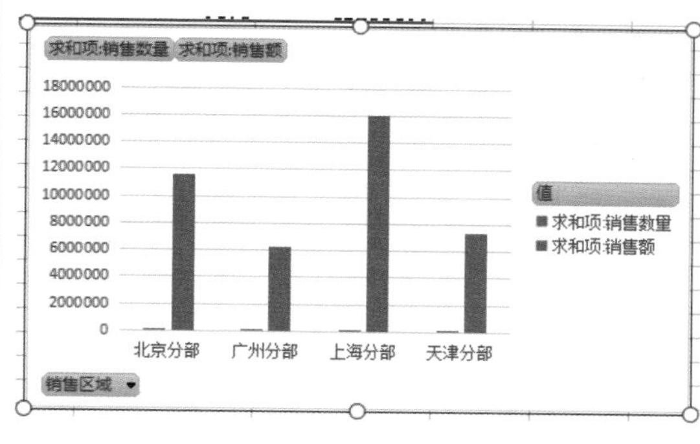

图 7-61

7.4.2 移动数据透视图

为了更好地显示图表，可以将数据透视图单独放置在一个工作表中。下面介绍移动数据透视图的操作方法。

操作步骤 Step by Step

第 1 步 选中透视图，❶选择【图表工具】选项卡，❷单击【移动图表】按钮，如图 7-62 所示。

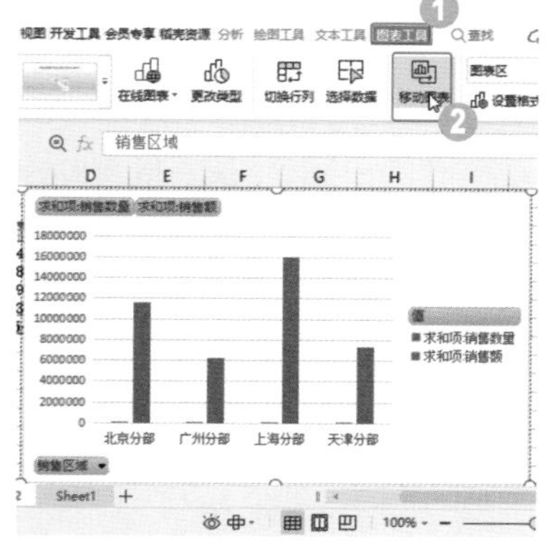

图 7-62

第 2 步 弹出【移动图表】对话框，❶选中【新工作表】单选按钮，❷单击【确定】按钮，如图 7-63 所示。

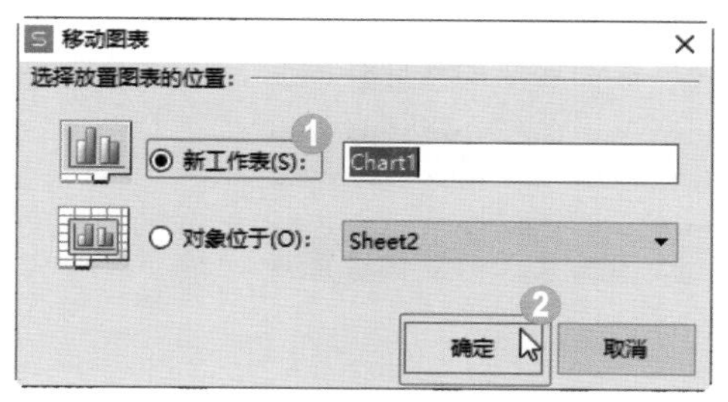

图 7-63

第 3 步 此时，数据透视图将移动到自动新建的“Chart1”工作表中，该图表成为工作表中的唯一对象，如图 7-64 所示。

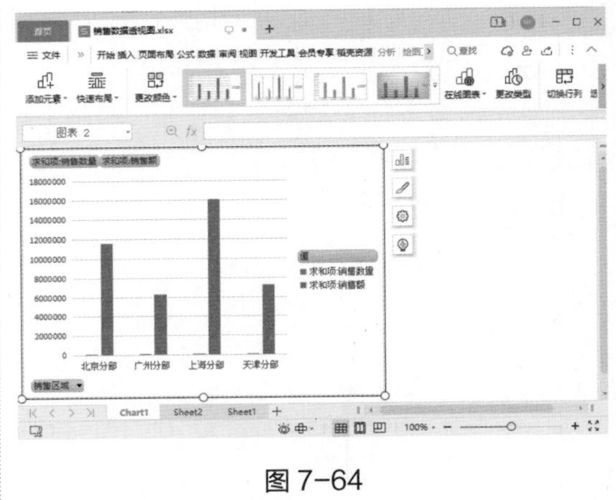

图 7-64

7.4.3 设置并美化数据透视图

数据透视图可以进行灵活设置。下面介绍设置并美化数据透视图的操作方法。

操作步骤 Step by Step

第 1 步 选中透视图，❶选择【图表工具】选项卡，❷单击【更改颜色】下拉按钮，❸选择一种颜色组合，如图 7-65 所示。

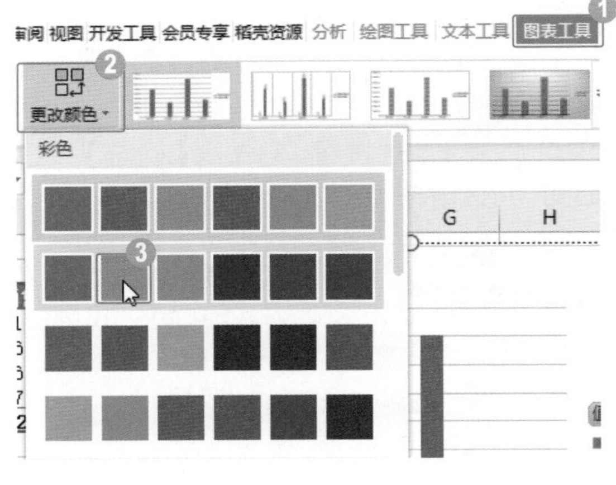

图 7-65

第 2 步 即可为数据透视图应用该颜色组合，如图 7-66 所示。

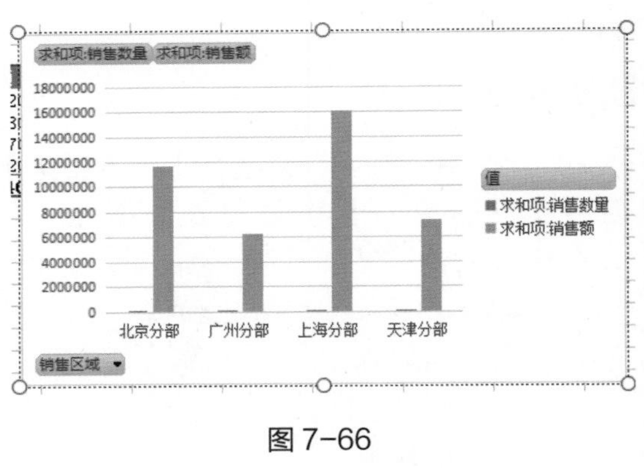

图 7-66

第 3 步 ❶选择【图表工具】选项卡，❷单击【图表样式】下拉按钮，❸在【预设样式】中选择一种图表样式，如图 7-67 所示。

第 4 步 即可为数据透视图应用所选样式，如图 7-68 所示。

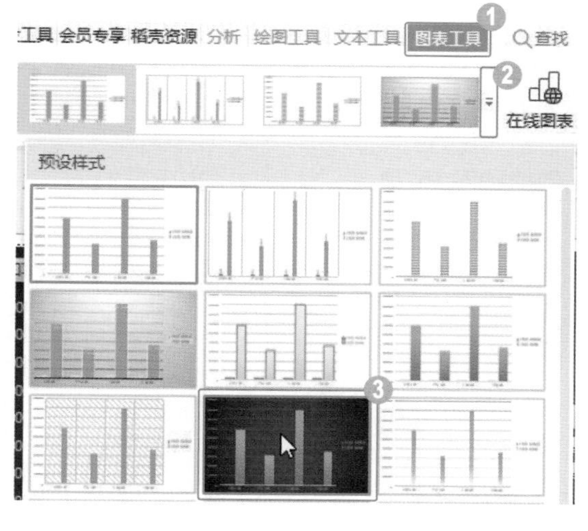

图 7-67

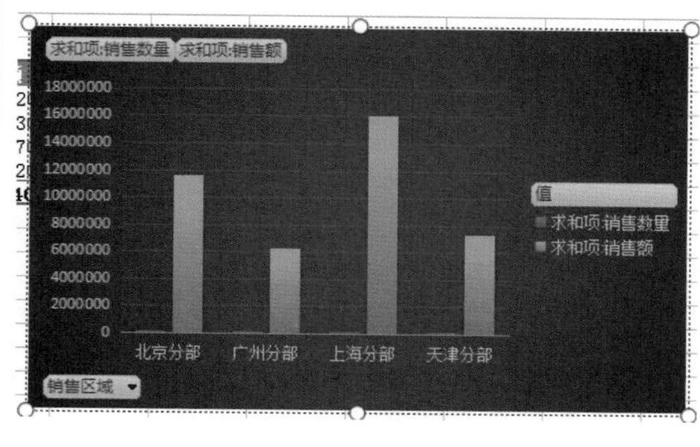

图 7-68

7.5 实战课堂——制作销售业绩透视图表

制作销售业绩透视图表可以很好地对销售业绩进行分析，找到普通数据表中很难发现的规律，对以后的销售策略有很重要的参考作用。

<< 扫码获取配套视频课程，本节视频课程播放时长约为 1 分钟。

配套素材路径：配套素材/第7章

素材文件名称：销售业绩透视表.xlsx

7.5.1 插入数据透视表

本小节主要介绍根据原有数据表格制作各个销售分部的销售业绩透视表，找出哪个销售分部业绩最好与最差等内容。

操作步骤 Step by Step

第 1 步 选中数据区域任意单元格，❶选择【插入】选项卡，❷单击【数据透视表】按钮，如图 7-69 所示。

第 2 步 弹出【创建数据透视表】对话框，❶选中【请选择单元格区域】单选按钮，❷选中【现有工作表】单选按钮，❸在下方输入框中输入单元格位置，❹单击【确定】按钮，如图 7-70 所示。

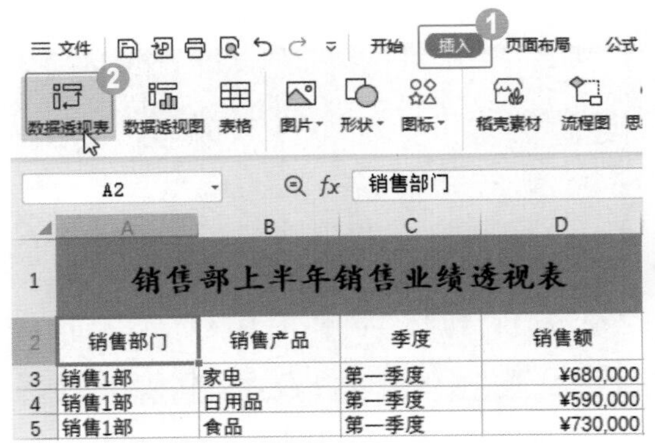

图 7-69

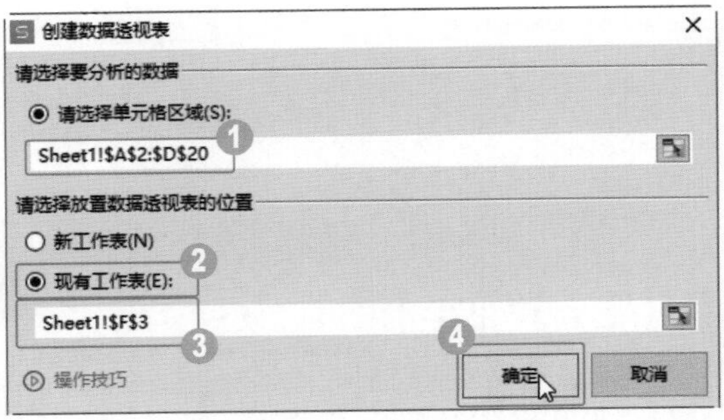

创建数据透视表
请选择要分析的数据
请选择单元格区域(S):
Sheet1!$A$2:$D$20
请选择放置数据透视表的位置
新工作表(N)
现有工作表(E):
Sheet1!$F$3
操作技巧
确定
取消

图 7-70

第 3 步 打开【数据透视表】窗格，用户可以在其中添加数据字段，如图 7-71 所示。

图 7-71

第 4 步 即可创建数据透视表，如图 7-72 所示。

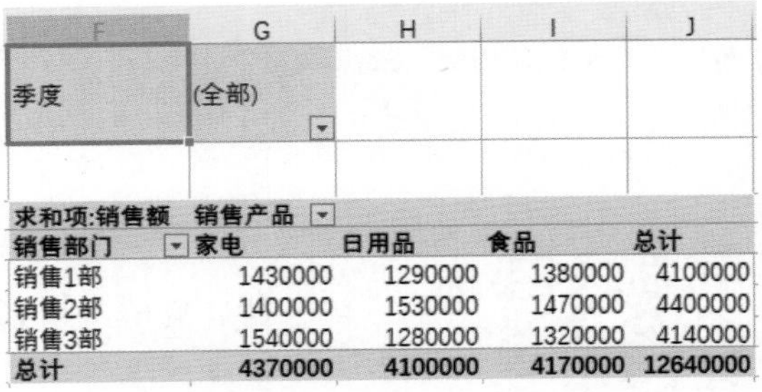

季度	(全部)			
求和项:销售额	销售产品			
销售部门	家电	日用品	食品	总计
销售1部	1430000	1290000	1380000	4100000
销售2部	1400000	1530000	1470000	4400000
销售3部	1540000	1280000	1320000	4140000
总计	4370000	4100000	4170000	12640000

图 7-72

7.5.2 根据透视表创建透视图

本小节的主要内容为根据上一小节创建的数据透视表创建一个数据透视图，以便更好地对各部门各季度的销售业绩进行分析。

操作步骤 Step by Step

第 1 步 选中透视表区域的任意单元格，在【分析】选项卡中单击【数据透视图】按钮，如图 7-73 所示。

第 2 步 弹出【图表】对话框，❶选择【柱形图】选项卡，❷选择【簇状柱形图】选项，❸单击【插入预设图表】模板，如图 7-74 所示。

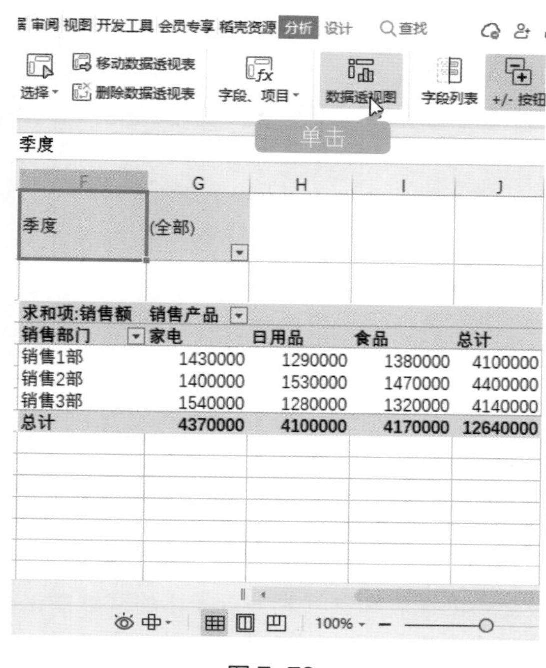

求和项:销售额	销售产品			
销售部门	家电	日用品	食品	总计
销售1部	1430000	1290000	1380000	4100000
销售2部	1400000	1530000	1470000	4400000
销售3部	1540000	1280000	1320000	4140000
总计	4370000	4100000	4170000	12640000

图 7-73

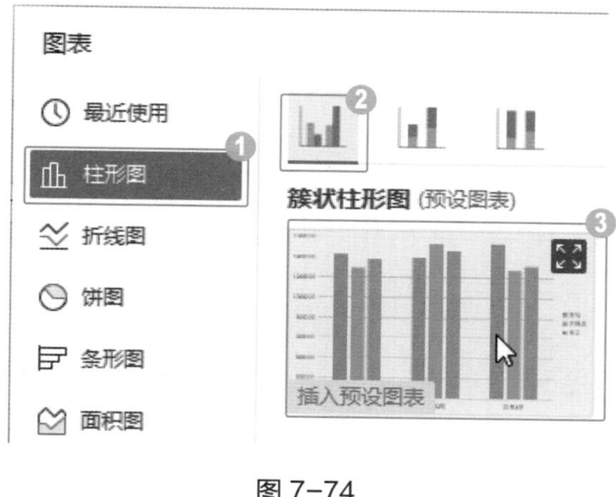

图 7-74

第 3 步 完成创建数据透视图的操作，如图 7-75 所示。

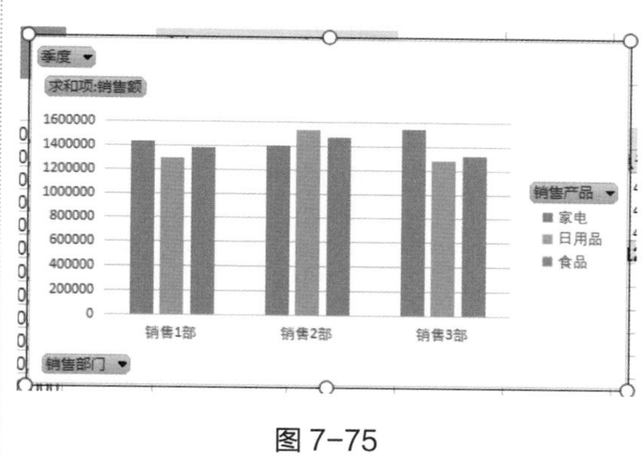

图 7-75

7.5.3 美化数据透视图

本小节的主要内容为对数据透视图进行美化操作，对数据透视图应用预设样式，使数据透视图更加美观、清晰。

操作步骤 Step by Step

第 1 步 选中数据透视图，❶选择【图表工具】选项卡，❷单击【图表样式】下拉按钮，❸在【预设样式】中选择一种图表样式，如图 7-76 所示。

第 2 步 即可为数据透视图应用所选样式，通过以上步骤即可完成美化数据透视图的操作，如图 7-77 所示。

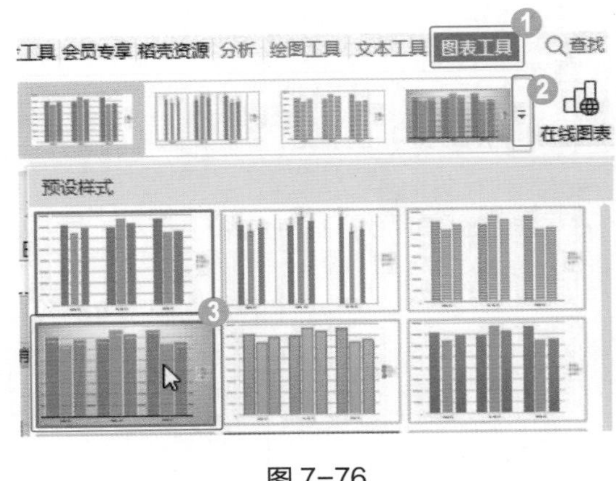

图 7-76

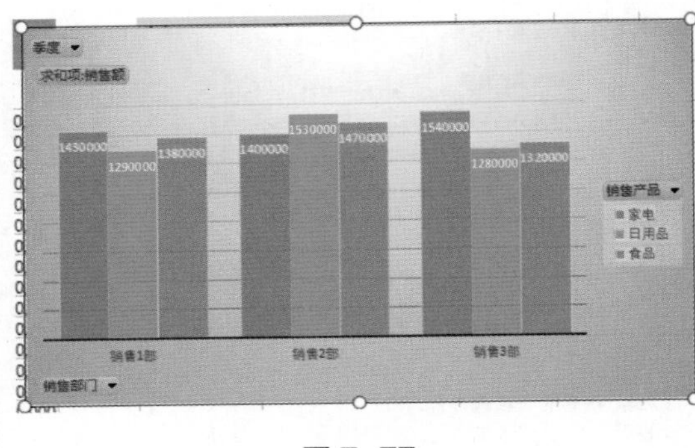

图 7-77

7.6 思考与练习

通过本章的学习，读者可以掌握使用电子表格中的图表和透视表分析表格的基础知识以及一些常见的操作方法，在本节中将针对本章知识点，进行相关知识测试，以达到巩固与提高的目的。

一、填空题

1. 在 WPS 表格中创建图表的方法非常简单，系统自带了很多图表类型，如柱形图、________、折线图等，用户只需根据需要进行选择即可。

2. 除了执行【插入】→【全部图表】命令创建图表外，用户还可以按 Alt+F1 组合键创建嵌入式图表；按 ________ 键创建工作表图表。

二、判断题

1. 绘图区即整个图表的背景区域，包括所有的数据信息以及图表辅助的说明信息。 (　　)

2. 图表区是图表中描绘图形的区域，其形状是根据表格数据形象化地转换而来。(　　)

三、简答题

1. 在 WPS 中如何创建数据透视表？

2. 在 WPS 中如何调整图表的位置和大小？

第8章

编辑与设计演示文稿

- 演示文稿的基本操作
- 编辑幻灯片内容
- 编辑图片和图形
- 插入与编辑艺术字
- 编辑母版统一版式

本章主要内容

本章主要介绍了演示文稿的基本操作、编辑幻灯片内容、编辑图片和图形、插入与编辑艺术字和编辑母版统一版式方面的知识与技巧，在本章的最后还针对实际的工作需求，讲解了制作公司年终总结演示文稿的方法。通过本章的学习，读者可以掌握编辑与设计演示文稿方面的知识，为深入学习WPS奠定基础。

8.1 演示文稿的基本操作

PPT 用于设计和制作各类演示文稿，而且演示文稿可以通过计算机屏幕或投影机进行播放。演示文稿是由一张张幻灯片组成的。本节主要介绍演示文稿的基本操作，包括新建并保存空白演示文稿和根据模板新建演示文稿。

8.1.1 新建并保存空白演示文稿

新建并保存空白演示文稿的方法非常简单。下面介绍新建并保存空白演示文稿的操作方法。

操作步骤 Step by Step

第 1 步 进入【新建】界面，❶选择【新建演示】选项卡，❷选择【新建空白演示】模板，如图 8-1 所示。

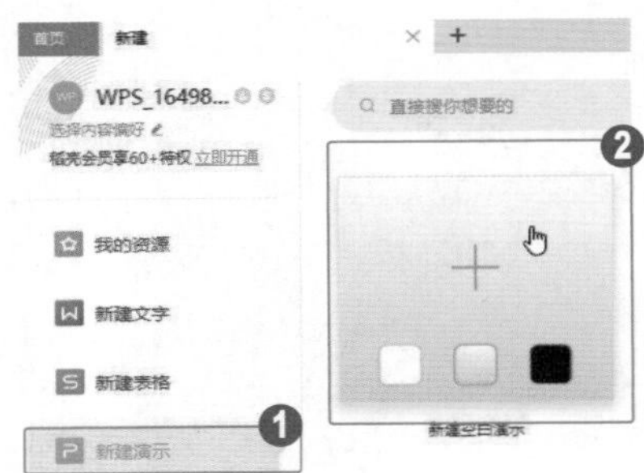

图 8-1

第 2 步 此时，WPS 已经创建了一个名为“演示文稿 1”的空白文档，单击【保存】按钮，如图 8-2 所示。

图 8-2

第 3 步 弹出【另存文件】对话框，❶选择文件保存位置，❷在【文件名】文本框中输入名称，❸单击【保存】按钮，如图 8-3 所示。

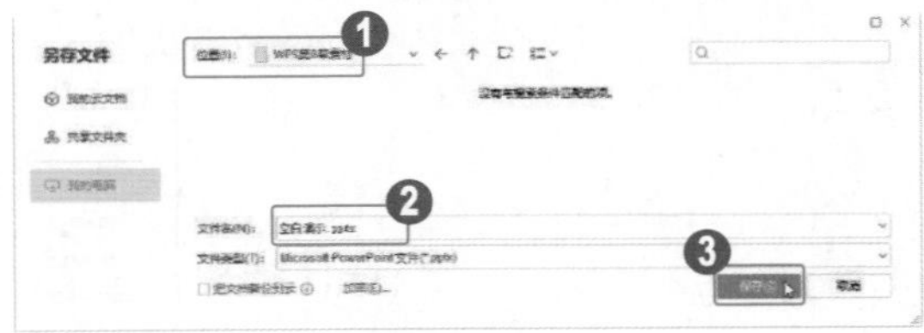

图 8-3

第 4 步 完成建立空白文档的操作，如图 8-4 所示。

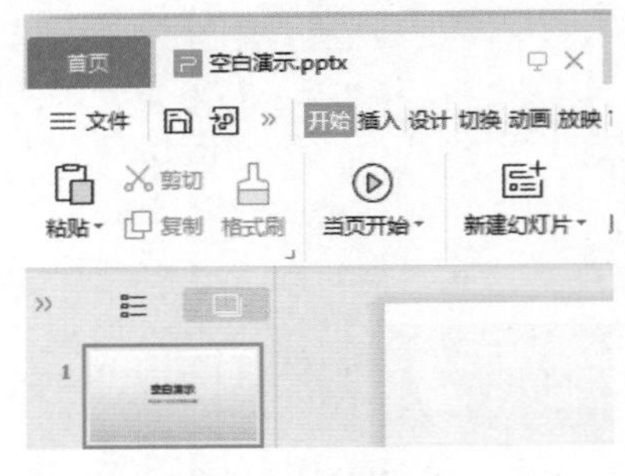

图 8-4

8.1.2 插入或删除幻灯片

创建演示文稿以后，用户可以根据需要插入或删除幻灯片。下面介绍插入或删除幻灯片的方法。

操作步骤 Step by Step

第 1 步 选中第 2 张幻灯片，❶在【开始】选项卡中单击【新建幻灯片】下拉按钮，❷在弹出的菜单中选择一个模板样式，如图 8-5 所示。

图 8-5

第 2 步 在“幻灯片”窗格中第 2 张幻灯片的下方已经插入了一张新幻灯片，如图 8-6 所示。

图 8-6

第 3 步 用鼠标右键单击第 3 张幻灯片缩略图，在弹出的快捷菜单中选择【删除幻灯片】菜单项，如图 8-7 所示。

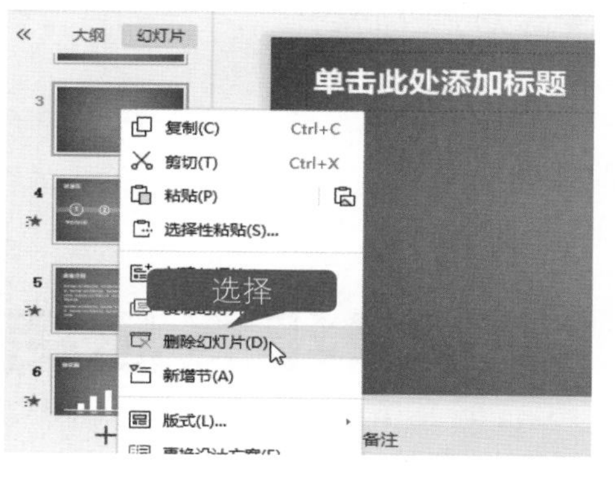

图 8-7

第 4 步 幻灯片被删除，如图 8-8 所示。

图 8-8

8.1.3 修改幻灯片的版式

版式是幻灯片中各种元素的排列组合方式，WPS 演示软件默认提供了 11 种版式。下面介绍修改幻灯片版式的方法。

操作步骤 Step by Step

第 1 步 选中第 3 张幻灯片，❶在【开始】选项卡中单击【版式】下拉按钮，❷在弹出的菜单中选择一个版式，如图 8-9 所示。

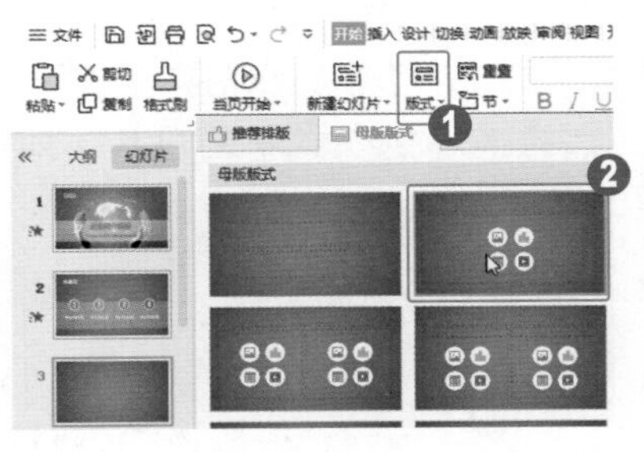

图 8-9

第 2 步 可以看到第 3 张幻灯片的版式已经更改，如图 8-10 所示。

图 8-10

8.2 编辑幻灯片内容

创建并保存完演示文稿后，用户就可以为幻灯片添加文字了，制作幻灯片的内容包括输入文本、设置文本和段落的格式等。本节将详细介绍编辑幻灯片内容的相关知识。

8.2.1 为内容页添加和编辑文本

在幻灯片中输入文本的方法非常简单。下面介绍输入文本的方法。

操作步骤 Step by Step

第 1 步 选择第 1 张幻灯片，将光标定位在标题占位符中，输入“2022 年终总结”，如图 8-11 所示。

图 8-11

第 2 步 在副标题占位符中继续输入内容，如图 8-12 所示。

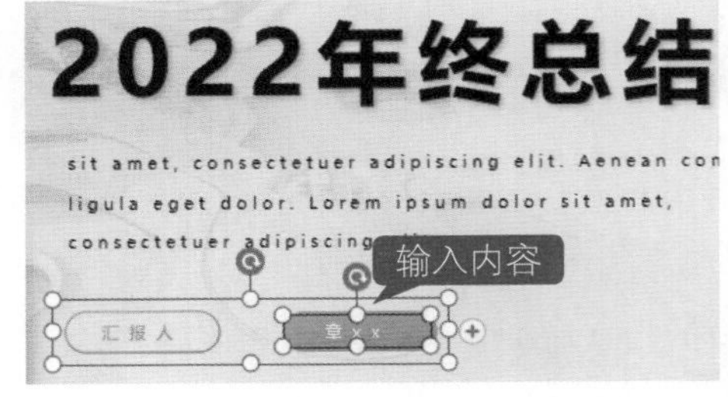

图 8-12

8.2.2 设置文本和段落格式

设置文本和段落格式的方法非常简单。下面介绍设置文本和段落格式的方法。

操作步骤 Step by Step

第 1 步 ❶在缩略图列表中选择第 4 张幻灯片，❷选中段落占位符，❸在【文本工具】选项卡中单击【增大字号】按钮，如图 8-13 所示。

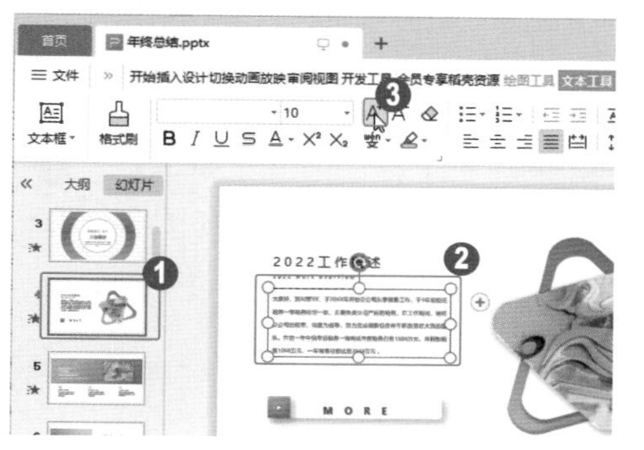

图 8-13

第 2 步 占位符中的文字字号已经变大，再单击【加粗】按钮，如图 8-14 所示。

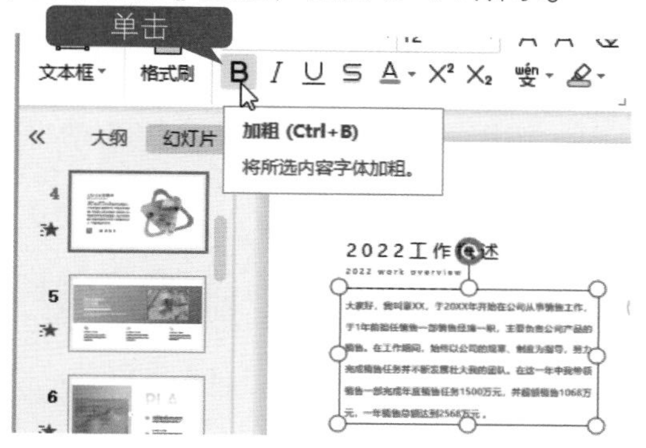

图 8-14

第 3 步 ❶选择【开始】选项卡，❷单击【段落启动器】按钮，如图 8-15 所示。

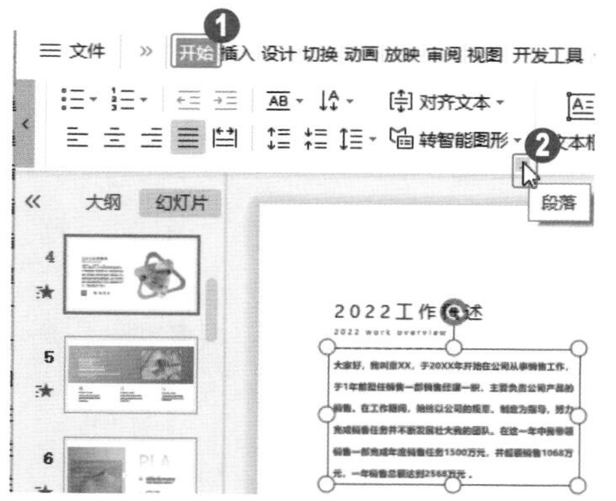

图 8-15

第 4 步 弹出【段落】对话框，❶在【缩进和间距】选项卡中将【行距】设置为【1.5 倍行距】，❷单击【确定】按钮，如图 8-16 所示。

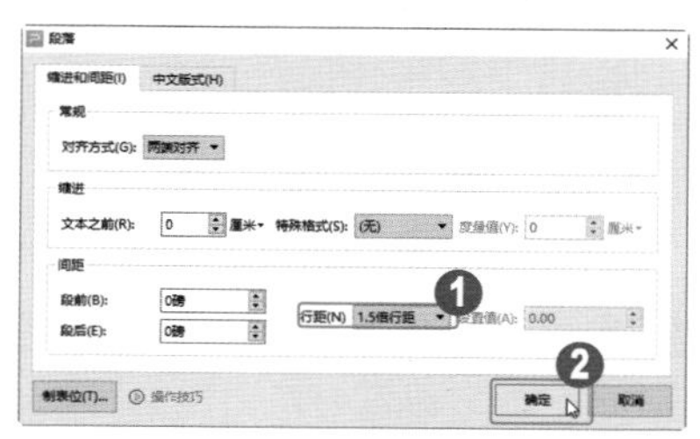

图 8-16

第 5 步 占位符中的文本段落行距已经改变。通过以上步骤即可完成设置文本和段落格式的操作，如图 8-17 所示。

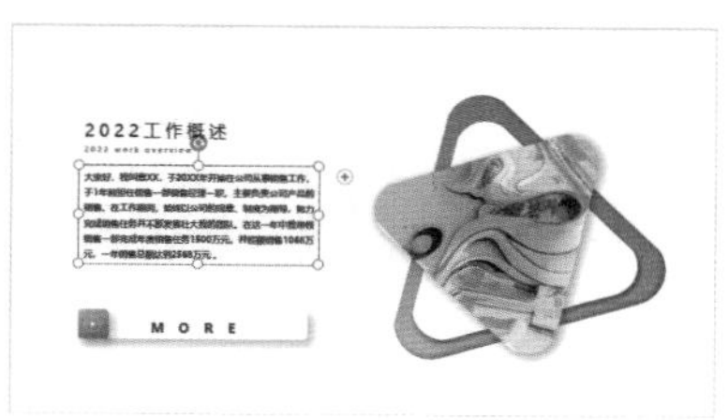

图 8-17

8.3 编辑图片和图形

为了使幻灯片更加绚丽和美观，需要用户在 PPT 中加入图片元素，在 WPS 演示中插入与编辑图片的大部分操作与在 WPS 文字中插入与编辑图片相同，但由于演示文稿需要通过视觉体验吸引观众的注意力，对图片的要求更高。

8.3.1 插入并裁剪图片

插入图片主要是指插入计算机中保存的图片，下面介绍在幻灯片中插入计算机中图片的方法。

操作步骤 Step by Step

第 1 步 选中第 5 张幻灯片，❶选择【插入】选项卡，❷单击【图片】下拉按钮，❸在弹出的菜单中单击【本地图片】按钮，如图 8-18 所示。

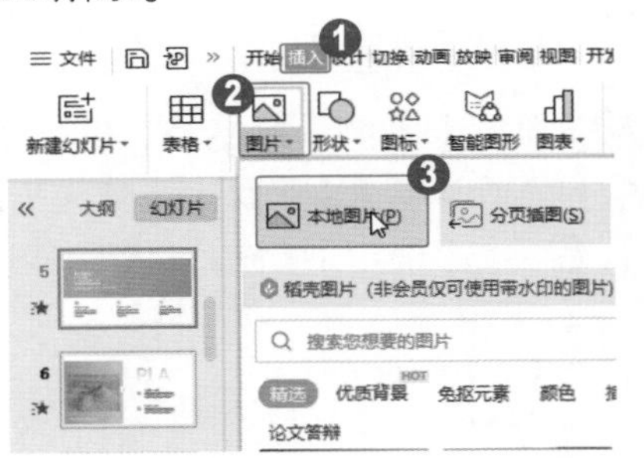

图 8-18

第 3 步 图片已经插入文本框中，如图 8-20 所示。

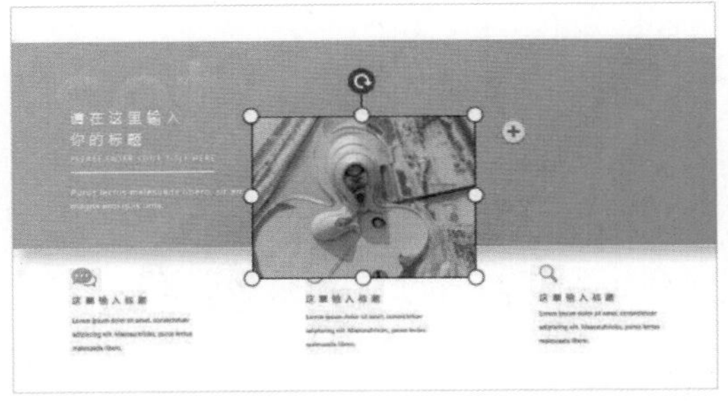

图 8-20

第 2 步 弹出【插入图片】对话框，❶选中图片，❷单击【打开】按钮，如图 8-19 所示。

图 8-19

第 4 步 选中图片，❶在【图片工具】选项卡中单击【裁剪】下拉按钮，❷在弹出菜单中选择【裁剪】菜单项，❸再选择【圆角矩形】子菜单项，如图 8-21 所示。

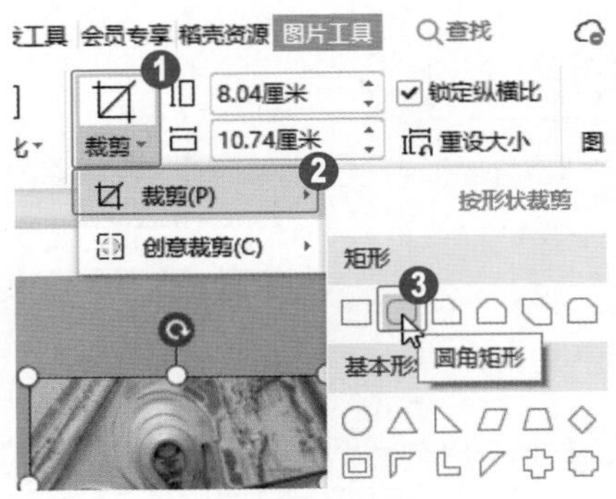

图 8-21

第 5 步 在图片周围出现 8 个黑色的裁剪点，按 Enter 键或在工作界面空白处单击鼠标，如图 8-22 所示。

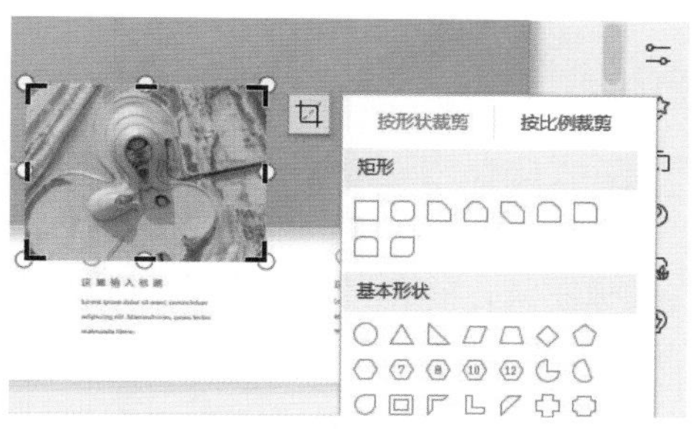

图 8-22

第 6 步 将图片移动至合适的位置。通过以上步骤即可完成在幻灯片中插入图片并裁剪图片的操作，如图 8-23 所示。

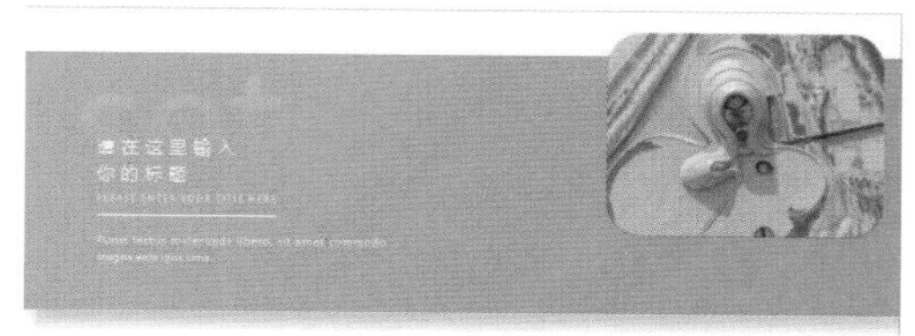

图 8-23

8.3.2 调整图片的大小和比例

在 WPS 演示软件中，可以精确地设置图片的高度与宽度。下面介绍精确调整图片大小的方法。

操作步骤 Step by Step

第 1 步 选中图片，自动进入【图片工具】选项卡，在【形状宽度】微调框中输入数值，如图 8-24 所示。

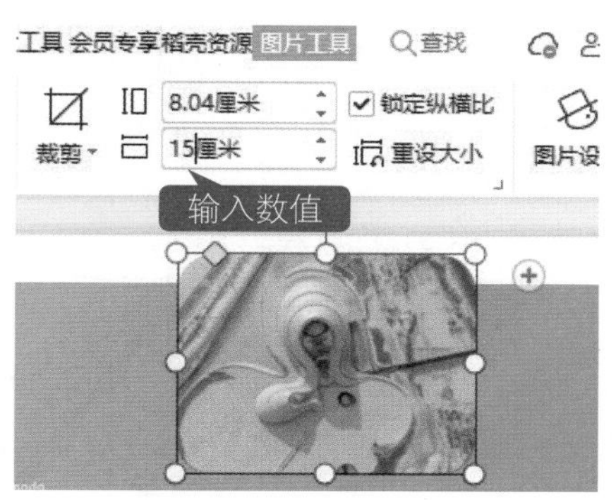

图 8-24

第 2 步 按 Enter 键即可完成调整图片大小的操作，如图 8-25 所示。

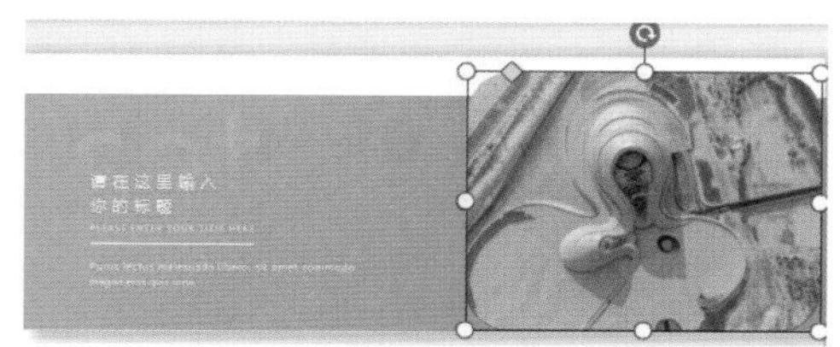

图 8-25

知识拓展

如果用户对调整后的图片大小不满意，可以选中图片，单击【图片工具】选项卡中的【重设大小】按钮，将图片恢复至初始状态，然后重新对图片的大小进行调整。

8.3.3 绘制并填充图形

绘制形状主要是通过拖动鼠标完成，在 WPS 演示软件中选择需要绘制的形状后，拖动鼠标即可绘制该形状。

操作步骤 Step by Step

第 1 步 选中第 7 张幻灯片，❶选择【插入】选项卡，❷单击【形状】下拉按钮，❸选择【圆角矩形】选项，如图 8-26 所示。

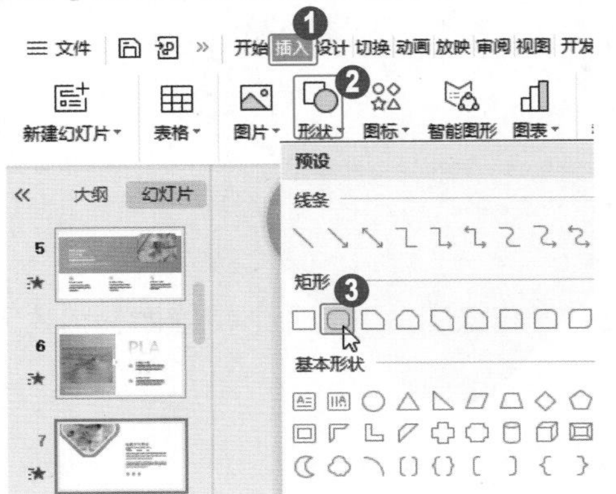

图 8-26

第 2 步 当鼠标指针变为十字形状时，按住 Shift 键单击鼠标左键，拖动至适当位置时释放鼠标左键，在幻灯片中插入了一个圆角正方形，如图 8-27 所示。

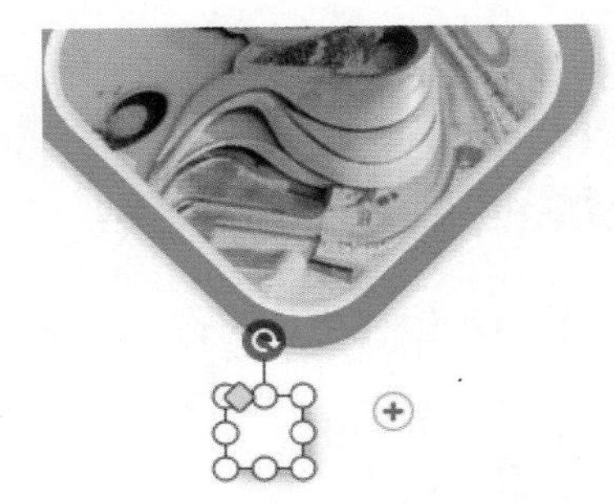

图 8-27

第 3 步 双击圆角正方形，打开【对象属性】窗格，❶在【形状选项】选项卡中选择【大小与属性】选项，❷展开【大小】选项，❸设置【旋转】为 315°，如图 8-28 所示。

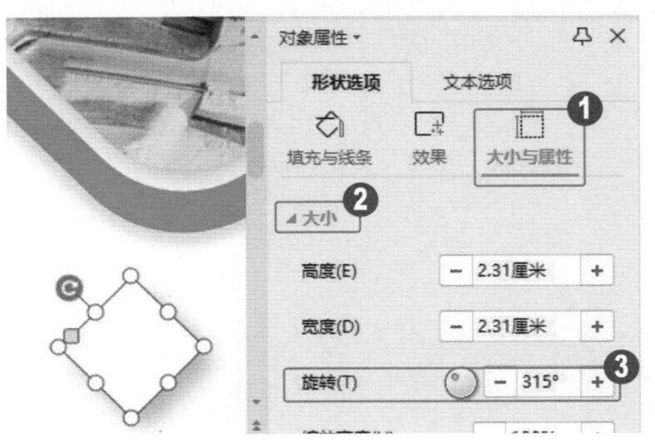

图 8-28

第 4 步 ❶选择【填充与线条】选项卡，❷展开【填充】选项，❸选中【渐变填充】单选按钮，❹设置【渐变样式】为【线性渐变】，❺设置【角度】为 120°，❻设置渐变颜色滑块为黄色和红色，如图 8-29 所示。

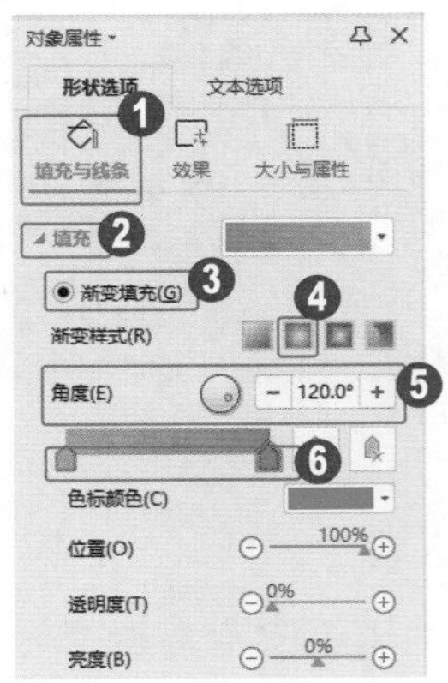

图 8-29

第 5 步 ❶选择【效果】选项卡，❷单击展开【阴影】选项，❸设置【颜色】为白色，如图 8-30 所示。

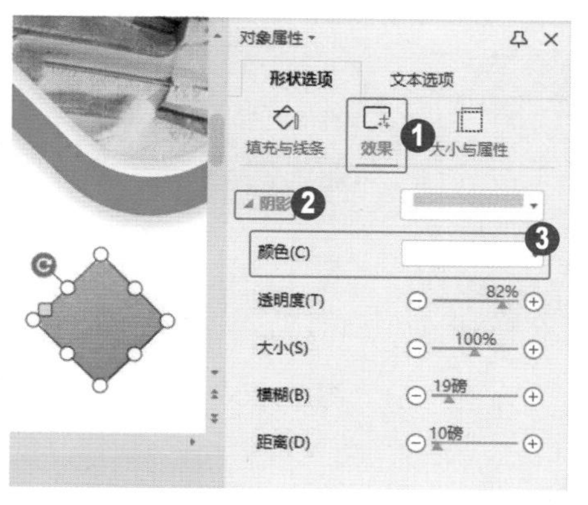

图 8-30

第 6 步 选中图形，按 Ctrl+C 组合键进行复制，按 Ctrl+V 组合键进行粘贴，复制出其他两个形状，并调整大小和位置，如图 8-31 所示。

图 8-31

8.3.4 多张图片的对齐与组合

绘制形状主要是通过拖动鼠标来完成的，在 WPS 演示软件中选择需要绘制的形状后，拖动鼠标即可绘制该形状。

操作步骤

Step by Step

第 1 步 选中 4 张图片，自动进入【图片工具】选项卡，❶单击【对齐】下拉按钮，❷在弹出的下拉菜单中选择【横向分布】选项，如图 8-32 所示。

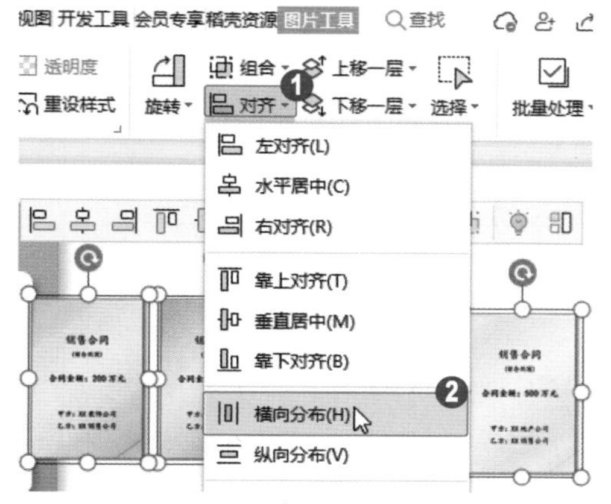

图 8-32

第 2 步 选中的图片在横向上等分对齐排列，❶再次单击【对齐】下拉按钮，❷在弹出的下拉菜单中选择【垂直居中】选项，如图 8-33 所示。

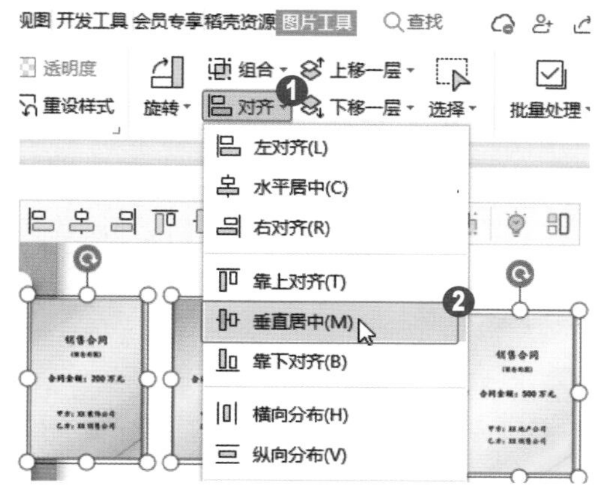

图 8-33

第 3 步 图片垂直居中对齐显示，调整图片大小和位置，如图 8-34 所示。

图 8-34

第 4 步 选中 4 张图片，用鼠标右键单击图片，在快捷菜单中选择【组合】菜单项，如图 8-35 所示。

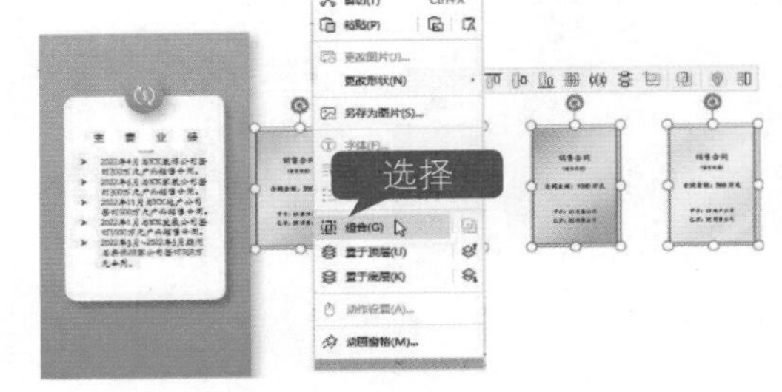

图 8-35

第 5 步 可以看到 4 张图片组合为一个整体，如图 8-36 所示。

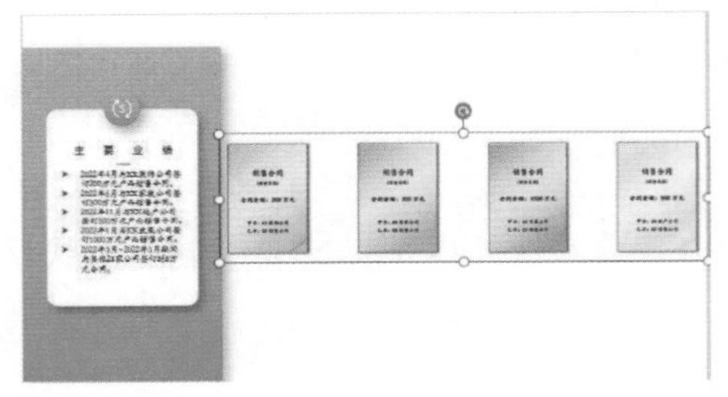

图 8-36

■ 指点迷津

用鼠标右键单击组合的图片或形状，在弹出的快捷菜单中选择【取消组合】菜单项，可以取消组合图片或形状。

8.3.5 课堂范例——为培训幻灯片插入图片

在新员工入职时需要做入职培训，本范例将介绍为企业文化培训幻灯片插入图片的操作方法。需要利用【插入】选项卡中的【图片】命令来完成。

<< 扫码获取配套视频课程，本节视频课程播放时长约为 39 秒。

配套素材路径：配套素材/第8章

素材文件名称：企业文化培训.pptx

操作步骤 Step by Step

第 1 步 打开素材，选中第 2 张幻灯片，在文本框中单击【图片】按钮，如图 8-37 所示。

第 2 步 弹出【插入图片】对话框，❶选中图片，❷单击【打开】按钮，如图 8-38 所示。

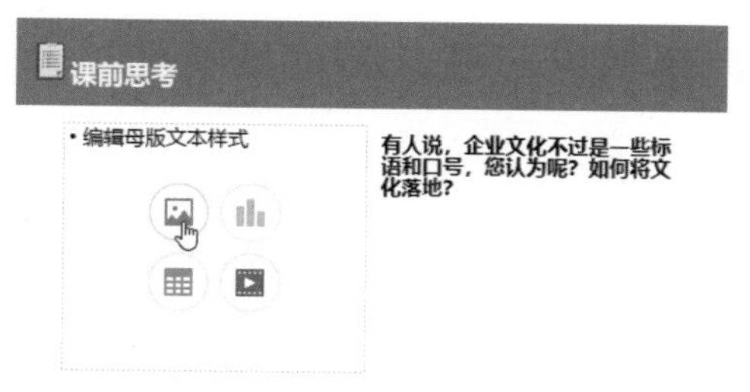

图 8-37

图 8-38

第 3 步 此时，图片已经插入幻灯片中，❶单击图片右侧的【裁剪】按钮，❷选择【圆角矩形】形状进行裁剪，如图 8-39 所示。

图 8-39

第 4 步 按 Enter 键完成裁剪。通过以上步骤即可完成为培训幻灯片插入图片的操作，如图 8-40 所示。

图 8-40

8.4 插入与编辑艺术字

在设计演示文稿时，为了使幻灯片更加美观和形象，常常需要用到艺术字功能，插入艺术字后，可以通过改变其样式、大小、位置和字体格式等操作来设置艺术字。本节将介绍在幻灯片中插入与编辑艺术字的相关知识。

8.4.1 插入艺术字

在幻灯片中插入艺术字的方法非常简单。下面详细介绍在幻灯片中插入艺术字的操作方法。

操作步骤 Step by Step

第 1 步 选中第 5 张幻灯片，执行【插入】→【艺术字】命令，选择一种样式，如图 8-41 所示。

第 2 步 幻灯片中插入了一个艺术字文本框，如图 8-42 所示。

图 8-41

第 3 步 使用输入法输入内容，调整艺术字的位置。通过以上步骤即可完成在幻灯片中插入艺术字的操作，如图 8-43 所示。

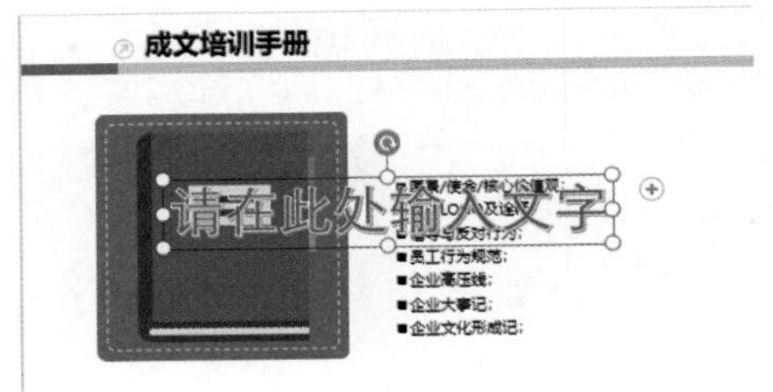

图 8-42

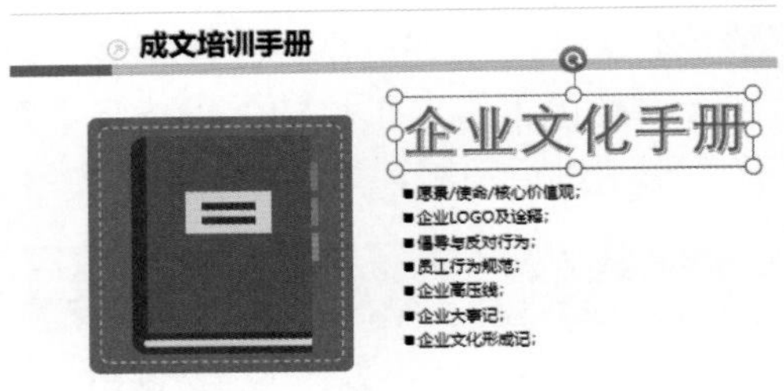

图 8-43

8.4.2 编辑艺术字

在幻灯片中插入艺术字后，就可以编辑艺术字的字体、字号、填充颜色等内容了。下面详细介绍在幻灯片中编辑艺术字的操作方法。

操作步骤 Step by Step

第 1 步 选中艺术字文本框，❶选择【文本工具】选项卡，❷单击【文本填充】下拉按钮，❸在弹出的艺术字库中选择一种颜色，如图 8-44 所示。

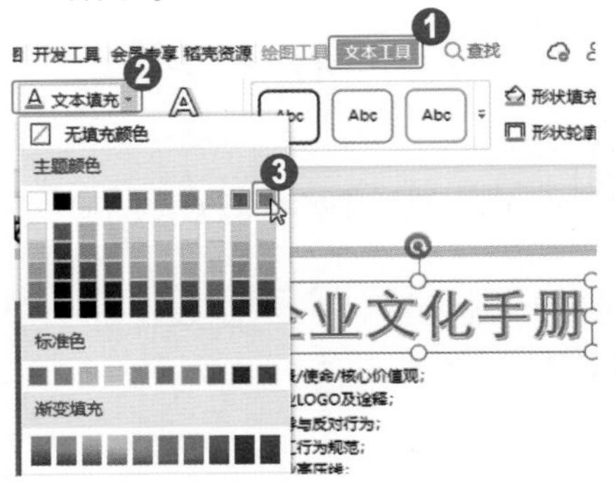

图 8-44

第 2 步 ❶单击【文本效果】下拉按钮，❷选择【转换】选项，❸在【弯曲】区域下选择【正 V 形】样式，如图 8-45 所示。

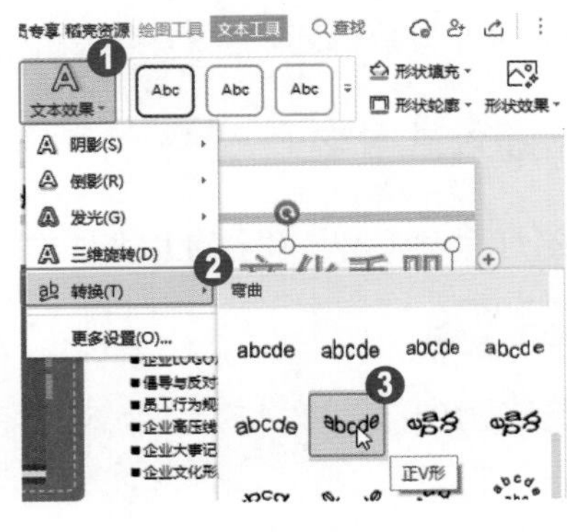

图 8-45

第 3 步 通过以上步骤即可完成编辑艺术字的操作，如图 8-46 所示。

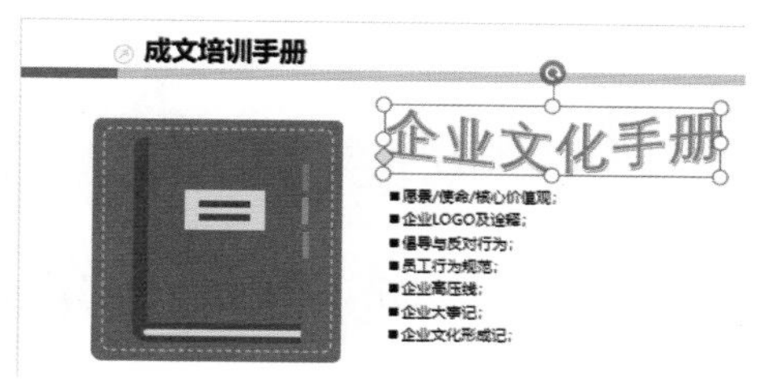

图 8-46

指点迷津

如果用户对应用的文本效果不满意，可以选中艺术字文本框，文本框右侧会出现【转换】按钮 ABC，单击该按钮，在打开的列表中重新选择所需要的文本转换效果。

8.5 编辑母版统一版式

幻灯片模板是用于设置幻灯片的一种样式，可供用户设置各种标题文字、背景、属性等，只需要修改其中一项内容就可以更改所有幻灯片的设计。本节主要讲解幻灯片模板的设计和修改的相关知识。

8.5.1 设计母版版式

一个完整且专业的演示文稿，它的内容、背景、配色和文字格式都有统一的设置，为了实现统一的设置就需要用到幻灯片母版的设计。下面介绍设计幻灯片母版的方法。

操作步骤 Step by Step

第 1 步 新建空白演示文稿，❶选择【设计】选项卡，❷单击【页面设置】按钮，如图 8-47 所示。

图 8-47

第 2 步 弹出【页面设置】对话框，❶在【幻灯片大小】下拉列表框中选择【全屏显示（16：9）】选项，❷单击【确定】按钮，如图 8-48 所示。

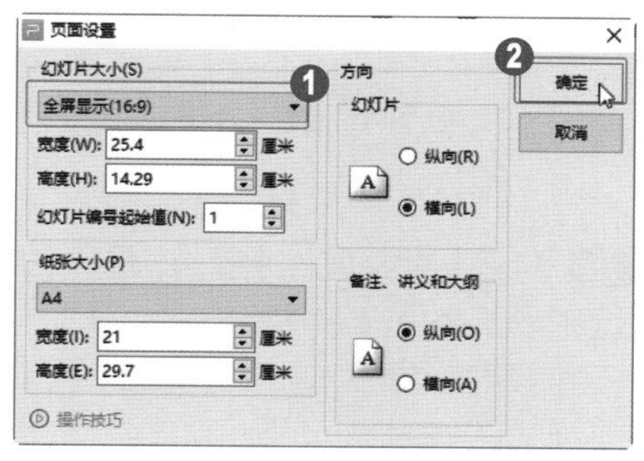

图 8-48

第 3 步 弹出【页面缩放选项】对话框，单击【确保适合】按钮，即可完成版式的设置，如图 8-49 所示。

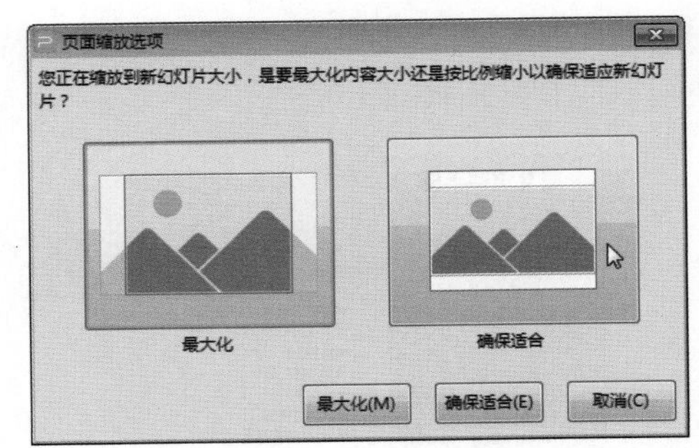

图 8-49

8.5.2 设计母版背景

若要为所有幻灯片应用统一的背景，可在幻灯片母版中进行设置。下面介绍设计幻灯片母版背景的方法。

操作步骤 Step by Step

第 1 步 ❶选择【设计】选项卡，❷单击【编辑母版】按钮，如图 8-50 所示。

图 8-50

第 3 步 打开【对象属性】窗格，❶在【填充】栏中选中【渐变填充】单选按钮，❷单击【颜色】下拉按钮，❸在弹出的渐变库中选择一种渐变样式，如图 8-52 所示。

第 2 步 ❶在“母版幻灯片”窗格中选择第 1 张幻灯片，❷单击【幻灯片母版】选项卡中的【背景】按钮，如图 8-51 所示。

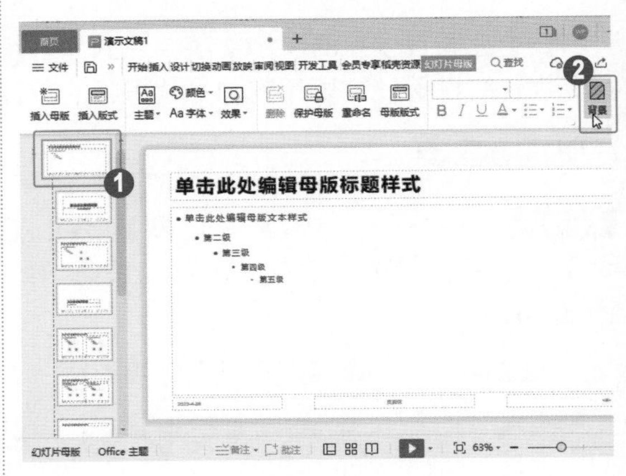

图 8-51

第 4 步 ❶单击【停止点 1】滑块，❷在【色标颜色】下拉列表中选择一种颜色，如图 8-53 所示。

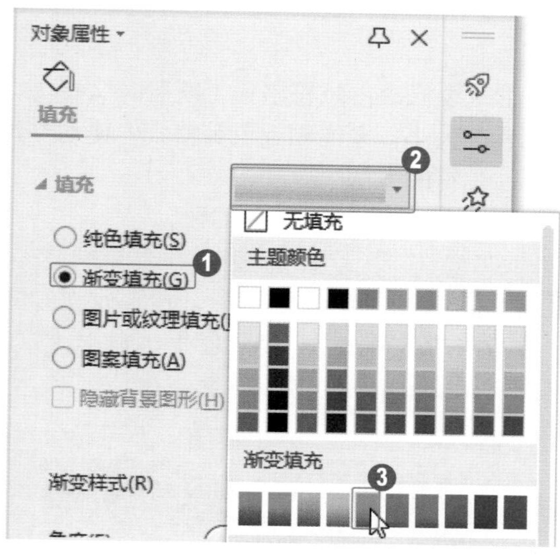

图 8-52

第 5 步 ❶单击【停止点 2】滑块，❷在【色标颜色】下拉列表中选择一种颜色，如图 8-54 所示。

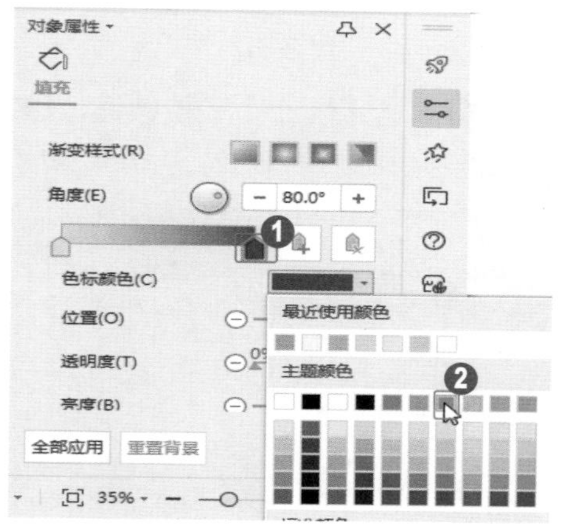

图 8-54

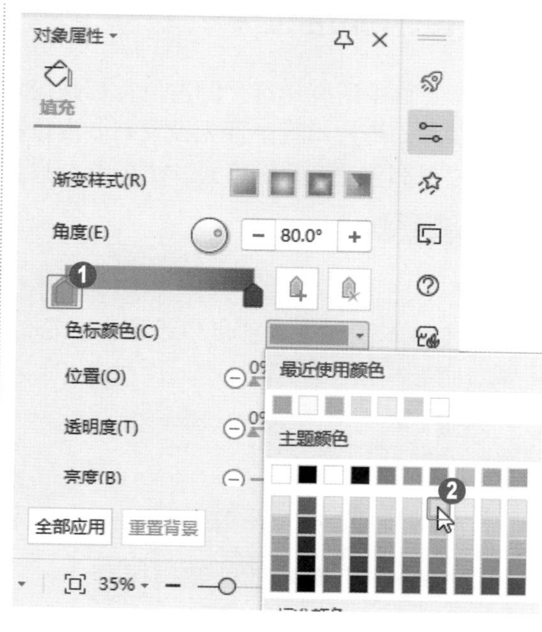

图 8-53

第 6 步 通过以上步骤即可完成设计幻灯片母版背景的操作，如图 8-55 所示。

图 8-55

专家解读：如何将模板背景应用于单个幻灯片

进入编辑幻灯片母版状态后，如果选择母版幻灯片中的第 1 张幻灯片，那么在母版中进行的设置将应用于所有的幻灯片；如果想要单独设计 1 张母版幻灯片，则需要选择除第 1 张母版幻灯片外的幻灯片进行设计，才不会将设置应用于所有幻灯片。

8.5.3 设计母版占位符

演示文稿中所有幻灯片的占位符都是固定的，如果要修改占位符格式，既费时又费力，用户可以在幻灯片母版中预先设置好各占位符的位置、大小、字体和颜色等格式，使幻灯片中的占位符都自动应用该格式。下面介绍设计母版占位符的方法。

操作步骤 Step by Step

第 1 步 选择第 2 张幻灯片，选中标题占位符，在【文本工具】选项卡中设置占位符的字体、字号和颜色，如图 8-56 所示。

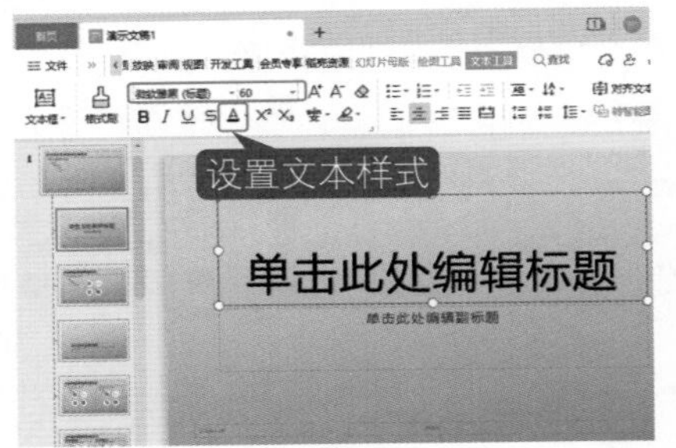

图 8-56

第 2 步 按照相同方法，将下方副标题占位符的文本格式设置为“微软雅黑、36、黑色”，如图 8-57 所示。

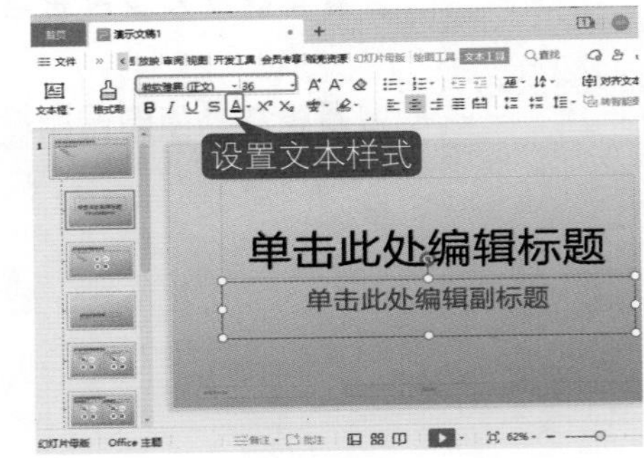

图 8-57

第 3 步 执行【插入】→【形状】→【矩形】命令，拖动鼠标在幻灯片中绘制一个刚好盖住正标题和副标题的矩形。选中矩形，❶在【绘图工具】选项卡中单击【轮廓】下拉按钮，❷在弹出的菜单中选择【无边框颜色】选项，如图 8-58 所示。

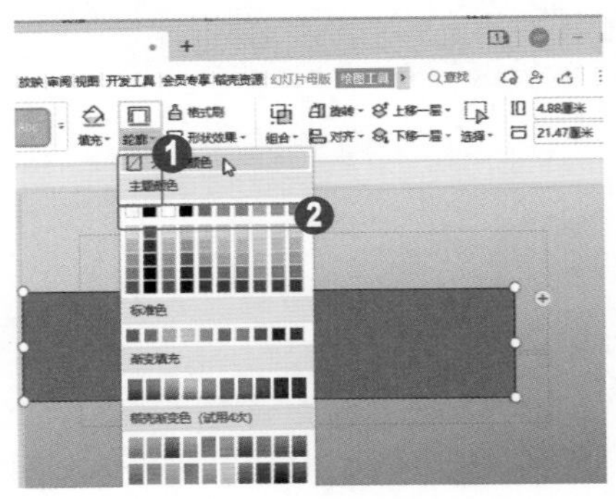

图 8-58

第 4 步 ❶单击【填充】下拉按钮，❷在弹出的颜色库中选择一种颜色，如图 8-59 所示。

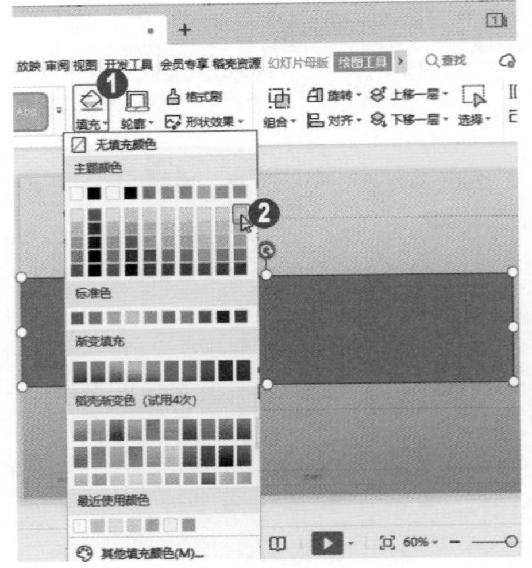

图 8-59

第 5 步 按照相同方法，继续在幻灯片中绘制一个矩形，设置填充效果为“绿色，无边框颜色”，如图 8-60 所示。

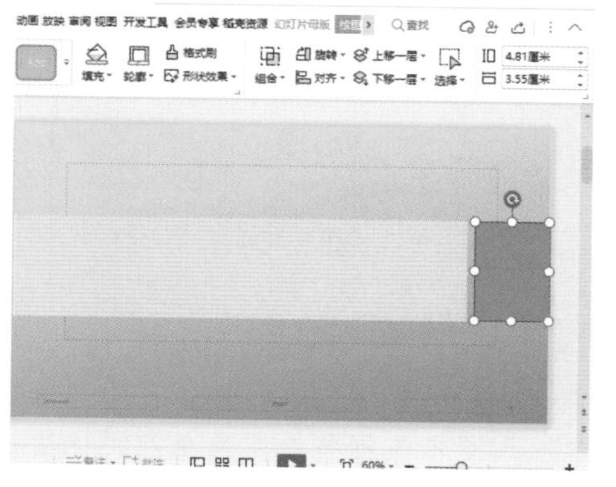

图 8-60

第 6 步 按住 Ctrl 键选中两个矩形，在【绘图工具】选项卡中单击【下移一层】下拉按钮，选择【置于底层】选项，最终效果如图 8-61 所示。

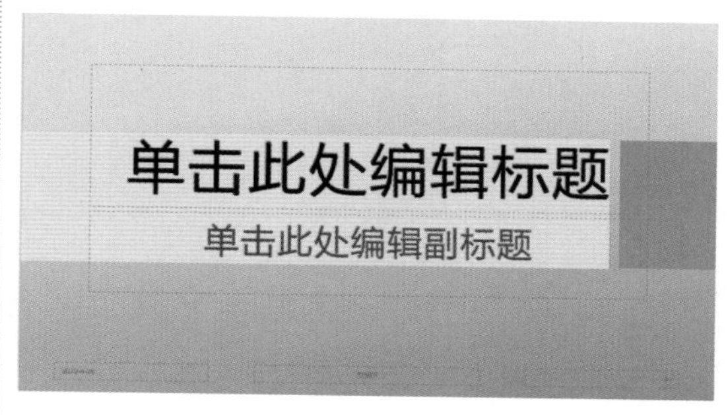

图 8-61

8.5.4 插入并编辑图片

为了使演示文稿的母版内容更加丰富和专业，用户还可以在幻灯片中插入相关的图片进行美化。下面介绍插入并编辑图片的方法。

操作步骤 Step by Step

第 1 步 选择第 4 张幻灯片，❶选择【插入】选项卡，❷单击【图片】下拉按钮，❸单击【本地图片】按钮，如图 8-62 所示。

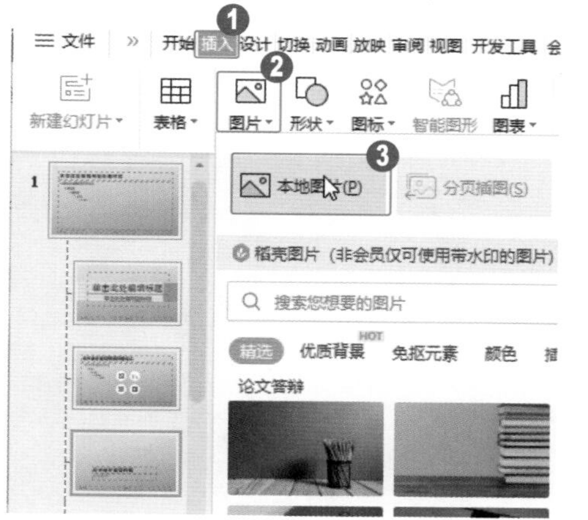

图 8-62

第 2 步 弹出【插入图片】对话框，❶选中图片，❷单击【插入】按钮，如图 8-63 所示。

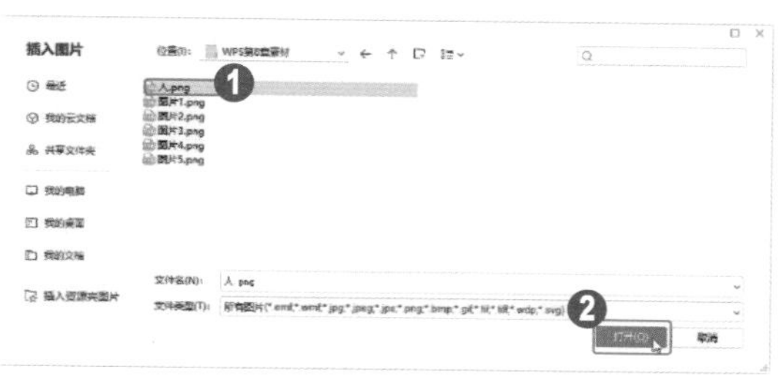

图 8-63

第 3 步 此时，图片已经插入幻灯片中，将其移动到合适位置并调整大小，如图 8-64 所示。

图 8-64

8.5.5 课堂范例——为演示文稿应用主题预设

在新员工入职时需要做入职培训，本范例将介绍为企业文化培训幻灯片插入图片的操作方法。需要利用【插入】选项卡中的【图片】命令来完成。

<< 扫码获取配套视频课程，本节视频课程播放时长约为 38 秒。

配套素材路径：配套素材/第8章

素材文件名称：应用主题预设.pptx

操作步骤 Step by Step

第 1 步 打开素材演示文稿，❶选择【设计】选项卡，❷单击【更多设计】按钮，如图 8-65 所示。

图 8-65

第 2 步 弹出【全文美化】对话框，选择一个免费主题版式，如图 8-66 所示。

图 8-66

第 3 步 可以在对话框右侧进行美化预览，预览没有问题单击【应用美化】按钮，如图 8-67 所示。

图 8-67

第 4 步 所有幻灯片都应用了该主题样式，如图 8-68 所示。

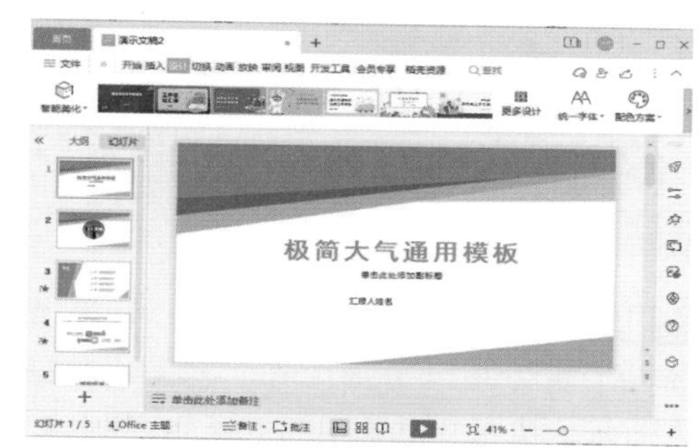

图 8-68

第 5 步 ❶在【设计】选项卡中单击【统一字体】下拉按钮，❷选择一种免费字体，如图 8-69 所示。

图 8-69

第 6 步 此时，所有幻灯片都应用了相同的字体。通过以上步骤即可完成为演示文稿应用预设主题的操作，如图 8-70 所示。

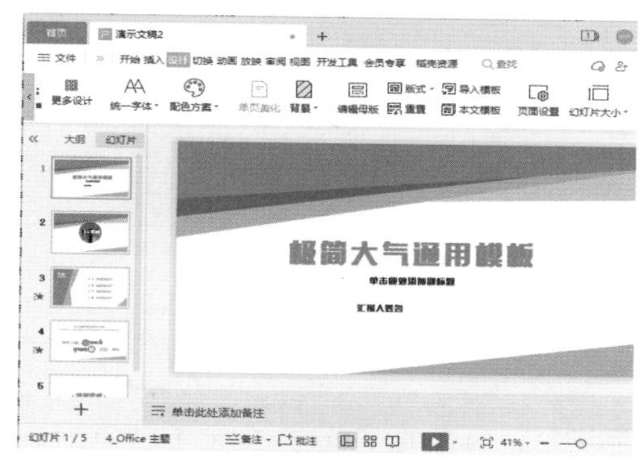

图 8-70

8.6 实战课堂——制作公司年终总结演示文稿

本案例将为公司制作年终总结演示文稿，包括设计封面页、制作目录页、添加章节页、制作结束页以及输入文本内容等，是一个综合运用本章知识点的案例。

<< 扫码获取配套视频课程，本节视频课程播放时长约为 1 分 34 秒。

配套素材路径：配套素材/第8章

素材文件名称：公司年终总结演示文稿.pptx

8.6.1 设计封面页

本小节的主要内容为创建空白演示文稿，根据 WPS 提供的模板新建封面页。

操作步骤 Step by Step

第 1 步 启动 WPS，进入【新建】界面，❶选择【新建演示】选项卡，❷单击【新建空白演示】模板，如图 8-71 所示。

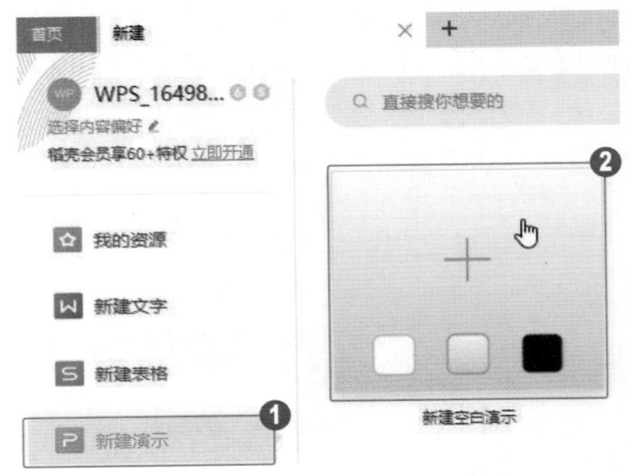

图 8-71

第 2 步 此时，WPS 已经创建了一个名为“演示文稿 1”的空白文档，❶在【开始】选项卡中单击【新建幻灯片】下拉按钮，❷在弹出的下拉菜单中选择【封面页】选项，❸单击选择一个封面页模板，如图 8-72 所示。

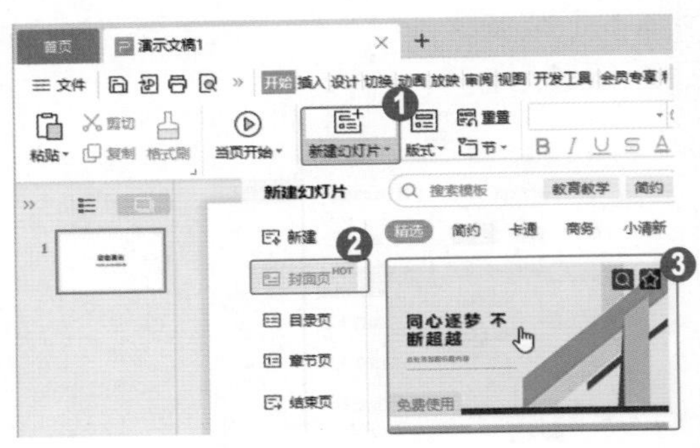

图 8-72

第 3 步 文档在第 2 张幻灯片的位置自动创建了一个封面页，如图 8-73 所示。

图 8-73

8.6.2 制作目录页

本小节的主要内容为根据 WPS 提供的模板新建目录页作为第 3 张幻灯片。

操作步骤 Step by Step

第 1 步 选中第 2 张幻灯片，执行【开始】→【新建幻灯片】→【目录页】命令，单击选择一个目录页模板，如图 8-74 所示。

图 8-74

第 2 步 文档在第 3 张幻灯片的位置自动创建了一个目录页，如图 8-75 所示。

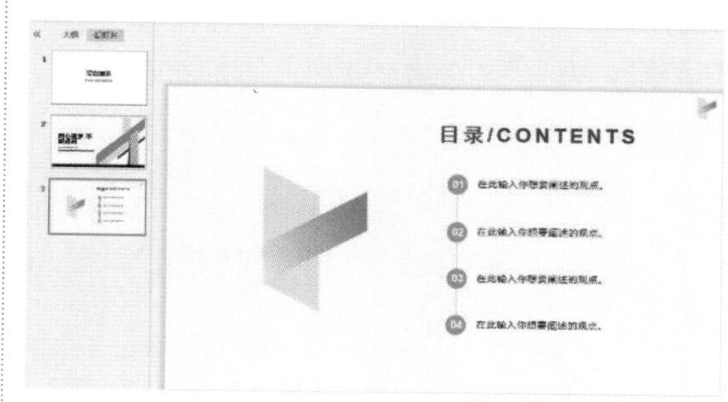

图 8-75

8.6.3 添加章节页

本小节的主要内容为根据 WPS 提供的模板新建章节页作为第 4 ～ 6 张幻灯片。

操作步骤 Step by Step

第 1 步 选中第 3 张幻灯片，执行【开始】→【新建幻灯片】→【章节页】命令，单击选择一个章节页模板，如图 8-76 所示。

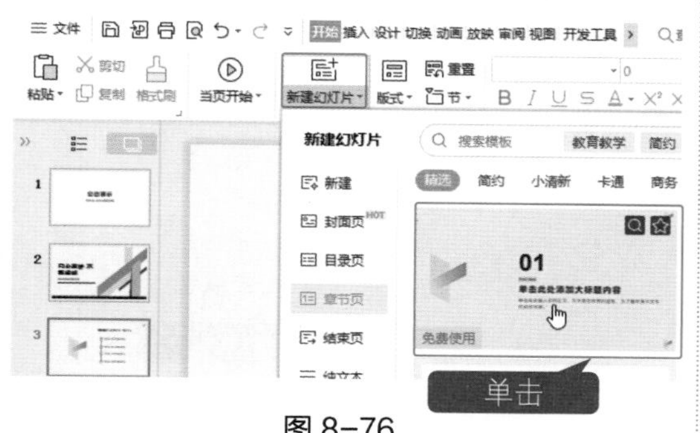

图 8-76

第 2 步 文档在第 4 张幻灯片的位置自动创建了一个章节页，如图 8-77 所示。

图 8-77

第 3 步 单击第 4 张幻灯片缩略图，按 Ctrl+C 组合键进行复制，按 Ctrl+V 组合键粘贴，复制出另外两页章节页，并修改章节标题，如图 8-78 所示。

图 8-78

8.6.4 制作结束页

本小节的主要内容为根据 WPS 提供的模板新建结束页作为第 7 张幻灯片。

操作步骤 Step by Step

第 1 步 选中第 6 张幻灯片，执行【开始】→【新建幻灯片】→【结束页】命令，单击选择一个结束页模板，如图 8-79 所示。

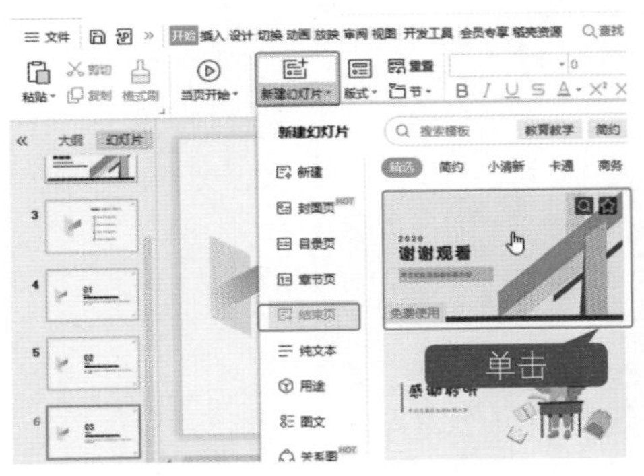

图 8-79

第 2 步 文档在第 7 张幻灯片的位置自动创建了一个结束页，并输入年份，如图 8-80 所示。

图 8-80

8.6.5 输入文本内容

本小节的主要内容为删除第 1 章空白幻灯片，为其他幻灯片输入对应文本。

操作步骤 Step by Step

第 1 步 删除第 1 张空白幻灯片，这样封面变为第 1 张幻灯片，在占位符中输入内容，如图 8-81 所示。

图 8-81

第 2 步 在第 2 张幻灯片的占位符中输入内容，如图 8-82 所示。

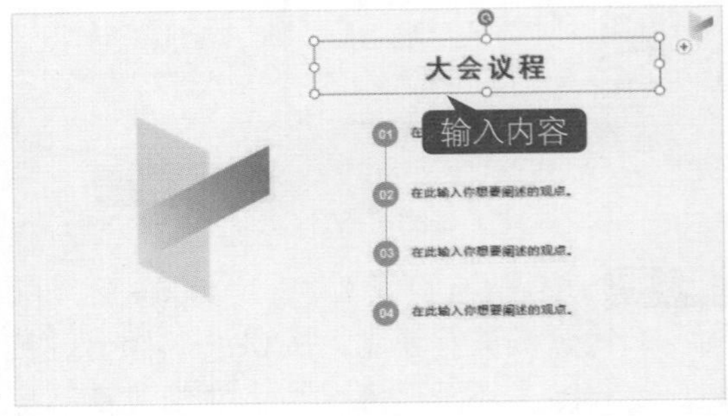

图 8-82

8.7 思考与练习

通过本章的学习，读者可以掌握编辑与设计演示文稿的基础知识以及一些常见的操作方法，在本节中将针对本章知识点，进行相关知识测试，以达到巩固与提高的目的。

一、填空题

1. 如果用户对调整后的图片大小不满意，可以选中该图片，单击【图片工具】选项卡中的 ________ 按钮，将图片恢复至初始状态，然后重新对图片的大小进行调整。

2. 用鼠标右键单击组合的图片或形状，在弹出的快捷菜单中选择 ________ 菜单项，可以取消组合图片或形状。

二、判断题

1. 版式是幻灯片中各种元素的排列组合方式，WPS 演示软件默认提供了 12 种版式。（ ）

2. 在设计演示文稿时，为了使幻灯片更加美观和形象，常常需要用到艺术字功能，插入艺术字后，可以通过改变其样式、大小、位置和字体格式等操作来设置艺术字。（ ）

三、简答题

1. 在 WPS 演示文稿中如何插入图片？

2. 在 WPS 演示文稿中如何插入艺术字？

第9章

设计与制作演示文稿的动画

- 创建和编辑超链接
- 添加音频和视频
- 设计与制作动画
- 设置幻灯片切换动画

本章主要内容

本章主要介绍了创建和编辑超链接、添加音频和视频、设计与制作动画和设置幻灯片切换动画方面的知识与技巧，在本章的最后还针对实际的工作需求，讲解了为演示文稿设计动画的方法。通过本章的学习，读者可以掌握设计与制作演示文稿动画方面的知识，为深入学习WPS奠定基础。

9.1 创建和编辑超链接

为了在放映幻灯片时实现幻灯片的交互，可以通过 WPS 演示提供的超链接、动作、动作按钮和触发器等功能来进行设置。幻灯片之间的交互动画，主要是通过交互式按钮改变幻灯片原有的放映顺序。

9.1.1 链接到指定幻灯片

WPS 演示为用户提供了“超链接”功能，可以将一张幻灯片中的文本框、图片、图形等元素链接到另一张幻灯片，实现幻灯片的快速切换。

操作步骤 Step by Step

第 1 步 选中第 2 张幻灯片的缩略图，选中第 1 个文本框，❶选择【插入】选项卡，❷单击【超链接】按钮，❸在下拉菜单中选择【本文档幻灯片页】选项，如图 9-1 所示。

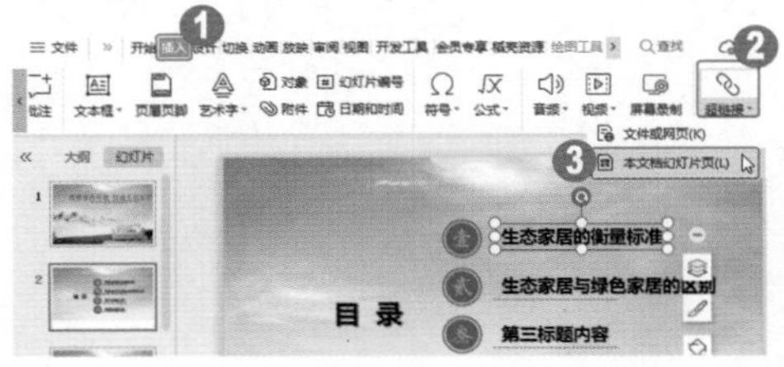

图 9-1

第 2 步 弹出【插入超链接】对话框，❶在【请选择文档中的位置】列表框中选择【4. 点击添加文本】选项，❷单击【确定】按钮，如图 9-2 所示。

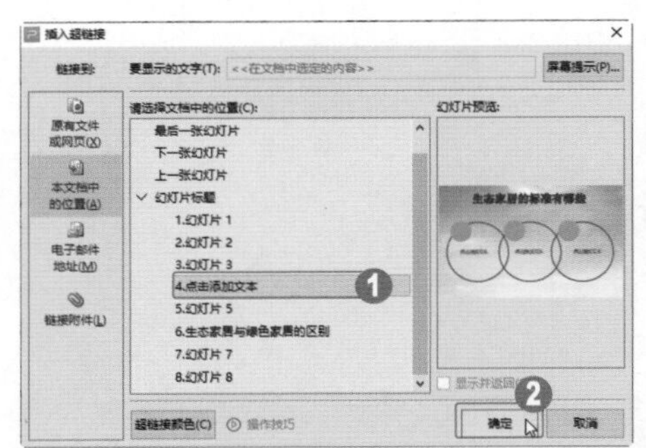

图 9-2

第 3 步 已经为文本框添加了超链接，❶执行【放映】→【从当页开始】命令，如图 9-3 所示。

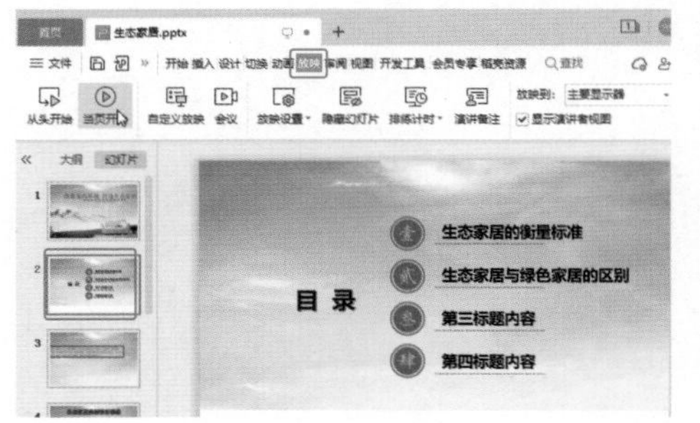

图 9-3

第 4 步 幻灯片进入放映状态，单击设置超链接的文本，如图 9-4 所示。

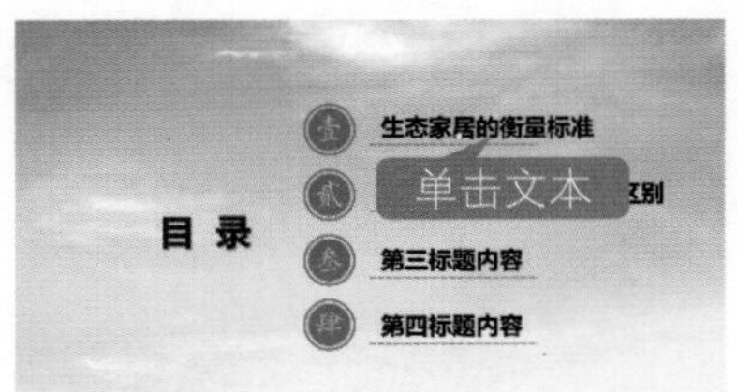

图 9-4

第 5 步 即可立刻切换到第 4 张幻灯片，如图 9–5 所示。

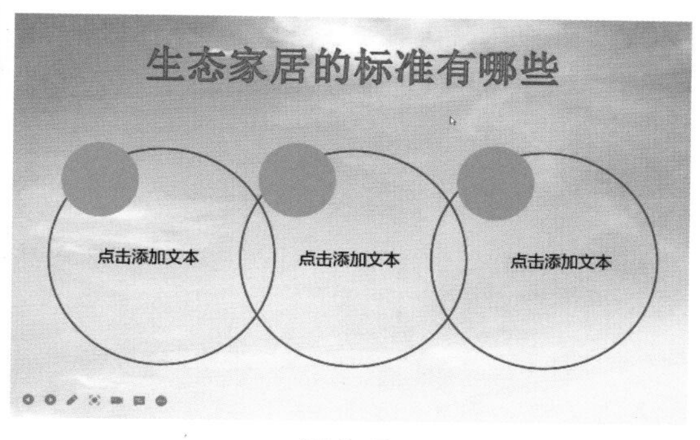

图 9–5

■ 指点迷津

用鼠标右键单击准备添加超链接的对象，在弹出的快捷菜单中选择【超链接】菜单项，同样可以打开【插入超链接】对话框。

9.1.2 链接到其他文件

WPS 演示为用户提供了“插入对象”功能，用户可以根据需要在幻灯片中嵌入 Word 文档、Excel 表格、演示文稿及其他文件等。下面介绍将幻灯片链接到其他文件的操作方法。

操作步骤 Step by Step

第 1 步 选中第 9 张幻灯片，❶选择【插入】选项卡，❷单击【对象】按钮，如图 9–6 所示。

图 9–6

第 2 步 弹出【插入对象】对话框，❶选中【由文件创建】单选按钮，❷单击【浏览】按钮，如图 9–7 所示。

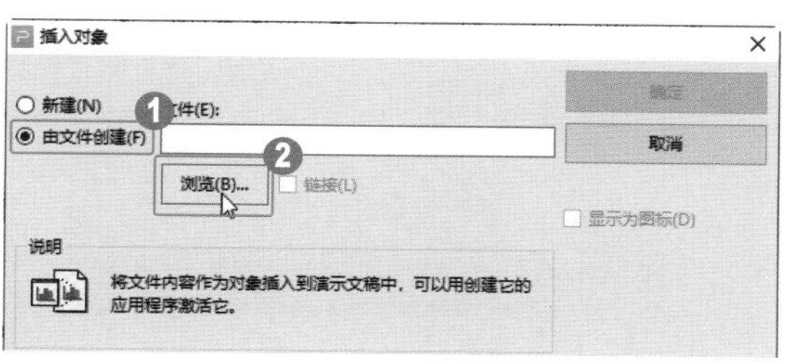

图 9–7

第 3 步 弹出【浏览】对话框，❶选择文件所在位置，❷选中文件，❸单击【打开】按钮，如图 9–8 所示。

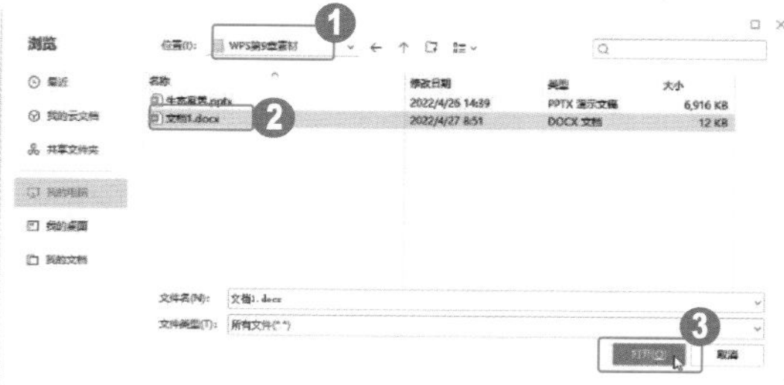

图 9–8

第 4 步 返回【插入对象】对话框，❶勾选【显示为图标】和【链接】复选框，❷单击【确定】按钮，如图 9-9 所示。

图 9-9

第 5 步 此时，文档已经嵌入幻灯片中。通过以上步骤即可完成链接到其他文件的操作，如图 9-10 所示。

图 9-10

9.1.3 添加动作按钮与链接

WPS 演示为用户提供了一系列动作按钮，如【前进】【后退】【开始】【结束】等，可以在放映演示文稿时快速切换幻灯片，控制幻灯片的上下翻页，控制幻灯片中视频、音频等元素的播放。下面介绍在幻灯片中添加动作按钮与链接的操作方法。

操作步骤 Step by Step

第 1 步 选中第 1 张幻灯片，❶选择【插入】选项卡，❷单击【形状】下拉按钮，❸选择【动作按钮：前进或下一项】选项，如图 9-11 所示。

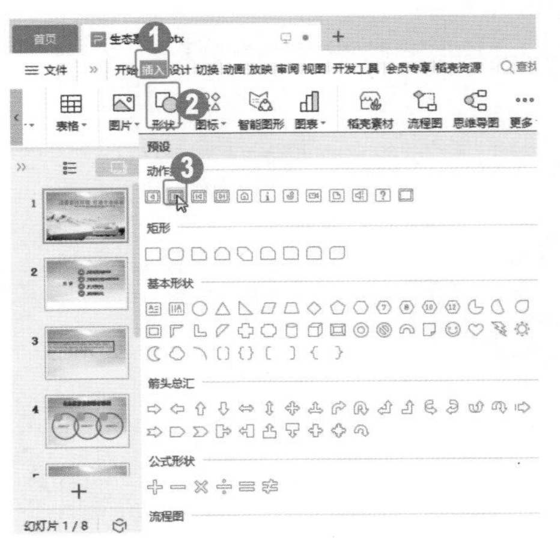

图 9-11

第 2 步 当鼠标指针变为十字形状时，拖动鼠标左键在幻灯片中绘制动作按钮，至合适大小后释放鼠标左键，如图 9-12 所示。

图 9-12

第 3 步 弹出【动作设置】对话框，❶选中【超链接到】单选按钮，❷选择【下一张幻灯片】选项，❸勾选【播放声音】复选框，❹选择【捶打】选项，❺单击【确定】按钮，如图 9-13 所示。

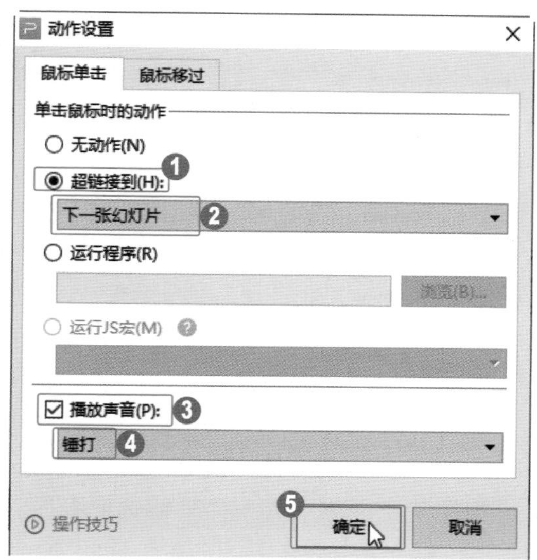

图 9-13

第 5 步 通过以上步骤即可完成为幻灯片添加动作按钮与链接的操作，如图 9-15 所示。

第 4 步 返回到幻灯片，按钮处于被选中状态，自动切换至【绘图工具】选项卡，❶单击【形状样式】下拉按钮，❷在弹出的样式库中选择一种样式，如图 9-14 所示。

图 9-14

图 9-15

9.1.4 课堂范例——为演示文稿添加超链接和动作按钮

用户不仅可以为整个文本框添加超链接，还可以为文本框中的部分文本添加超链接。本范例将为“数据分析培训”演示文稿中的部分文本添加超链接，并为幻灯片添加动作按钮。

<< 扫码获取配套视频课程，本节视频课程播放时长约为 1 分 02 秒。

配套素材路径：配套素材/第9章

素材文件名称：数据分析培训.pptx

操作步骤 Step by Step

第 1 步 打开素材演示文稿，❶选中第 2 张幻灯片缩略图，❷选中“主线”文本，❸选择【插入】选项卡，❹单击【超链接】下拉按钮，❺在下拉菜单中选择【本文档幻灯片页】选项，如图 9-16 所示。

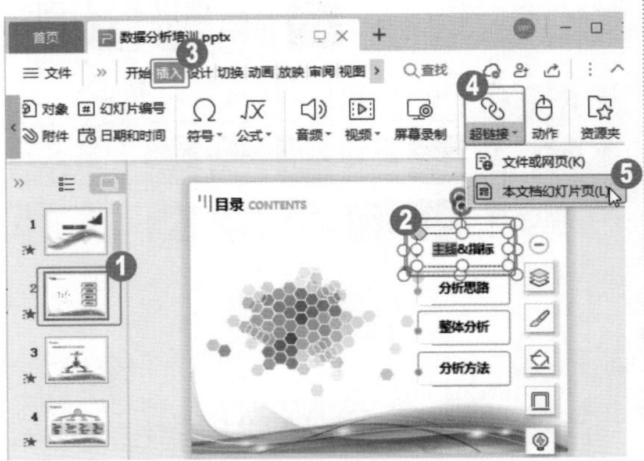

图 9-16

第 2 步 弹出【插入超链接】对话框，❶在【请选择文档中的位置】列表框中选择【下一张幻灯片】选项，❷单击【确定】按钮，如图 9-17 所示。

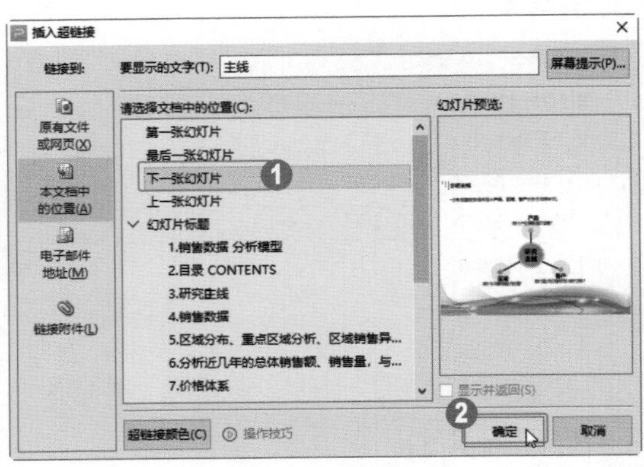

图 9-17

第 3 步 可以看到“主线”文本下方出现下划线，并且文本颜色变为蓝色。通过以上步骤即可完成为文本添加超链接的操作，如图 9-18 所示。

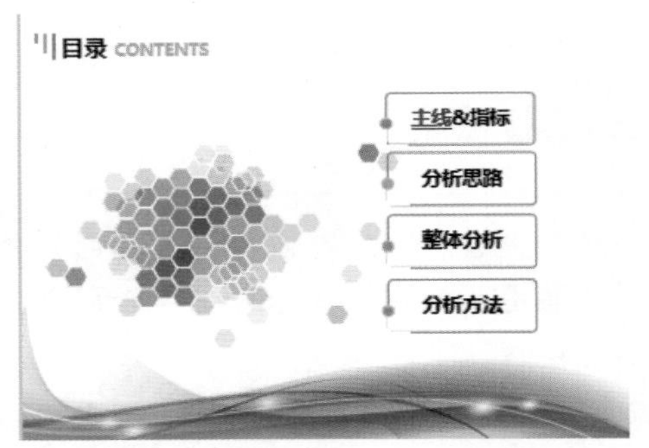

图 9-18

第 4 步 选中第 3 张幻灯片，❶选择【插入】选项卡，❷单击【形状】下拉按钮，❸选择【动作按钮：后退或前一项】选项，如图 9-19 所示。

图 9-19

第 5 步 当鼠标指针变为十字形状时，拖动鼠标左键在幻灯片中绘制动作按钮，至合适大小后释放鼠标左键，如图 9-20 所示。

第 6 步 弹出【动作设置】对话框，按❶~❹设置参数选项，❺单击【确定】按钮即可完成操作，如图 9-21 所示。

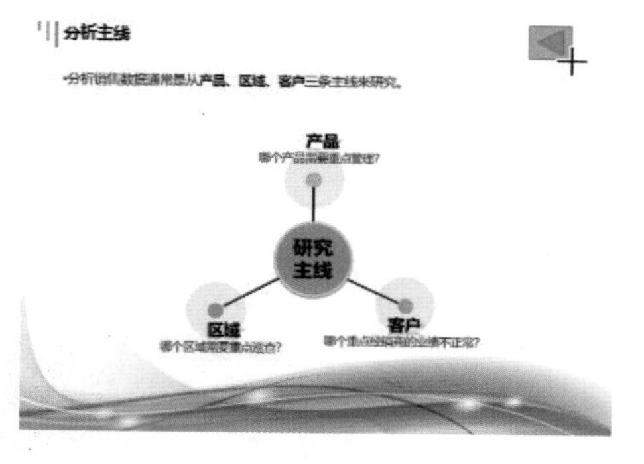

图 9-20

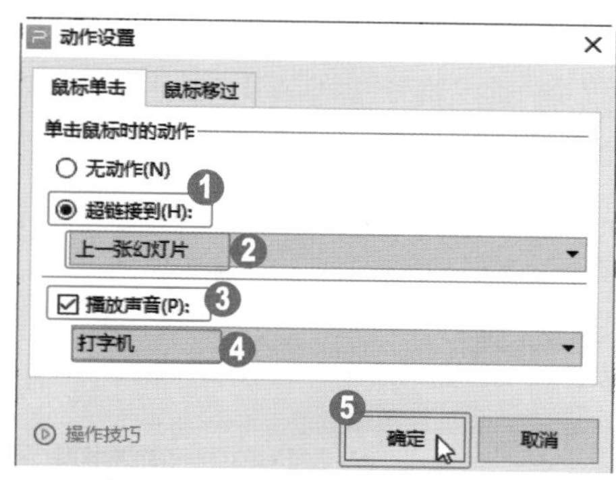

图 9-21

9.2 添加音频和视频

演示文稿并不是一个无声的世界，用户可以在幻灯片中插入解说录音、背景音乐及视频等来介绍幻灯片中的内容，以突出整个演示文稿的气氛。本节将详细介绍在幻灯片中添加音频与视频的相关知识。

9.2.1 插入与设置音频

在幻灯片中插入音频的方法与在幻灯片中插入图片类似。下面介绍在幻灯片中插入音频的方法。

操作步骤 Step by Step

第 1 步 选中第 1 张幻灯片，❶选择【插入】选项卡，❷单击【音频】下拉按钮，❸选择【嵌入音频】选项，如图 9-22 所示。

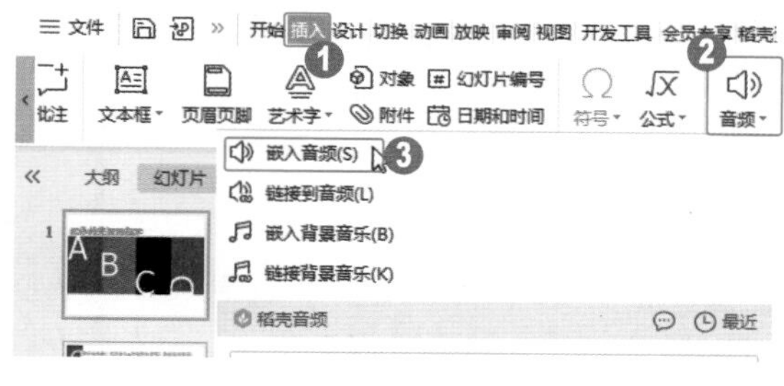

图 9-22

第 2 步 弹出【插入音频】对话框，❶选择音频所在位置，❷选中音频文件，❸单击【打开】按钮，如图 9-23 所示。

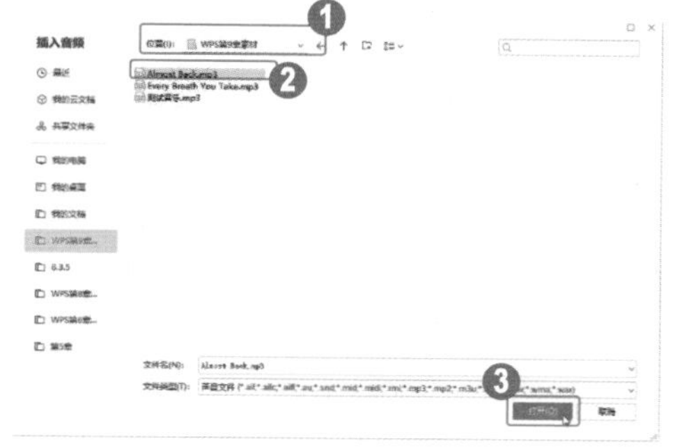

图 9-23

第 3 步 可以看到音频已经插入幻灯片中，❶在【音频工具】选项卡中单击【音量】下拉按钮，❷在下拉菜单中选择【高】选项，如图 9-24 所示。

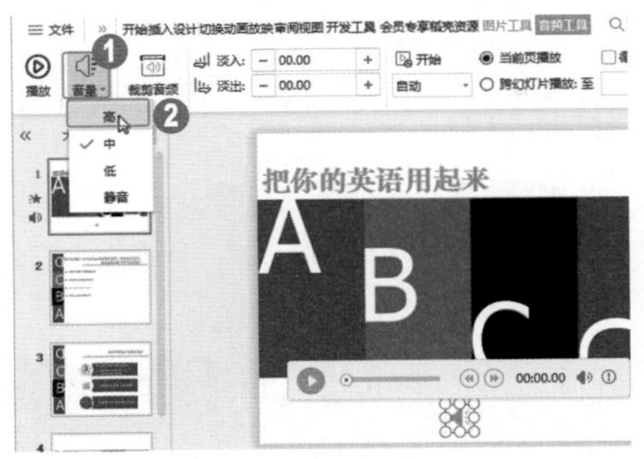

图 9-24

第 4 步 单击【音频工具】选项卡中的【裁剪音频】按钮，如图 9-25 所示。

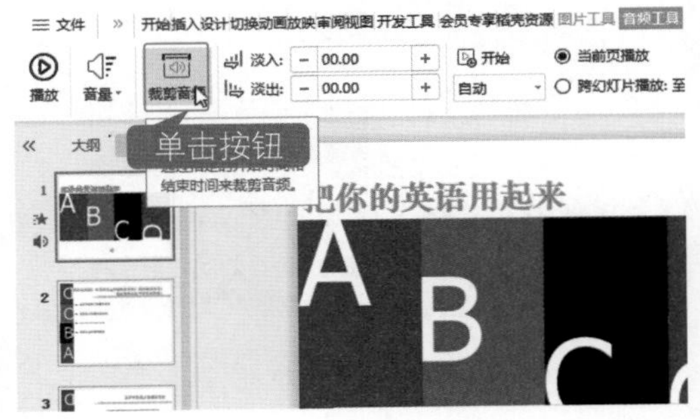

图 9-25

第 5 步 弹出【裁剪音频】对话框，❶在【结束时间】微调框中输入“01:47.15”，❷单击【确定】按钮即可完成设置插入音频的操作，如图 9-26 所示。

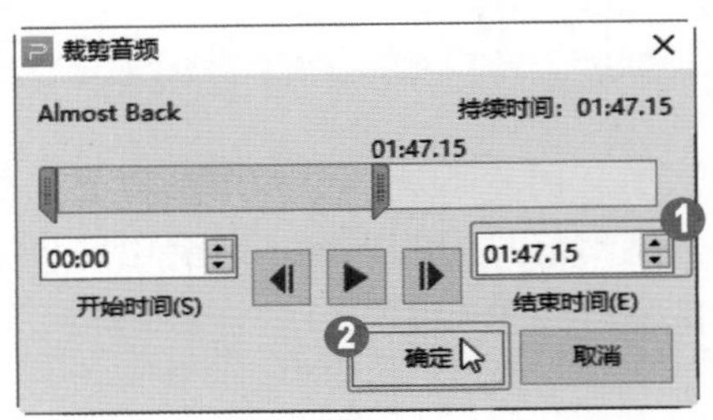

图 9-26

知识拓展

在【裁剪音频】对话框中，除了在【开始时间】和【结束时间】微调框中输入具体数值进行裁剪外，用户还可以拖动其中的绿色滑块，设置音频的开始时间；拖动红色滑块设置音频的结束时间。

9.2.2 插入与设置视频

和插入音频类似，通常在幻灯片中插入的视频都是计算机中的视频文件。下面介绍在幻灯片中插入视频的方法。

操作步骤 Step by Step

第 1 步 选中第 3 张幻灯片，❶选择【插入】选项卡，❷单击【视频】下拉按钮，❸在弹出的下拉菜单中选择【嵌入视频】选项，如图 9-27 所示。

第 2 步 弹出【插入视频】对话框，❶选择视频所在位置，❷选中视频文件，❸单击【打开】按钮，如图 9-28 所示。

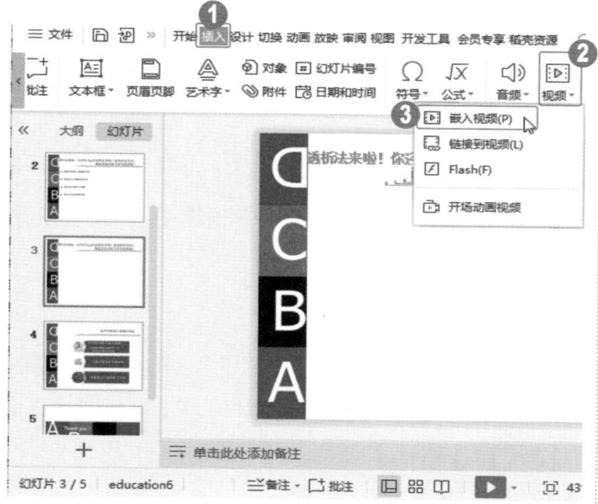

图 9-27

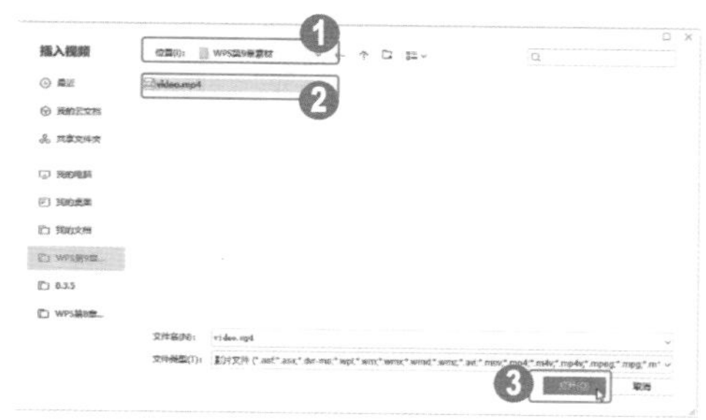

图 9-28

第 3 步 可以看到视频已经插入幻灯片中，在【视频工具】选项卡中单击【裁剪视频】按钮，如图 9-29 所示。

图 9-29

第 4 步 弹出【裁剪视频】对话框，❶在视频进度条中拖动鼠标设置视频的【开始时间】和【结束时间】，❷单击【确定】按钮，如图 9-30 所示。

图 9-30

第 5 步 返回幻灯片中，将鼠标指针移动至视频四周的控制点上，单击并拖动鼠标缩小视频播放界面大小，并移动视频播放界面至合适位置。通过以上步骤即可完成插入与设置视频的操作，如图 9-31 所示。

图 9-31

9.3 设计与制作动画

WPS 演示提供了强大的动画功能。使用带动画效果的幻灯片对象可以使演示文稿更加生动活泼，还可以控制信息演示流程并重点突出最关键的数据，帮助用户制作更具吸引力和说服力的动画效果。

9.3.1 进入动画

“进入动画”可以实现多种对象从无到有、陆续展现的动画效果，主要包括【百叶窗】【擦除】【出现】【飞入】【盒状】【缓慢进入】【阶梯状】【菱形】【轮子】等数十种动画形式，下面以为幻灯片添加【飞入】动画效果为例，介绍进入动画的添加方法。

操作步骤 Step by Step

第 1 步 选中第 1 张幻灯片中的标题文本框，❶选择【动画】选项卡，❷单击【动画窗格】按钮，如图 9-32 所示。

图 9-32

第 2 步 打开【动画窗格】对话框，❶单击【添加效果】下拉按钮，❷选择一种进入效果，如【飞入】，如图 9-33 所示。

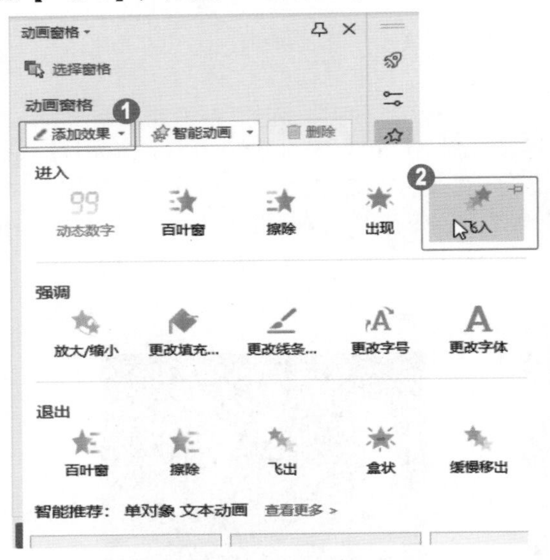

图 9-33

第 3 步 在【方向】下拉列表框中选择【自顶部】选项，如图 9-34 所示。

第 4 步 在【速度】下拉列表框中选择【快速（1 秒）】选项，如图 9-35 所示。

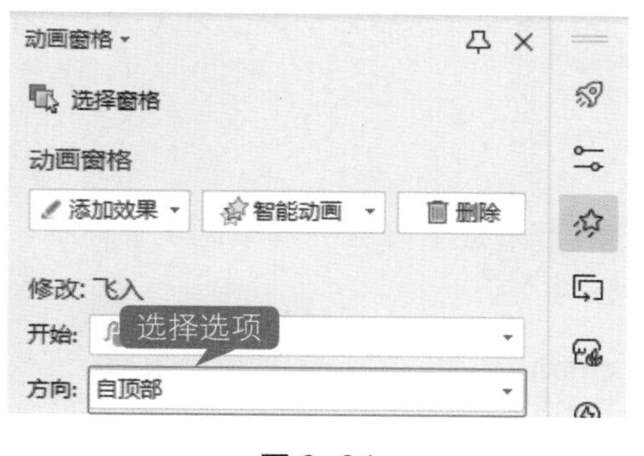

图 9-34

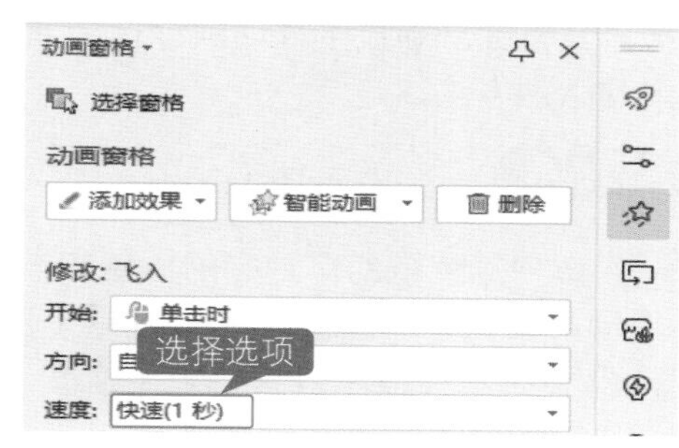

图 9-35

9.3.2 强调动画

“强调动画”是通过放大、缩小、闪烁、陀螺旋等方式突出显示对象和组合的一种动画，主要包括【放大 / 缩小】【变淡】【更改字号】【补色】【跷跷板】等数十种动画形式，下面以为幻灯片添加【陀螺旋】动画效果为例，介绍强调动画的添加方法。

操作步骤 Step by Step

第 1 步 选中第 3 张幻灯片中的图片，❶在【动画窗格】中单击【添加效果】下拉按钮，❷选择一种强调效果，如【陀螺旋】，如图 9-36 所示。

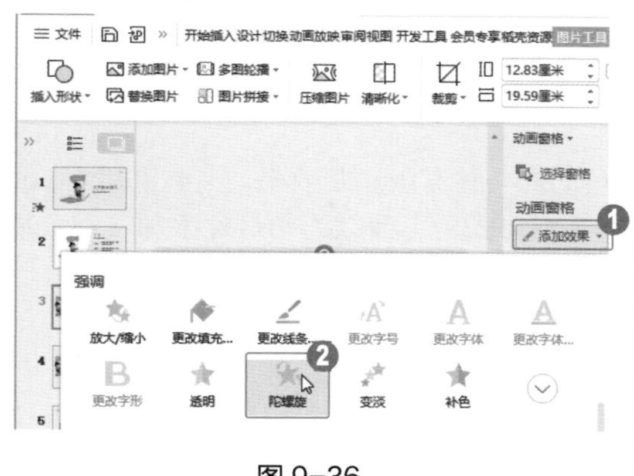

图 9-36

第 2 步 设置【数量】和【速度】选项，如图 9-37 所示。

图 9-37

9.3.3 退出动画

“退出动画”是让对象从有到无、逐渐消失的一种动画效果。“退出动画”实现了画面的连贯过渡，是不可或缺的动画效果，主要包括【棋盘】【层叠】【渐变】【切出】【闪烁一次】【下沉】等数十种动画形式，下面以为幻灯片添加【盒状】动画效果为例，介绍退出动画的添加方法。

操作步骤 Step by Step

第 1 步 选中第 4 张幻灯片中的标题文本框，❶在【动画窗格】中单击【添加效果】下拉按钮，❷选择一种退出效果，如【盒状】，如图 9-38 所示。

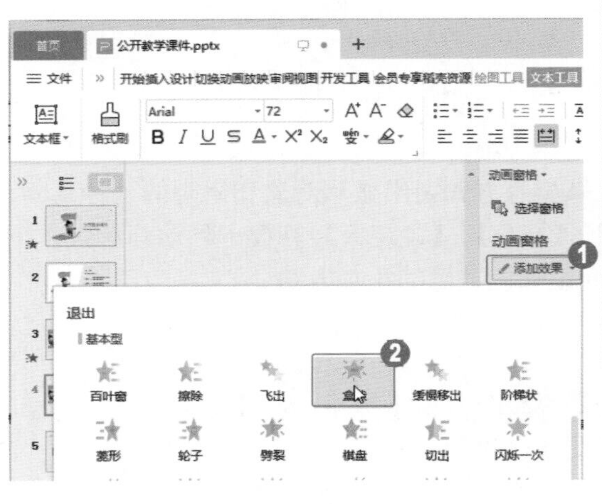

图 9-38

第 2 步 设置【方向】和【速度】选项，如图 9-39 所示。

图 9-39

9.3.4 制作动作路径动画

“动作路径动画”是让对象按照绘制的路径运动的一种高级动画效果，主要包括【直线】【弧形】【六边形】【漏斗】【衰减波】等数十种动画形式，下面以为幻灯片添加【六角星】动画效果为例，介绍动作路径动画的添加方法。

操作步骤 Step by Step

第 1 步 选中第 5 张幻灯片中的文本框，❶在【动画窗格】中单击【添加效果】下拉按钮，❷选择一种动作路径，如【六角星】，如图 9-40 所示。

第 2 步 设置【路径】和【速度】选项，如图 9-41 所示。

图 9-40

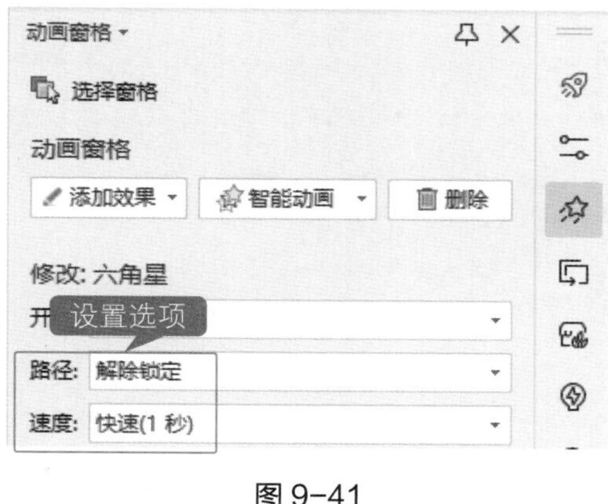

图 9-41

9.3.5 组合动画

除了为对象添加单独的动画效果外，用户还可以为对象添加多个动画效果，且这些动画效果可以一起出现，或先后出现。

操作步骤

Step by Step

第 1 步 选中第 4 张幻灯片中的标题文本框，❶在【动画窗格】中单击【添加效果】下拉按钮，❷选择一种进入效果，如【缓慢进入】，如图 9-42 所示。

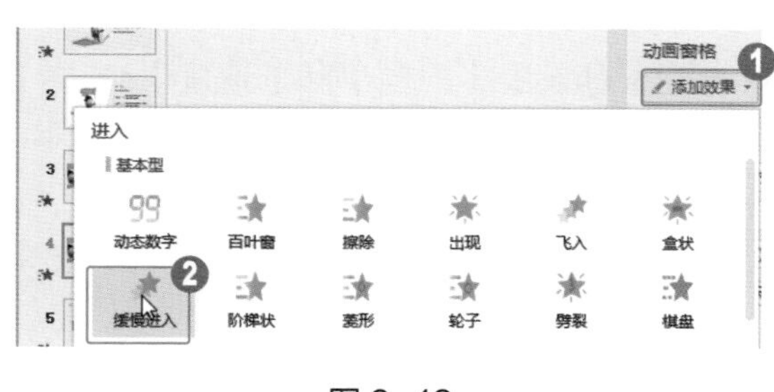

图 9-42

第 2 步 设置【方向】和【速度】选项，如图 9-43 所示。

图 9-43

第 3 步 ❶再次单击【添加效果】下拉按钮，❷选择一种强调效果，如【着色】，如图 9-44 所示。

第 4 步 设置【颜色】和【速度】选项，如图 9-45 所示。

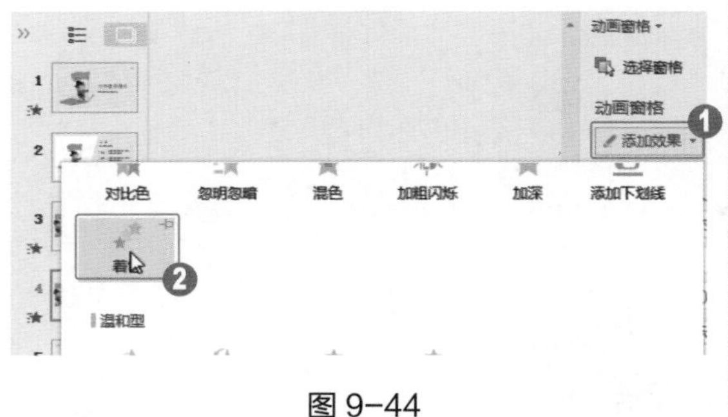

图 9-44

图 9-45

9.3.6 课堂范例——为演示文稿添加动画

本范例将制作为“追逐梦想”演示文稿中的文本框添加多个动画的操作，首先为文本框添加一个【阶梯状】的进入动画，然后再为文本框添加一个【彩色波纹】的强调动画。

<< 扫码获取配套视频课程，本节视频课程播放时长约为 1 分 15 秒。

配套素材路径：配套素材/第9章

素材文件名称：追逐梦想.pptx

操作步骤 Step by Step

第 1 步 打开素材，选中第 1 张幻灯片中的标题文本框，❶在【动画窗格】中单击【添加效果】下拉按钮，❷选择一种进入效果，如【阶梯状】，如图 9-46 所示。

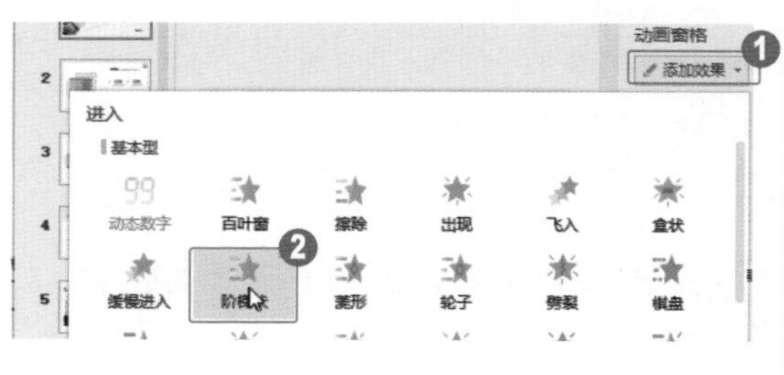

图 9-46

第 2 步 ❶设置【方向】和【速度】选项，❷在列表框中单击【标题 1】右侧的下拉按钮，❸选择【效果选项】选项，如图 9-47 所示。

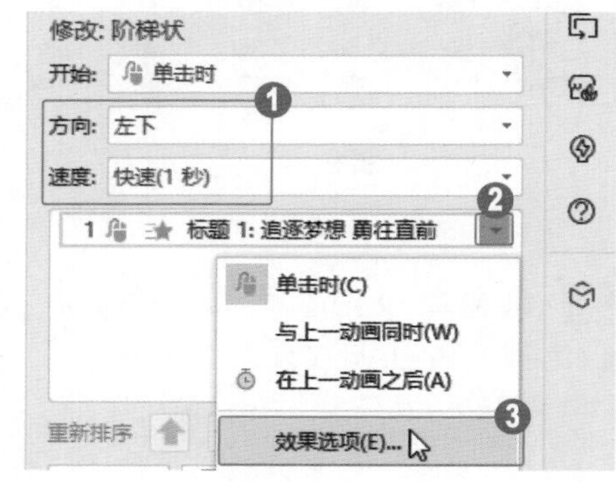

图 9-47

第 3 步 弹出【阶梯状】对话框，❶在【效果】选项卡的【动画文本】下拉列表框中选择【按字母】选项，❷将【字母之间延迟】设置为“20”，❸单击【确定】按钮，如图 9-48 所示。

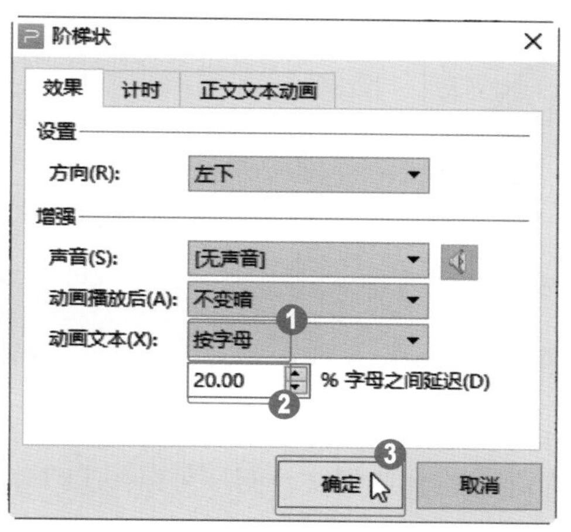

图 9-48

第 4 步 ❶继续单击【添加效果】下拉按钮，❷选择一种强调效果，如【彩色波纹】，如图 9-49 所示。

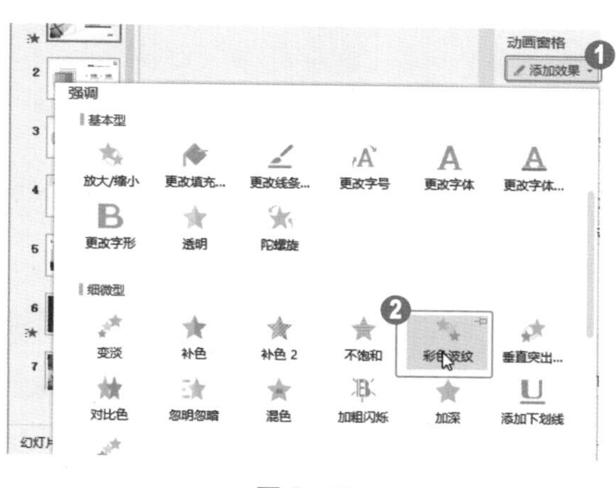

图 9-49

第 5 步 ❶设置【颜色】和【速度】选项，❷在下方下拉列表框中单击第 2 个【标题 1】右侧的下拉按钮，❸在弹出的下拉列表中选择【效果选项】命令，如图 9-50 所示。

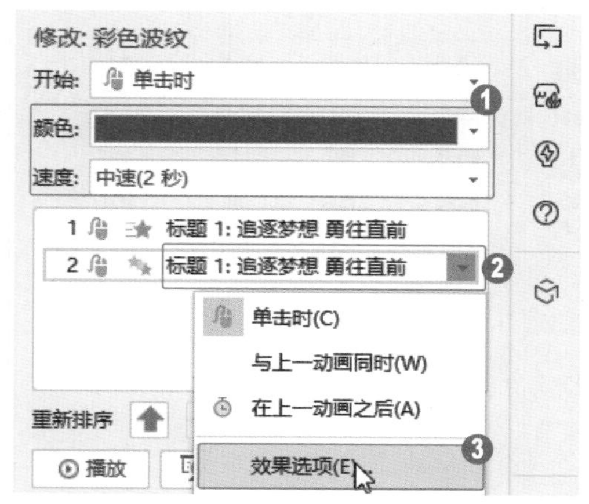

图 9-50

第 6 步 弹出【效果选项】对话框，❶选择【效果】选项卡，❷在【动画文本】下拉列表框中选择【按字母】选项，❸将【字母之间延迟】设置为“40”，❹单击【确定】按钮，如图 9-51 所示。

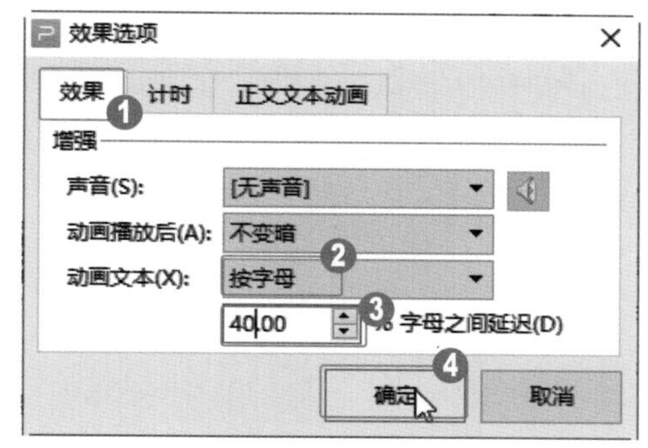

图 9-51

第 7 步 单击【动画窗格】对话框中的【播放】按钮查看制作的动画效果，如图 9-52 所示。

图 9-52

9.4 设置幻灯片切换动画

页面切换动画是指在幻灯片放映过程中从一张幻灯片切换到下一张幻灯片时出现的动画效果。添加页面切换动画不仅可以轻松实现画面之间的自然切换，而且可以使 PPT 真正动起来。本节主要介绍设置幻灯片切换动画的相关知识。

9.4.1 页面切换效果的类型

WPS 演示提供了 21 种幻灯片切换效果，包括【无切换】【平滑】【淡出】【切出】【擦除】【形状】【溶解】【新闻快报】【轮辐】【百叶窗】【梳理】【抽出】【分割】【线条】【棋盘】【推出】【插入】【立方体】【框】【飞机】【随机】，如图 9-53 所示。

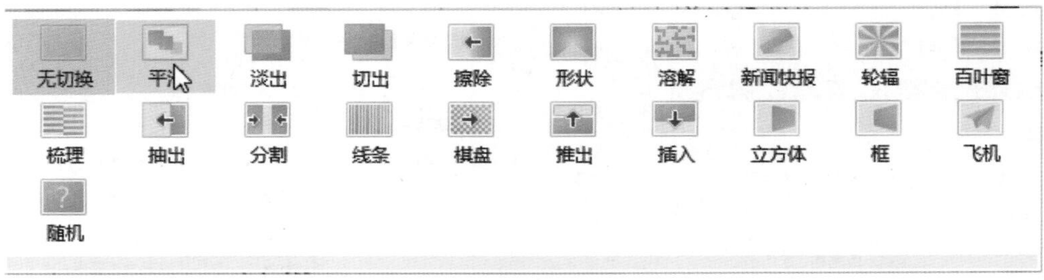

图 9-53

9.4.2 设置页面切换效果

普通的两张幻灯片之间没有设置切换动画，但在制作演示文稿的过程中，用户可根据需要添加切换动画，这样可以提升演示文稿的吸引力。

操作步骤 Step by Step

第 1 步 选择第 2 张幻灯片，❶选择【切换】选项卡，❷单击【效果】下拉按钮，❸在弹出的效果样式中选择【梳理】选项，如图 9-54 所示。

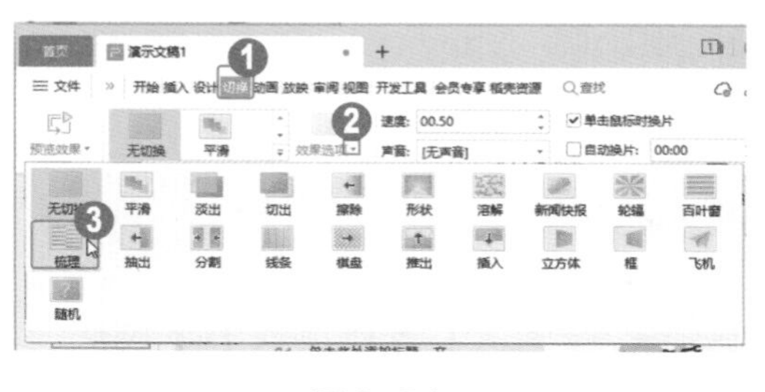

图 9-54

第 2 步 单击【预览效果】按钮，预览添加的【梳理】效果，如图 9-55 所示。

图 9-55

9.4.3 设置页面换片方式

为幻灯片页面应用切换效果后，用户还可以设置换片方式，选择幻灯片，在【切换】选项卡下勾选【单击鼠标时换片】和【自动换片】复选框，在后面的微调框中输入换片时间，单击【应用到全部】按钮即可完成设置页面换片方式的操作，如图 9-56 所示。

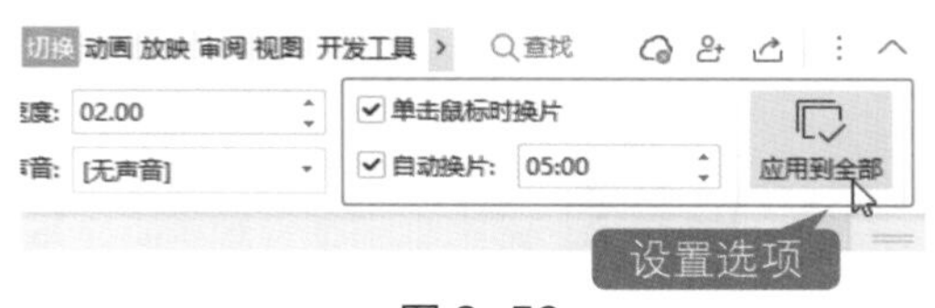

图 9-56

9.4.4 编辑切换速度和声音

除了设置切换方式外，用户还可以为幻灯片添加适合场景的切换声音以及切换速度。选择幻灯片，在【切换】选项卡的【速度】微调框中输入数值，单击【声音】下拉按钮，选择一种声音效果即可完成设置切换速度和声音的操作，如图 9-57 所示。

图 9-57

9.4.5 课堂范例——为幻灯片添加页面切换动画

本范例将制作为“年终总结”演示文稿中的幻灯片添加切换效果的操作。首先为第 1 张幻灯片添加一个【形状】切换动画，然后再为该动画设置具体选项，并将其应用到全部幻灯片。

<< 扫码获取配套视频课程，本节视频课程播放时长约为 30 秒。

配套素材路径：配套素材/第9章

素材文件名称：年终总结.pptx

操作步骤 Step by Step

第 1 步 打开素材，选择第 1 张幻灯片，❶选择【切换】选项卡，❷单击【效果选项】下拉按钮，❸选择【形状】选项，如图 9-58 所示。

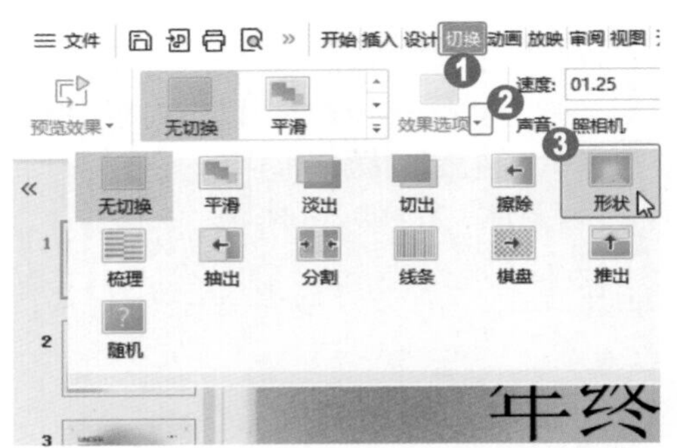

图 9-58

第 3 步 ❶在【切换】选项卡的【速度】微调框中输入数值，❷单击【声音】下拉按钮，选择一种声音效果，❸勾选【单击鼠标时换片】复选框，❹单击【应用到全部】按钮，如图 9-60 所示。

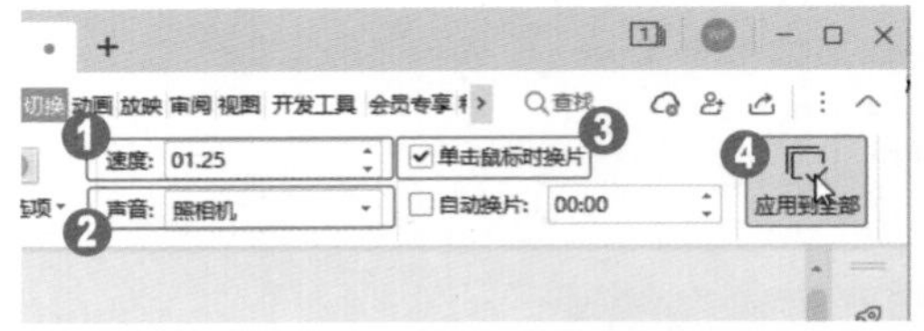

图 9-60

第 2 步 ❶单击【效果选项】下拉按钮，❷在下拉菜单中选择【圆形】选项，如图 9-59 所示。

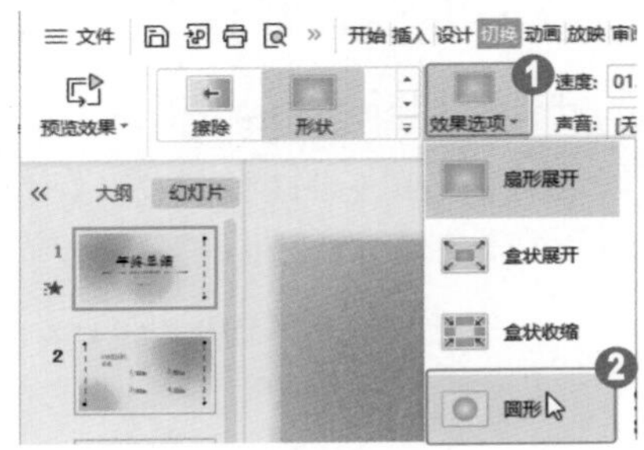

图 9-59

第 4 步 可以看到所有幻灯片缩略图左侧都添加了星号标志，表示每张幻灯片都应用了刚刚设置的换片效果，如图 9-61 所示。

图 9-61

9.5 实战课堂——为演示文稿设计动画

本案例将制作为“医院培训”演示文稿中的目录页添加超链接、添加动作按钮、添加切换动画以及插入视频等操作，是综合应用本章知识点的一个案例。

<< 扫码获取配套视频课程，本节视频课程播放时长约为 2 分 19 秒。

配套素材路径：配套素材/第9章

素材文件名称：医院培训.pptx

9.5.1 为目录页添加超链接

本小节的主要内容有为第 2 张幻灯片中的文本框添加超链接，链接到演示文稿的其他幻灯片中。

操作步骤 Step by Step

第 1 步 打开素材，选中第 2 张幻灯片，选中第 1 个文本框中的文本，❶选择【插入】选项卡，❷单击【超链接】按钮，❸选择【本文档幻灯片页】选项，如图 9-62 所示。

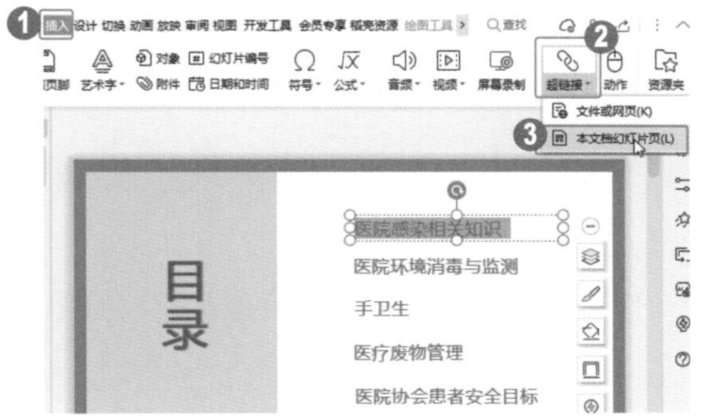

图 9-62

第 2 步 弹出【编辑超链接】对话框，❶在【请选择文档中的位置】列表框中选择【下一张幻灯片】选项，❷单击【超链接颜色】按钮，如图 9-63 所示。

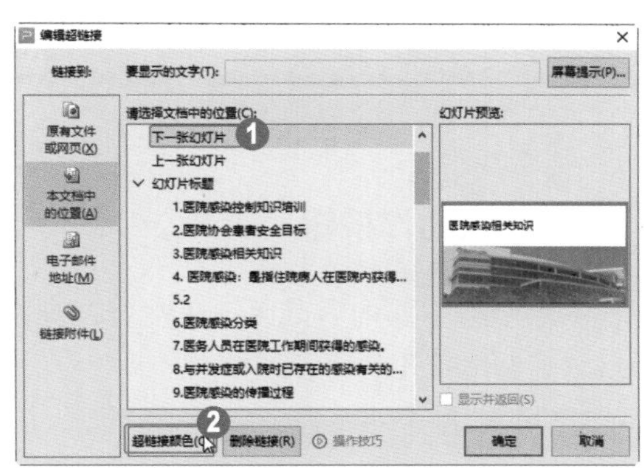

图 9-63

第 3 步 弹出【超链接颜色】对话框，❶设置【颜色】和【下划线】选项，❷单击【应用到全部】按钮，如图 9-64 所示。

第 4 步 返回【编辑超链接】对话框，单击【确定】按钮，如图 9-65 所示。

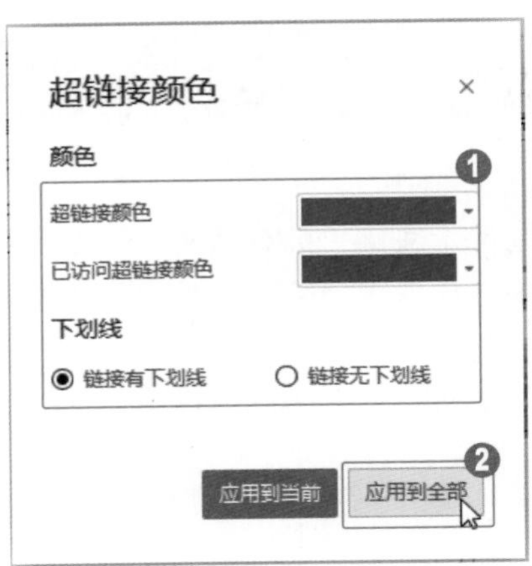

图 9-64

第 5 步 可以看到第 1 个文本框中的文本已经添加了下划线，表示已经添加了超链接，如图 9-66 所示。

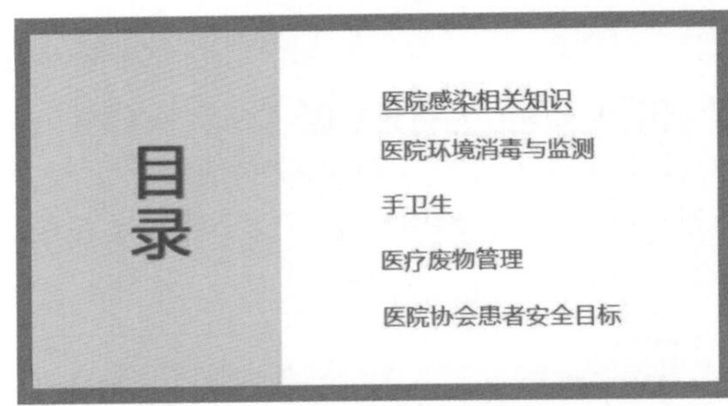

图 9-66

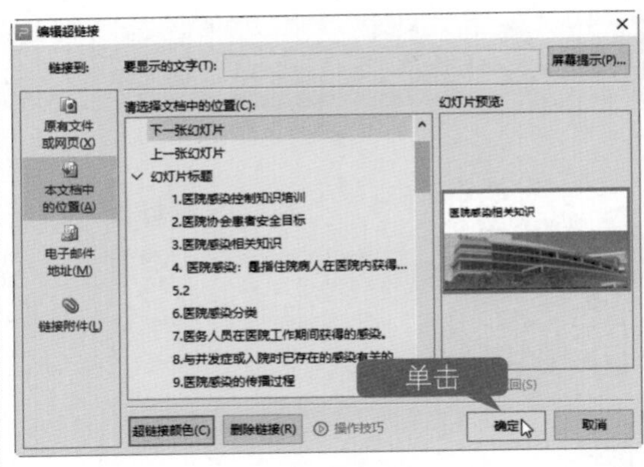

图 9-65

第 6 步 使用相同方法为其他文本添加超链接，如图 9-67 所示。

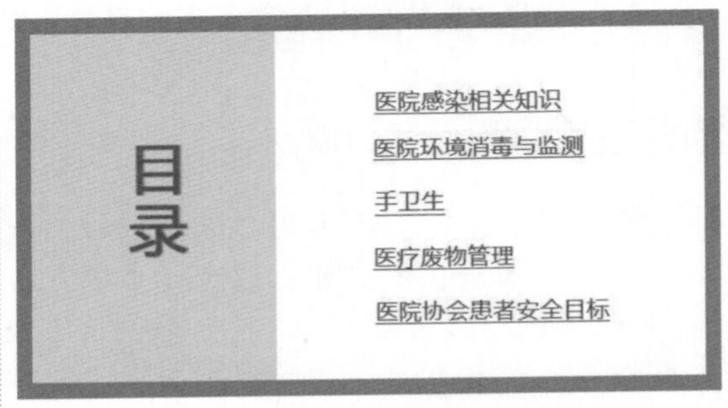

图 9-67

9.5.2 添加动作按钮

本小节的主要内容是为第 13 张幻灯片添加动作按钮，当单击该按钮时使其返回到第 2 张目录页幻灯片中。

操作步骤 Step by Step

第 1 步 选中第 13 张幻灯片，❶选择【插入】选项卡，❷单击【形状】下拉按钮，❸选择【动作按钮: 后退或前一项】选项，如图 9-68 所示。

第 2 步 当鼠标指针变为十字形状时，拖动鼠标左键在幻灯片中绘制动作按钮，至合适大小释放鼠标左键，如图 9-69 所示。

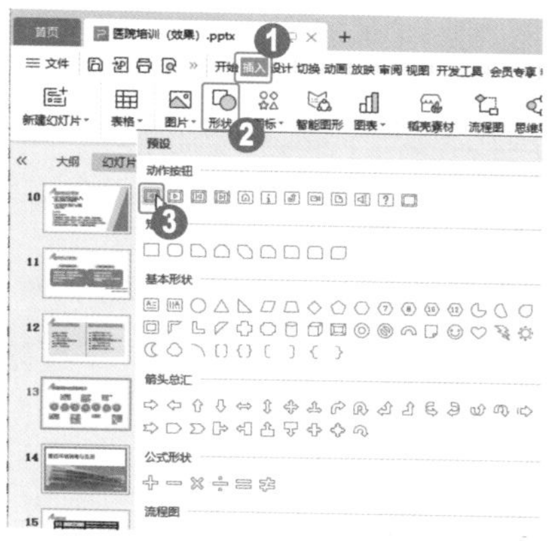

图 9-68

第 3 步 弹出【动作设置】对话框，❶选中【超链接到】单选按钮，❷选择【幻灯片】选项，如图 9-70 所示。

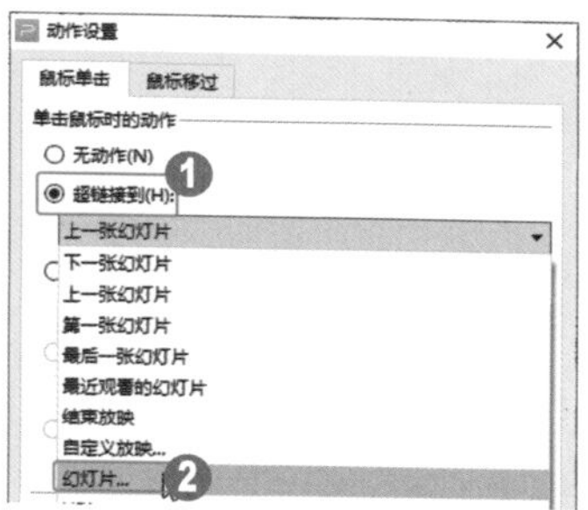

图 9-70

第 5 步 返回【动作设置】对话框，❶勾选【播放声音】复选框，❷选择【单击】选项，❸单击【确定】按钮，如图 9-72 所示。

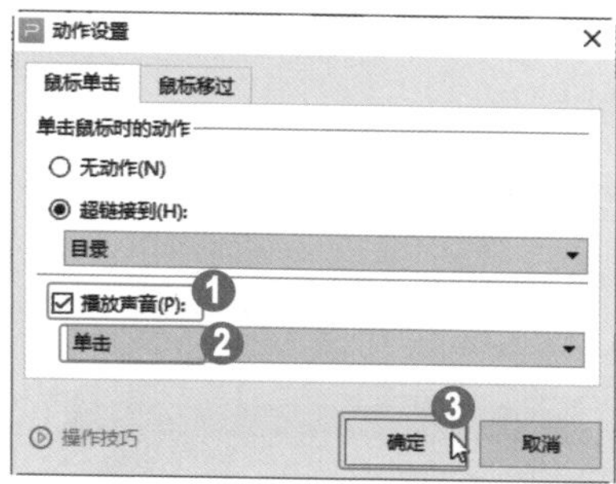

图 9-72

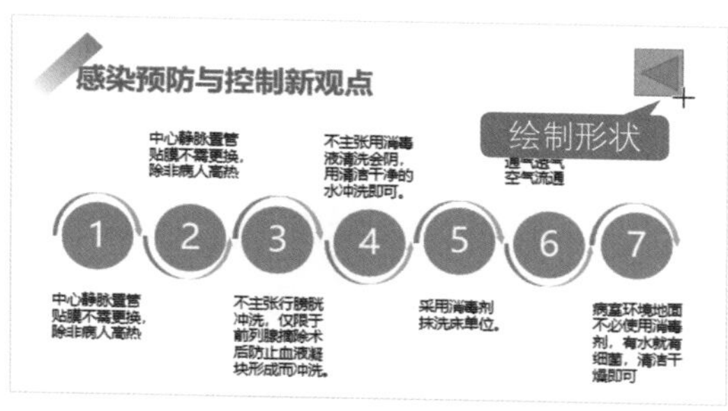

图 9-69

第 4 步 弹出【超链接到幻灯片】对话框，❶选择列表框中的【2. 目录】选项，❷单击【确定】按钮，如图 9-71 所示。

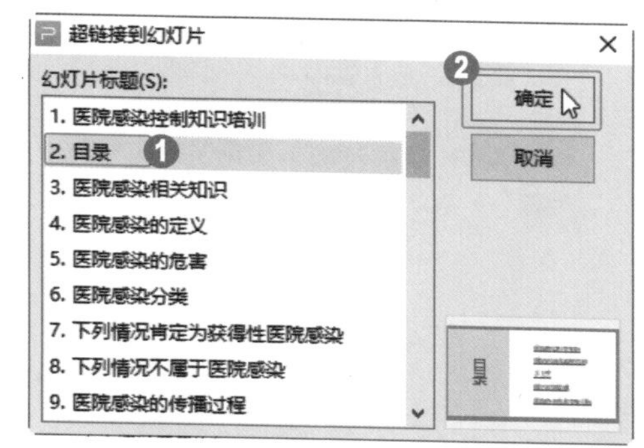

图 9-71

第 6 步 返回到幻灯片中，可以看到已经插入了动作按钮，选中该按钮，在【绘图工具】选项卡中单击【填充】下拉按钮，选择【取色器】选项，如图 9-73 所示。

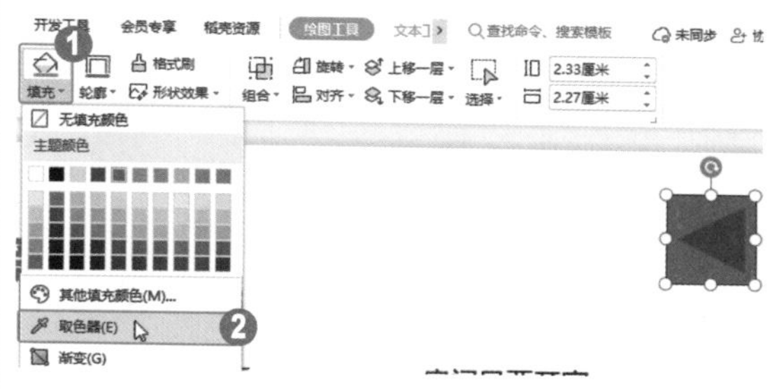

图 9-73

第 7 步 当鼠标指针变为吸管形状时，在幻灯片中单击鼠标吸取颜色即可，如图 9–74 所示。

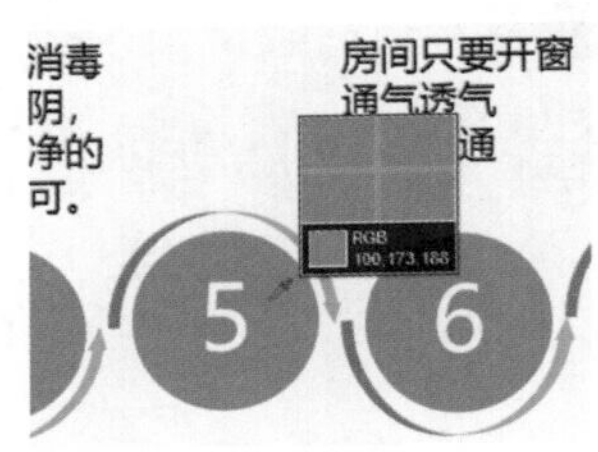

图 9–74

第 9 步 最终动作按钮效果如图 9–76 所示。

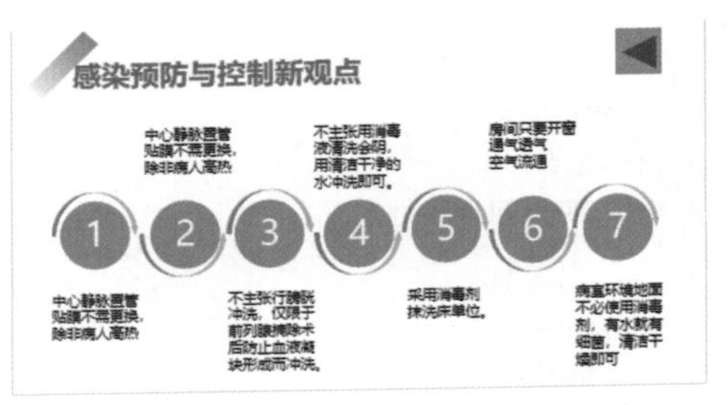

图 9–76

第 8 步 ❶在【绘图工具】选项卡中单击【轮廓】下拉按钮，❷选择【无边框颜色】选项，如图 9–75 所示。

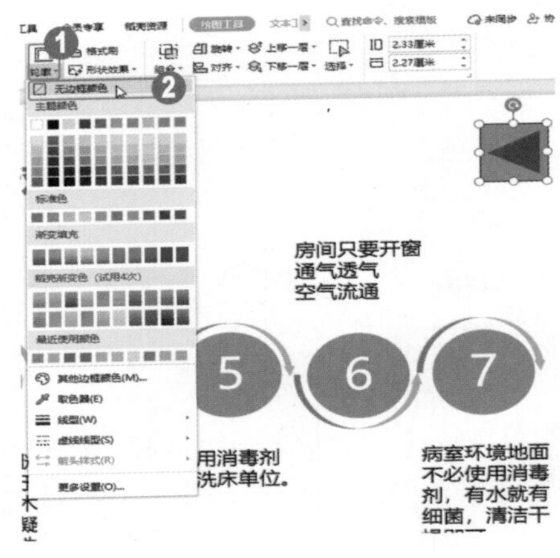

图 9–75

9.5.3 为幻灯片添加切换动画

本小节的主要内容是为第 1 张幻灯片添加【飞机】切换动画，并将该动画应用到所有幻灯片中。

操作步骤

Step by Step

第 1 步 选中第 1 张幻灯片，❶选择【切换】选项卡，❷单击【效果】下拉按钮，❸选择【飞机】选项，如图 9–77 所示。

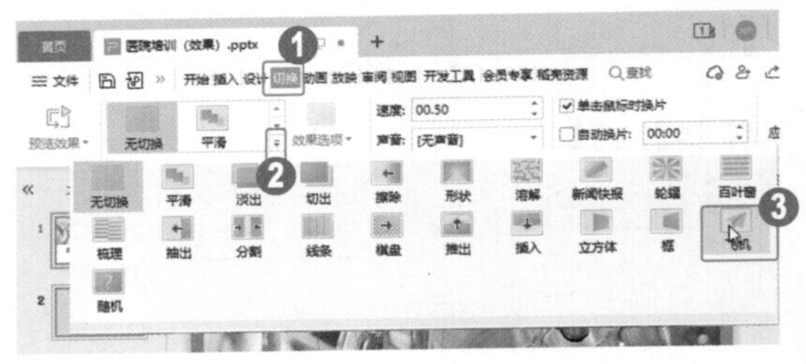

图 9–77

第 2 步 ❶在【切换】选项卡中设置【速度】和【声音】选项，❷勾选【单击鼠标时换片】复选框，❸单击【应用到全部】按钮，如图 9–78 所示。

图 9–78

9.5.4 为幻灯片插入视频

本小节的主要内容是为第 1 张幻灯片插入视频，链接到演示文稿的其他幻灯片中。

操作步骤

Step by Step

第 1 步 选中最后一张幻灯片，❶选择【插入】选项卡，❷单击【视频】下拉按钮，❸在弹出的下拉列表中选择【嵌入视频】选项，如图 9-79 所示。

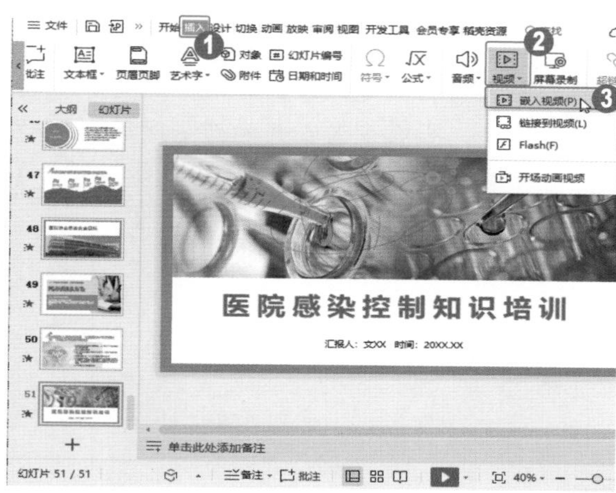

图 9-79

第 2 步 弹出【插入视频】对话框，❶选择视频所在位置，❷选中视频文件，❸单击【打开】按钮，如图 9-80 所示。

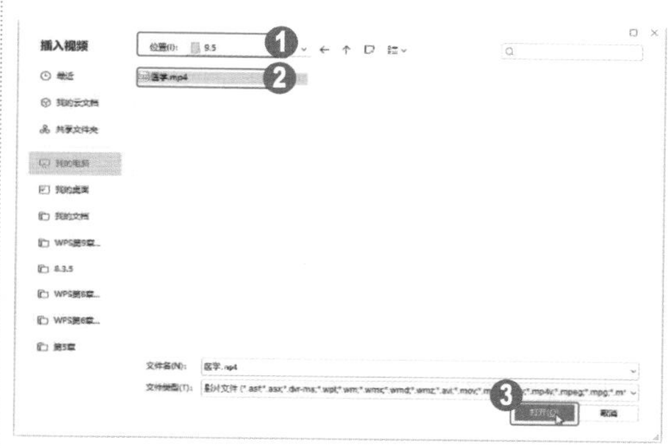

图 9-80

第 3 步 可以看到视频已经插入幻灯片中。通过以上步骤即可完成为幻灯片插入视频的操作，如图 9-81 所示。

图 9-81

9.6 思考与练习

通过本章的学习，读者可以掌握设计与制作演示文稿动画的基础知识以及一些常见的操作方法，在本节中将针对本章知识点，有目的地进行相关知识测试，以达到巩固与提高的目的。

一、填空题

1. 为了在放映幻灯片时实现幻灯片的交互，可以通过 WPS 演示提供的________、动作、________和触发器等功能来进行设置。幻灯片之间的交互动画，主要是通过交互式按钮，改变幻灯片原有的放映顺序。

2. WPS 演示为用户提供了“插入对象”功能，用户可以根据需要在幻灯片中嵌入 Word 文档、________、演示文稿以及其他文件等。

二、判断题

1. 除了执行【插入】→【超链接】命令外，鼠标右键单击准备添加超链接的对象，在弹出的快捷菜单中选择【超链接】菜单项，同样可以打开【插入超链接】对话框。（　）

2. 在【裁剪音频】对话框中，拖动其中的绿色滑块，可以设置音频的开始时间；拖动红色滑块可以设置音频的结束时间。（　）

三、简答题

1. 在 WPS 演示文稿中如何插入音频文件？
2. 在 WPS 演示文稿中如何为幻灯片插入动作按钮？

第10章

放映与输出演示文稿

- 放映演示文稿
- 输出演示文稿

本章主要内容

本章主要介绍了放映演示文稿和输出演示文稿方面的知识与技巧，在本章的最后还针对实际的工作需求，讲解了设置论文答辩PPT放映的方法。通过本章的学习，读者可以掌握放映与输出演示文稿方面的知识，为深入学习WPS奠定基础。

10.1 放映演示文稿

制作演示文稿的最终目的就是将演示文稿中的幻灯片都放映出来，PPT 演示文稿制作完成后，有的由演讲者播放，有的让观众自行播放，这需要通过设置放映方式来进行控制。本节将介绍放映演示文稿的相关知识。

10.1.1 自定义演示

在放映演示文稿时，可能只需要放映演示文稿中的部分幻灯片，此时可通过设置幻灯片的自定义演示来实现，下面介绍设置自定义演示的方法。

操作步骤 Step by Step

第 1 步 打开演示文稿，❶选择【放映】选项卡，❷单击【自定义放映】按钮，如图 10-1 所示。

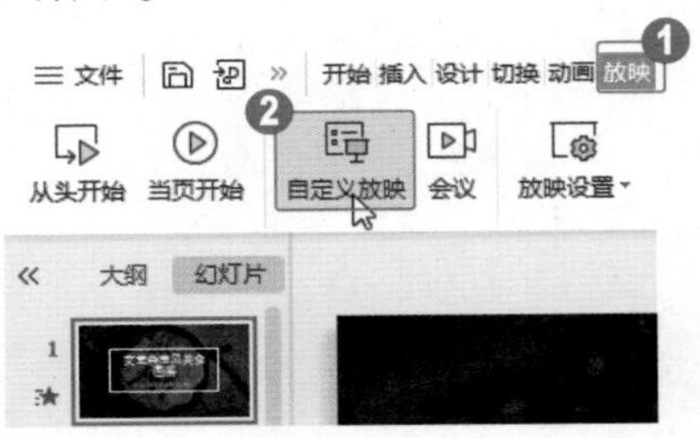

图 10-1

第 2 步 弹出【自定义放映】对话框，单击【新建】按钮，如图 10-2 所示。

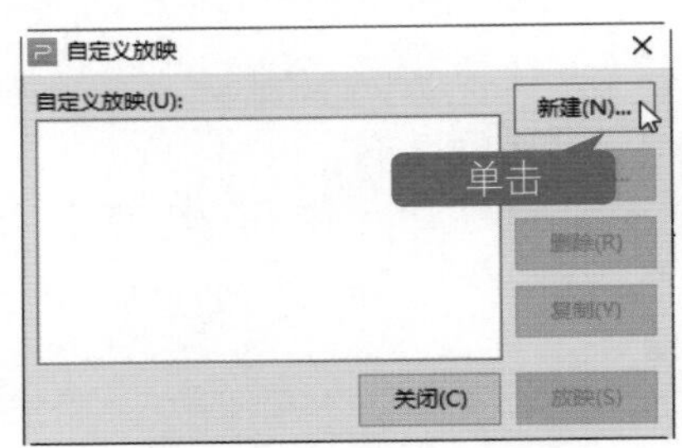

图 10-2

第 3 步 弹出【定义自定义放映】对话框，❶在左侧列表框中选择幻灯片，❷单击【添加】按钮，❸在右侧列表框中即可显示选中的幻灯片，❹单击【确定】按钮，如图 10-3 所示。

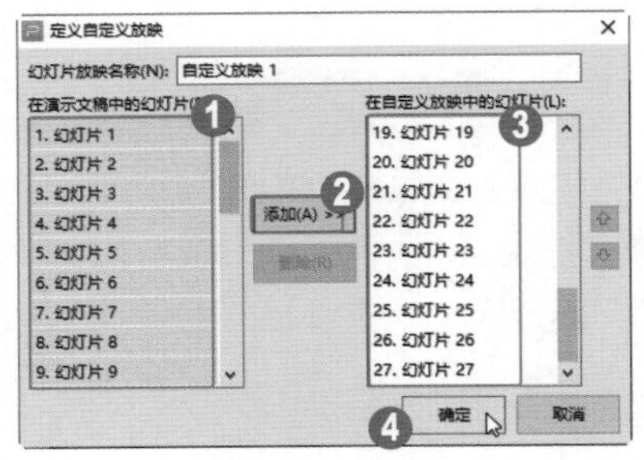

图 10-3

第 4 步 返回【自定义放映】对话框，已经创建了名为“自定义放映 1”的放映文件，单击【放映】按钮即可开始放映，如图 10-4 所示。

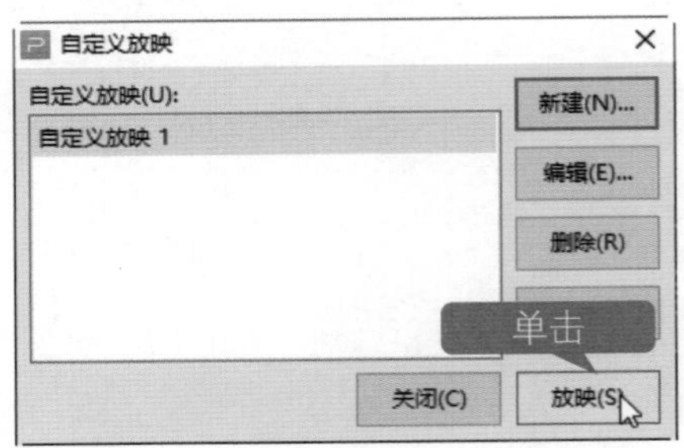

图 10-4

10.1.2 设置放映方式

设置幻灯片放映方式主要包括放映类型、放映幻灯片的数量、换片方式和是否循环放映等，下面介绍设置放映方式的方法。

操作步骤 Step by Step

第 1 步 打开演示文稿，❶选择【放映】选项卡，❷单击【放映设置】按钮，❸选择【放映设置】选项，如图 10-5 所示。

图 10-5

第 2 步 弹出【设置放映方式】对话框，❶勾选【循环放映，按 Esc 键终止】复选框，❷选中【自定义放映】单选按钮，❸选中【手动】单选按钮，❹单击【确定】按钮即可完成放映方式的设置，图 10-6 所示。

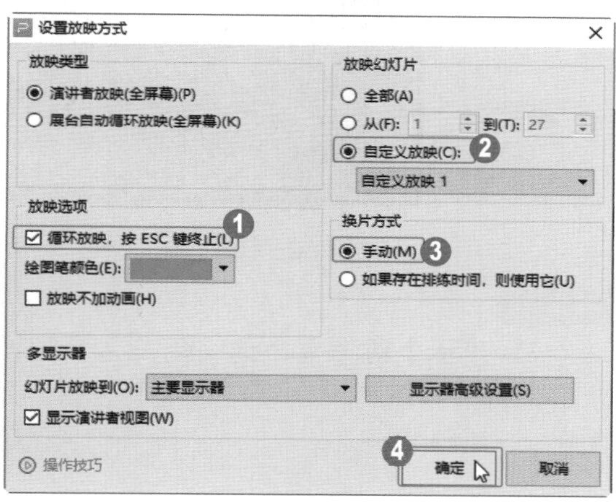

图 10-6

知识拓展

幻灯片的放映类型包括：演讲者放映（全屏幕），便于演讲者演讲，演讲者对幻灯片具有完整的控制权，可以手动切换幻灯片和动画；在展台浏览（全屏幕），这种类型将全屏模式放映幻灯片，并且循环放映，不能单击鼠标手动演示幻灯片，通常用于展览会场或会议中自动播放的幻灯片演示场合中。

10.1.3 设置排练计时

如果用户想要控制演示文稿的放映时间，可以为演示文稿设置排练计时。下面介绍设置排练计时的方法。

操作步骤 Step by Step

第 1 步 打开演示文稿，❶选择【放映】选项卡，❷单击【排练计时】下拉按钮，❸在下拉菜单中选择【排练当前页】选项，如图 10-7 所示。

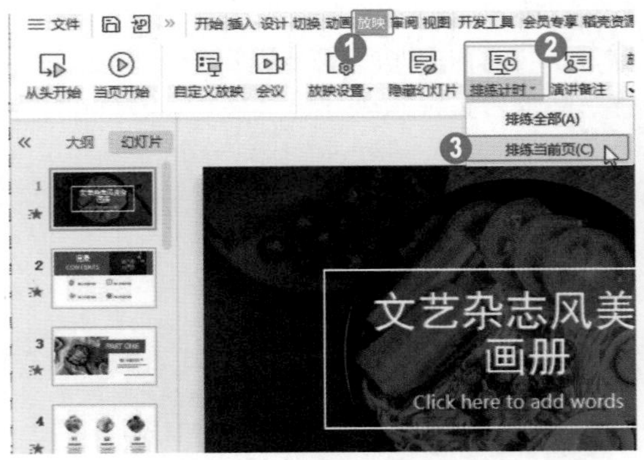

图 10-7

第 2 步 演示文稿自动进入放映状态，左上角会显示【预演】工具栏，中间时间代表当前幻灯片页面放映所需时间，右边时间代表放映所有幻灯片累计所需时间，如图 10-8 所示。

图 10-8

第 3 步 幻灯片播完后单击鼠标左键，会出现【WPS 演示】对话框，询问用户是否保留新的幻灯片排练时间，单击【是】按钮，如图 10-9 所示。

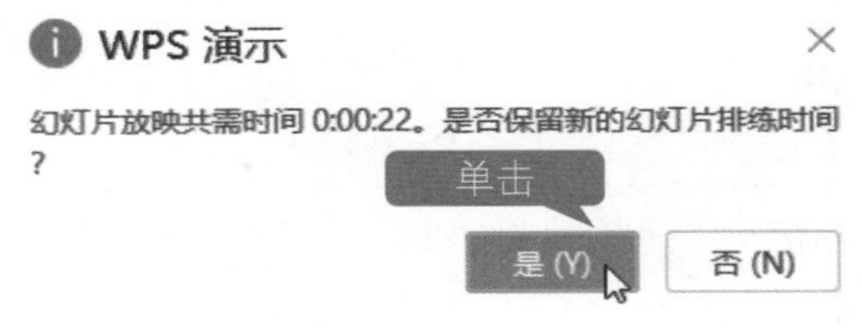

图 10-9

第 4 步 返回至演示文稿，自动进入幻灯片浏览模式，可以看到第 1 张幻灯片放映所需的时间，如图 10-10 所示。

图 10-10

10.1.4 对重点内容进行标记

在演讲的过程中，如果用户需要对重点内容进行标记，可以使用“墨迹画笔”功能。下面介绍对重点内容进行标记的方法。

操作步骤 Step by Step

第 1 步 选择第 4 张幻灯片，❶选择【放映】选项卡，❷单击【排练计时】下拉按钮，❸选择【排练当前页】选项，如图 10-11 所示。

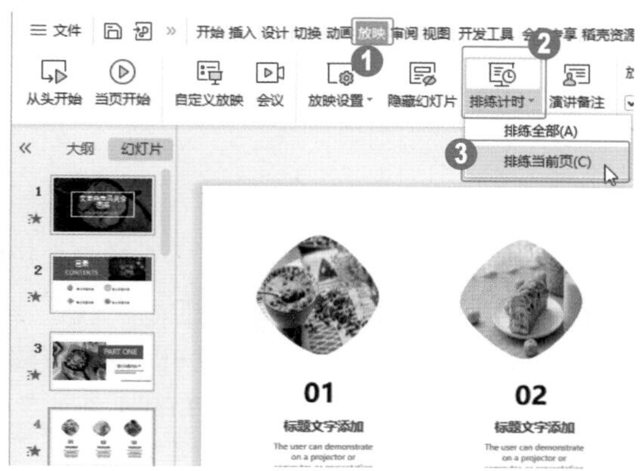

图 10-11

第 2 步 演示文稿从第 4 张幻灯片开始放映，用鼠标右键单击幻灯片，在弹出的快捷菜单中选择【墨迹画笔】→【荧光笔】菜单项，如图 10-12 所示。

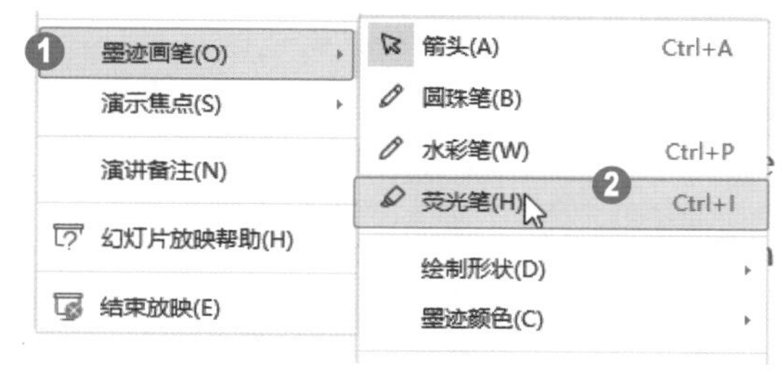

图 10-12

第 3 步 当鼠标指针变为黄色方块时，按住鼠标左键不放，拖动鼠标即可在需要标记的内容上进行标记，❶标记完成后单击【更多选项】按钮，❷选择【结束放映】选项，如图 10-13 所示。

图 10-13

第 4 步 弹出对话框，单击【保留】按钮，如图 10-14 所示。

图 10-14

第 5 步 返回到幻灯片普通视图，即可看到已经保留的注释，如图 10-15 所示。

图 10-15

10.1.5 课堂范例——将演示文稿保存为自动播放的文件

演示文稿制作完成后，用户可以将其保存为自动播放的文件，只需在保存时选择对应的后缀文件即可。下面详细介绍将演示文稿保存为自动播放文件的方法。

<< 扫码获取配套视频课程，本节视频课程播放时长约为 20 秒。

配套素材路径：配套素材/第10章

素材文件名称：餐饮品牌推广.pptx

操作步骤 Step by Step

第 1 步 打开素材演示文稿，❶单击【文件】按钮，❷选择【另存为】菜单项，❸选择【PowerPoint 97-2003 放映文件（*.pps）】子菜单项，如图 10-16 所示。

图 10-16

第 2 步 弹出【另存文件】对话框，❶选择保存位置，❷单击【保存】按钮即可完成将演示文稿保存为自动播放文件的操作，如图 10-17 所示。

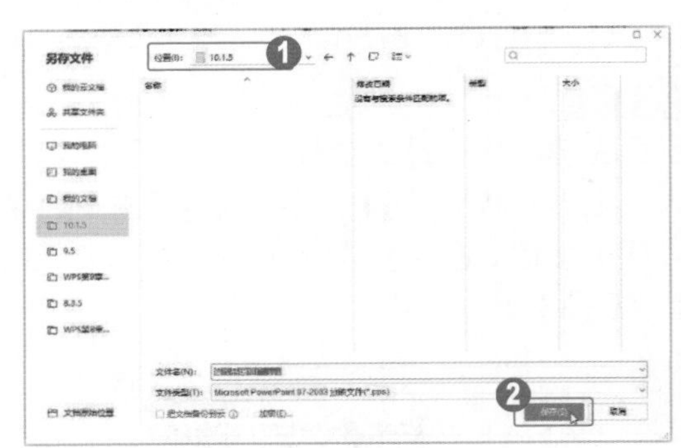

图 10-17

10.2 输出演示文稿

制作好演示文稿后，可将其制作成视频文件，以便在其他计算机中播放，也可以将演示文稿另存为 PDF 文件、模板文件、文档或图片。WPS 演示软件中输出演示文稿的相关操作主要包括打包、打印和发布。

10.2.1 打包演示文稿

将演示文稿打包后，复制到其他计算机中，即使该计算机没有安装 WPS Office 软件，也可以播放该演示文稿。下面介绍打包演示文稿的方法。

操作步骤 Step by Step

第 1 步 打开演示文稿，❶单击【文件】按钮，❷在弹出的菜单中选择【文件打包】选项，❸选择【将演示文档打包成文件夹】选项，如图 10-18 所示。

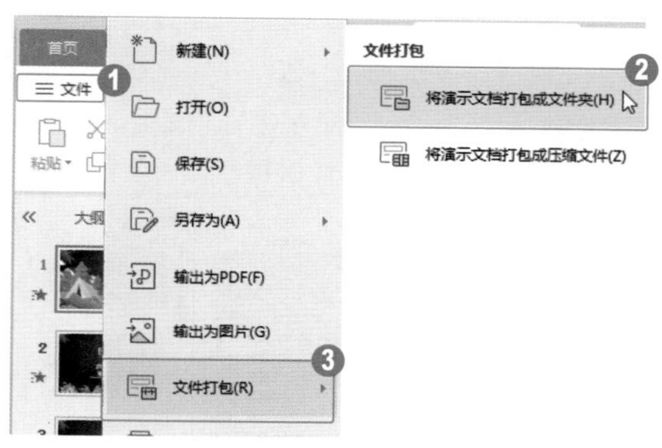

图 10-18

第 3 步 完成打包操作，弹出【已完成打包】对话框，单击【打开文件夹】按钮，如图 10-20 所示。

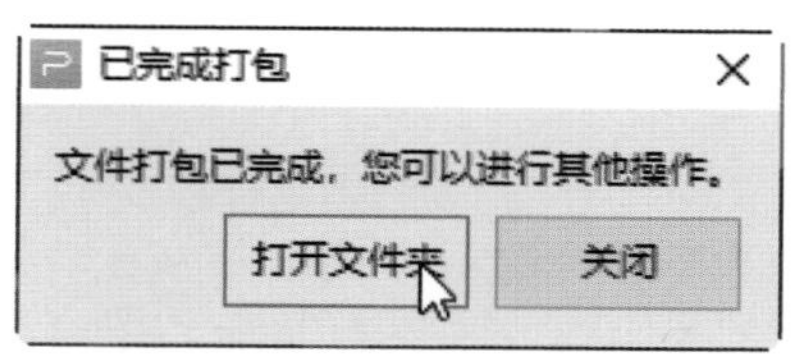

图 10-20

第 2 步 弹出【演示文件打包】对话框，❶在【文件夹名称】文本框中输入名称，❷在【位置】文本框中输入保存位置，❸单击【确定】按钮，如图 10-19 所示。

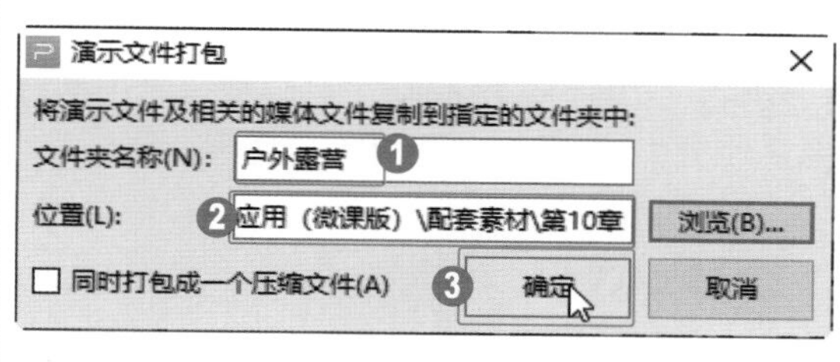

图 10-19

第 4 步 打开文件所在文件夹，可以查看打包结果，如图 10-21 所示。

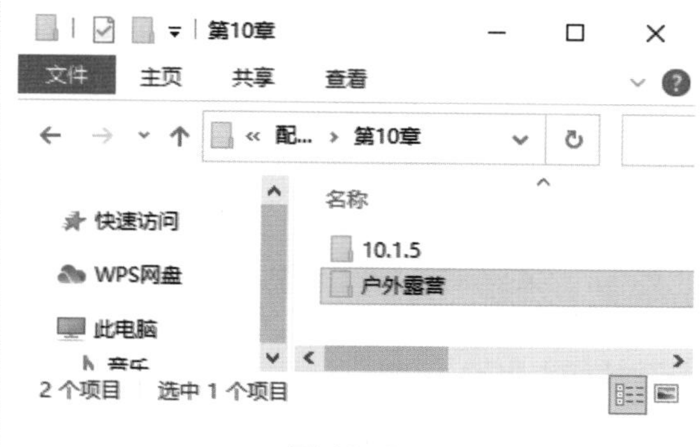

图 10-21

10.2.2 输出为图片

有时为了宣传和展示需要，需要将 PPT 中的多张幻灯片导出，并进行打印，此时可以先将幻灯片保存为图片。下面介绍将演示文稿输出为图片的方法。

操作步骤 Step by Step

第 1 步 打开演示文稿，❶单击【文件】按钮，❷选择【输出为图片】选项，如图 10-22 所示。

第 2 步 弹出【输出为图片】对话框，❶设置选项参数，❷单击【输出】按钮，如图 10-23 所示。

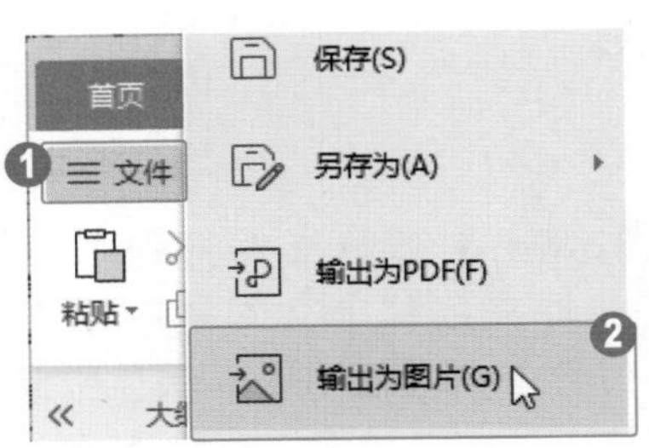

图 10-22

第 3 步 弹出【输出成功】对话框，单击【打开文件夹】按钮，如图 10-24 所示。

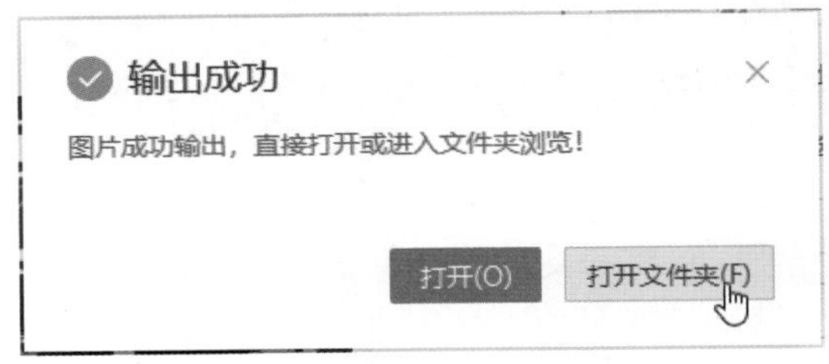

图 10-24

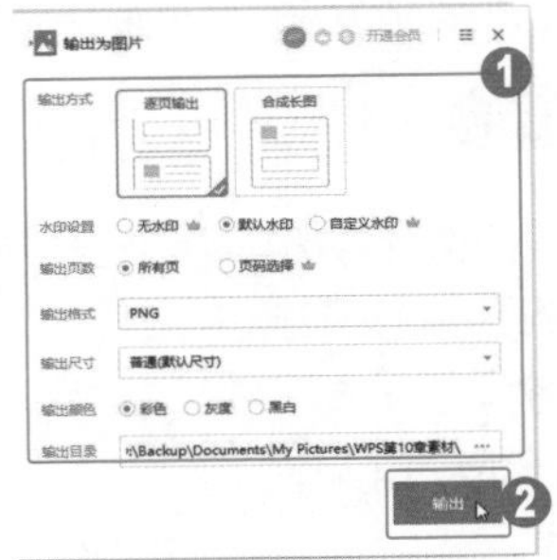

图 10-23

第 4 步 打开图片所在文件夹，即可查看保存的图片，如图 10-25 所示。

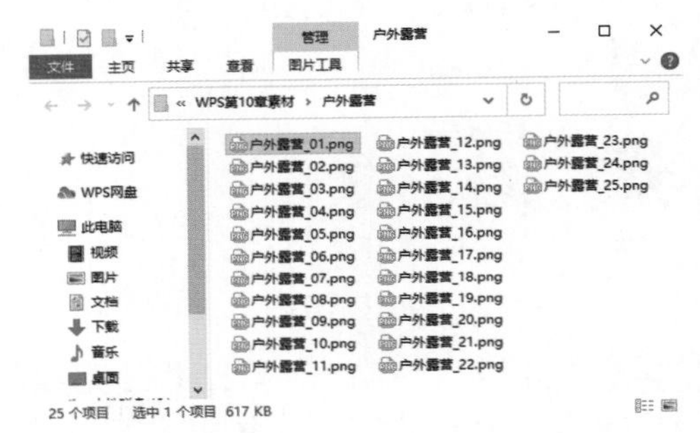

图 10-25

10.2.3 课堂范例——将演示文稿保存为视频

演示文稿制作完成后，用户除了可以将演示文稿保存为自动播放的文件外，还可以将其保存为视频。本范例将详细介绍将演示文稿保存为视频的操作。

<< 扫码获取配套视频课程，本节视频课程播放时长约为 18 秒。

配套素材路径：配套素材/第10章

素材文件名称：摄影日记.pptx

操作步骤 Step by Step

第 1 步 打开素材演示文稿，❶单击【文件】按钮，❷选择【另存为】命令，❸选择【输出为视频】子命令，如图 10-26 所示。

第 2 步 弹出【另存文件】对话框，❶选择保存位置，❷单击【保存】按钮，如图 10-27 所示。

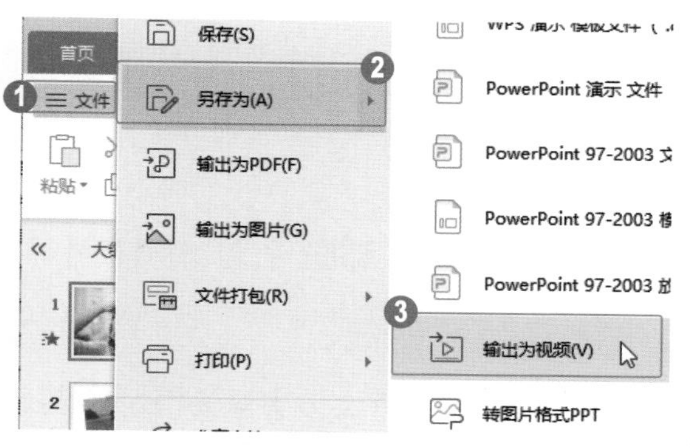

图 10-26

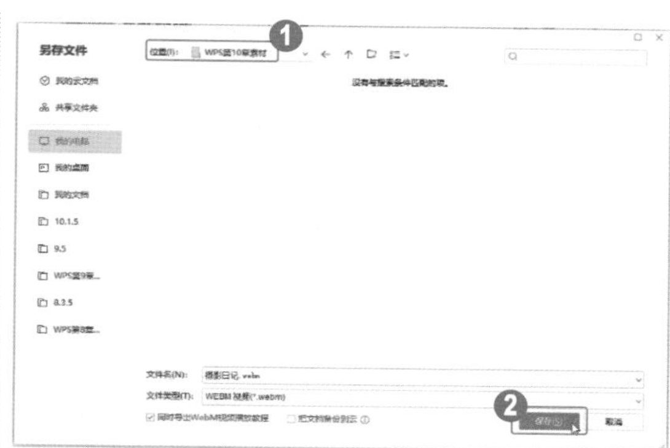

图 10-27

第 3 步 弹出【输出视频完成】对话框，单击【打开所在文件夹】按钮，如图 10-28 所示。

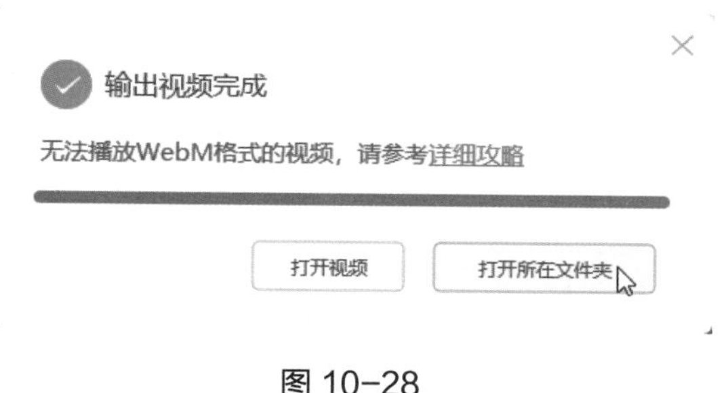

图 10-28

第 4 步 打开视频所在文件夹，即可查看保存的视频，如图 10-29 所示。

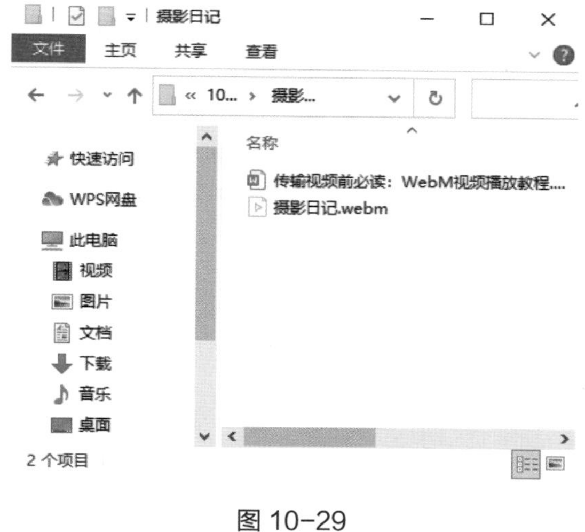

图 10-29

10.3 实战课堂——论文答辩 PPT 的放映

为自己的论文准备 PPT 演示，可以提高答辩效率，有助于通过答辩。本范例将介绍设置论文答辩 PPT 放映的操作，包括放映前的准备工作和设置 PPT 放映。

<< 扫码获取配套视频课程，本节视频课程播放时长约为 1 分 08 秒。

配套素材路径：配套素材/第10章

素材文件名称：毕业答辩.pptx

10.3.1 放映前的准备工作

本小节的主要内容为将演示文稿转换为可放映格式，并对演示文稿进行打包、检查硬件等。

操作步骤 Step by Step

第 1 步 打开素材演示文稿，❶单击【文件】按钮，❷选择【另存为】菜单项，❸选择【PowerPoint 97-2003 放映文件（*.pps）】子菜单项，如图 10-30 所示。

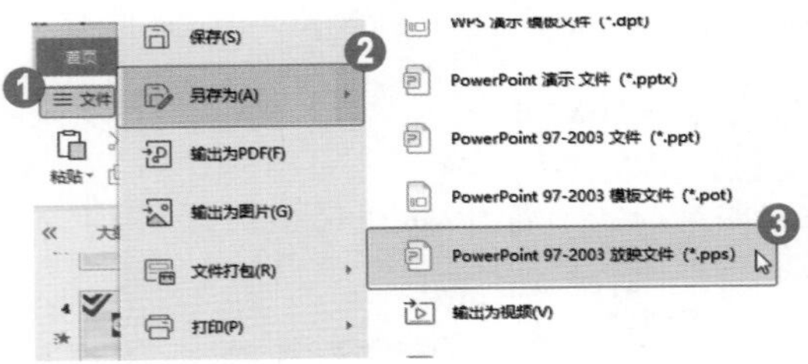

图 10-30

第 2 步 弹出【另存文件】对话框，❶选择保存位置，❷单击【保存】按钮即可完成将演示文稿保存为自动播放文件的操作，如图 10-31 所示。

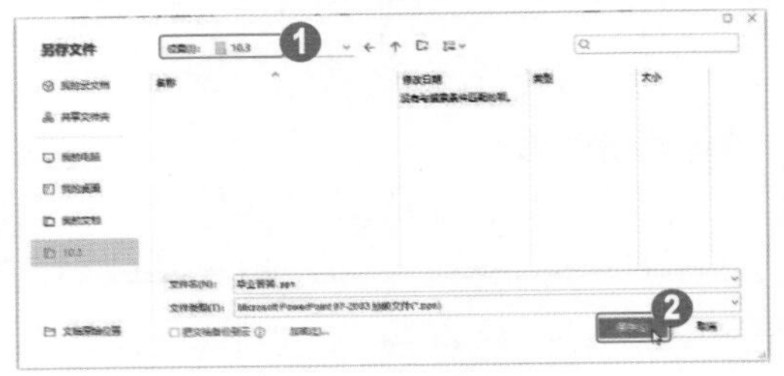

图 10-31

第 3 步 ❶单击【文件】按钮，❷在弹出的下拉菜单中选择【文件打包】菜单项，❸选择【将演示文档打包成文件夹】子菜单项，如图 10-32 所示。

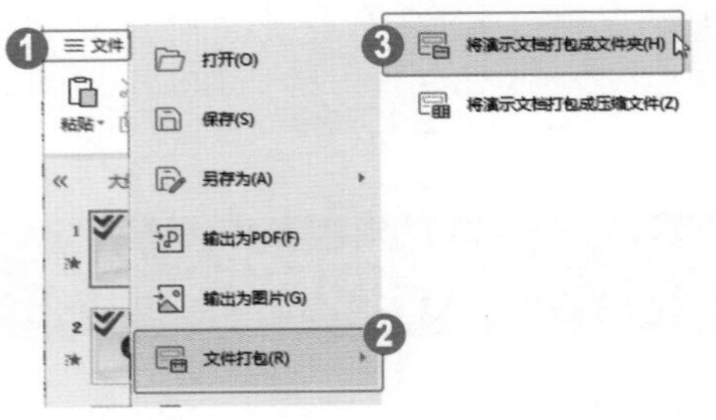

图 10-32

第 4 步 弹出【演示文件打包】对话框，❶在【文件夹名称】文本框中输入名称，❷在【位置】文本框中输入保存位置，❸单击【确定】按钮即可完成操作，如图 10-33 所示。

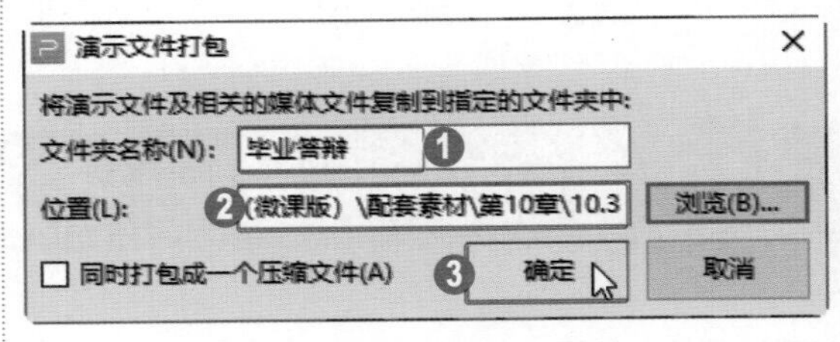

图 10-33

10.3.2 设置 PPT 放映

本小节的主要内容为选择演示文稿的放映方式，并设置演示文稿的放映选项，进行排练计时。

操作步骤

Step by Step

第 1 步 打开演示文稿，❶选择【放映】选项卡，❷单击【放映设置】下拉按钮，❸选择【放映设置】选项，如图 10-34 所示。

图 10-34

第 2 步 弹出【设置放映方式】对话框，❶设置选项，❷单击【确定】按钮即可完成放映方式的设置，如图 10-35 所示。

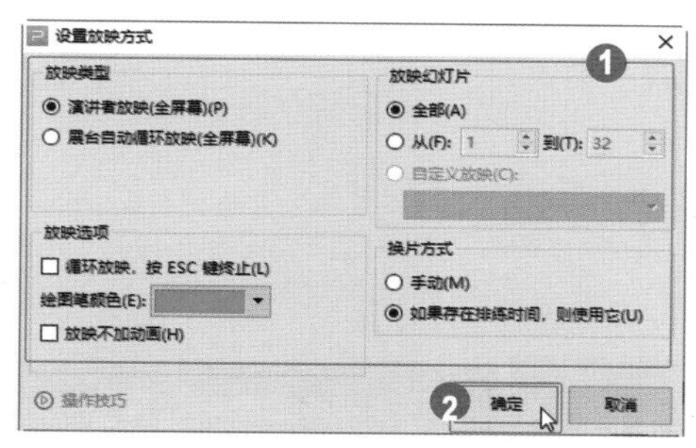

图 10-35

第 3 步 选择第 2 张幻灯片，❶选择【放映】选项卡，❷单击【排练计时】下拉按钮，❸选择【排练当前页】选项，如图 10-36 所示。

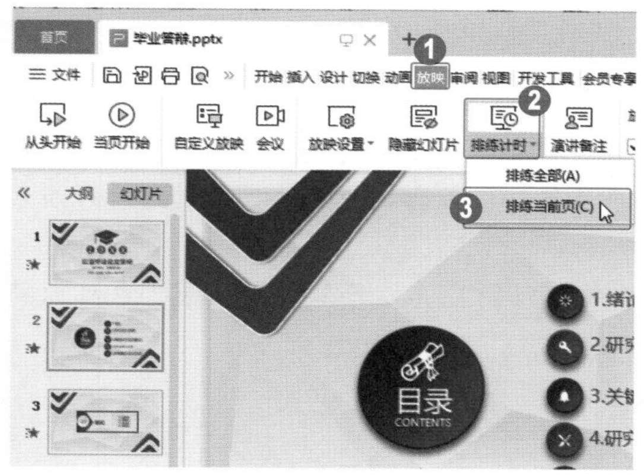

图 10-36

第 4 步 演示文稿自动进入放映状态，左上角会显示【预演】工具栏，中间时间代表当前幻灯片页面放映所需时间，右边时间代表放映所有幻灯片累计所需时间，如图 10-37 所示。

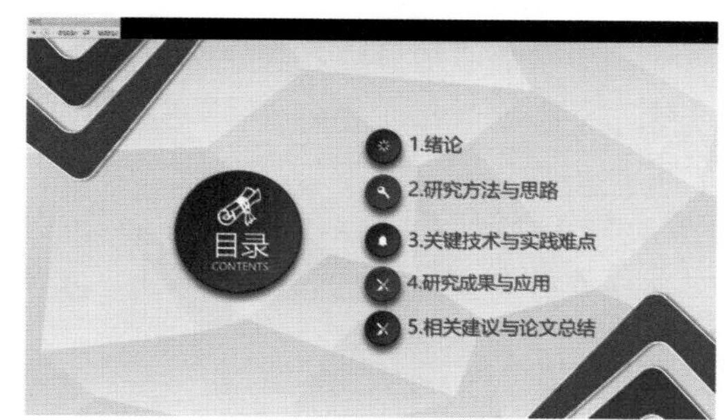

图 10-37

第 5 步 幻灯片播完后单击鼠标左键，会出现【WPS 演示】对话框，询问用户是否保留新的幻灯片排练时间，单击【是】按钮，如图 10-38 所示。

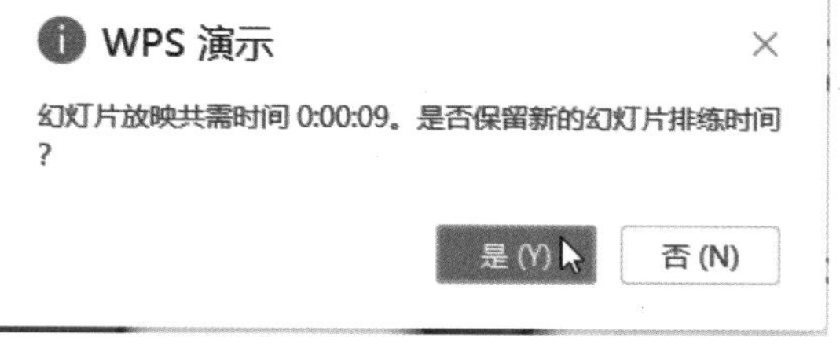

图 10-38

第 6 步 返回至演示文稿，自动进入幻灯片浏览模式，可以看到放映第 2 张幻灯片所需的时间，如图 10-39 所示。

图 10-39

10.4 思考与练习

通过本章的学习，读者可以掌握放映与输出演示文稿的基础知识以及一些常见的操作方法，在本节中将针对本章知识点，进行相关知识测试，以达到巩固与提高的目的。

一、填空题

1. 幻灯片的放映类型包括：________，便于演讲者演讲，演讲者对幻灯片具有完整的控制权，可以手动切换幻灯片和动画；________，这种类型将全屏模式放映幻灯片，并且循环放映，不能单击鼠标手动演示幻灯片，通常用于展览会场或会议中自动播放的幻灯片演示场合中。

2. 制作好演示文稿后，可将其制作成视频文件，以便在其他计算机中播放，也可以将演示文稿另存为 ________、模板文件、文档或 ________。

二、判断题

1. 制作演示文稿的最终目的就是将演示文稿中的幻灯片都放映出来，PPT 演示文稿制作完成后，有的由演讲者播放，有的让观众自行播放，这需要通过设置放映方式来进行控制。（ ）

2. 将演示文稿保存为自动播放的文件的后缀名为 .pptx。（ ）

三、简答题

1. 在 WPS 演示中如何打包演示文稿？
2. 在 WPS 演示中如何自定义演示？

思考与练习答案

第 1 章

一、填空题

1. Ctrl+N
2. Shift+F3

二、判断题

1. 对
2. 对
3. 对

三、简答题

1. 启动 WPS Office，选择【新建】选项。

打开【新建】界面，选择【新建文字】选项卡，单击【新建空白文字】模板，完成建立空白文档的操作。

2. 新建空白文档，选择【页面布局】选项卡，单击【页边距】下拉按钮，在列表中选择一个选项，如果没有满意的边距值，可以选择【自定义页边距】选项。

弹出【页面设置】对话框，在【页边距】选项卡下的【上】【下】【左】【右】微调框中输入数值，单击【确定】按钮，即可完成自定义页边距的操作。

第 2 章

一、填空题

1. 插入手机中的图片
2. 【重设形状和大小】

二、选择题

1. 错
2. 错

三、简答题

1. 新建空白文档，选择【插入】选项卡，单击【形状】下拉按钮，选择一个形状。

鼠标变为十字形状，单击并拖动鼠标绘制形状，至合适大小释放鼠标。

选中形状，在【绘图工具】选项卡中单击【填充】下拉按钮，选择【无填充颜色】选项。

单击【轮廓】下拉按钮，选择一种颜色。

选中形状，用鼠标右键单击形状，选择【添加文字】菜单项，使用输入法输入内容，即可完成操作。

2. 单击选中图片，在【图片工具】选项卡中取消勾选【锁定纵横比】复选框。

在【高度】和【宽度】微调框中输入数值，即可完成调整图片大小的操作。

第 3 章

一、填空题

1. 【表格工具】
2. 【插入表格】

二、选择题

1. 对
2. 错

三、简答题

1. 选中第 1 行单元格，选择【表格样式】选项卡，单击【底纹】下拉按钮，选择一种颜色，第 1 行单元格添加了底纹。

2. 选中表格，选择【表格样式】选项卡，单击【快速样式】下拉按钮，选择一种样式，表格已经应用了样式。

第 4 章

一、填空题

1. 【合并域底纹】
2. 【打开权限】

二、选择题

1. 错
2. 对

三、简答题

1. 打开文档，选择【审阅】选项卡，单击【翻译】下拉按钮，选择【全文翻译】选项。

弹出【全文翻译】对话框，设置【翻译语言】和【翻译页码】选项，单击【立即翻译】按钮。

等待一段时间，WPS 即可完成翻译。

2. 打开“店庆宣传文案”文档，选中图表，选择【引用】选项卡，单击【题注】按钮。

弹出【题注】对话框，单击【新建标签】按钮。

弹出【新建标签】对话框，在【标签】文本框中输入“图”，单击【确定】按钮。

返回【题注】对话框，单击【确定】按钮。

可以看到图表下方自动添加了题注“图 1”。

第 5 章

一、填空题

1. Ctrl+N
2. 数字型

二、选择题

1. 对
2. 对

三、简答题

1. 新建空白工作簿，选中 A1 单元格，输入“2022/8/30”，按下 Enter 键完成日期的输入。

选中 B1 单元格，输入“18:00”，按 Enter 键完成时间的输入。

2. 选中整个表格，在【开始】选项卡中单击【表格样式】下拉按钮，选择一种样式。

弹出【套用表格样式】对话框，在【表数据的来源】文本框中显示选择的表格区域，确认无误后单击【确定】按钮。

返回表格中，即可查看套用表格样式的效果。

第 6 章

一、填空题

1. 多重排序
2. “自动筛选”

二、选择题

1. 对
2. 错
3. 对
4. 错

三、简答题

1. 选中数据区域的任意单元格，选择【数据】选项卡，单击【排序】下拉按钮，选择【自定义排序】选项。

弹出【排序】对话框，设置【主要关键字】为【所属部门】选项，【排序依据】为【数值】选项，【次序】为【升序】选项，单击【添加】按钮。

此时，表格中的数据会根据“所属部门”的拼音首字母进行升序排列，单击【数据】选项卡中的【分类汇总】按钮。

弹出【分类汇总】对话框，在【分类字段】列表中选择【所属部门】选项，在【汇总方式】列表中选择【求和】选项，在【选定汇总项】列表中勾选【金额】复选框，单击【确定】按钮。

此时，即可得到按照“所属部门”对费用金额进行汇总的第 3 级汇总结果。

单击汇总区域左上角的数字按钮【2】，即可查看第 2 级汇总结果。

2. 选中数据区域中的任意单元格，选择【数据】选项卡，单击【排序】下拉按钮，选择【自定义排序】选项。

弹出【排序】对话框，设置【主要关键字】为【销售区域】选项，【排序依据】为【数值】选项，【次序】为【升序】选项，单击【添加】按钮。

此时，添加一组新的排序条件，设置【次要关键字】为【销售额】选项，【排序依据】为【数值】选项，【次序】为【降序】选项，单击【确定】按钮。

数据在根据“专业知识”进行升序排序的基础上，按照“工作业绩”进行升序排序。

3. 选中单元格区域，在【开始】选项卡中单击【条件格式】下拉按钮，选择【数据条】选项，选择一种数据条样式，选中的单元格区域已经添加了数据条。

第 7 章

一、填空题

1. 条形图
2. F11

二、选择题

1. 错
2. 错

三、简答题

1. 选中数据区域任意单元格，选择【插入】选项卡，单击【数据透视表】按钮。

弹出【创建数据透视表】对话框，单击【请选择单元格区域】单选按钮，单击【现有工作表】单选按钮，单击【确定】按钮。

打开【数据透视表】窗格，用户可以在其中添加数据字段，即可完成创建数据透视表的操作。

2. 选中图表，将鼠标指针移动至图表上，指针变为十字箭头形状，根据需要拖动鼠标即可移动图表。

选中图表，将鼠标指针移动至图表右下角控制柄上，指针变为双箭头形状。

向图表外侧拖动鼠标指针至合适位置，释放鼠标指针，即可扩大图表。

第 8 章

一、填空题

1. 【重设大小】

2. 【取消组合】

二、选择题

1. 错
2. 对

三、简答题

1. 选中准备插入图片的幻灯片缩略图，选择【插入】选项卡，单击【图片】下拉按钮，单击【本地图片】按钮。

弹出【插入图片】对话框，选中图片，单击【打开】按钮，图片即插入文本框中。

2. 选中准备插入艺术字的幻灯片缩略图，执行【插入】→【艺术字】命令，选择一种样式。

幻灯片中插入了一个艺术字文本框，使用输入法输入内容，调整艺术字的位置，通过以上步骤即可完成在幻灯片中插入艺术字的操作。

第 9 章

一、填空题

1. 超链接、动作按钮
2. Excel 表格

二、选择题

1. 对
2. 对

三、简答题

1. 选中准备插入音频的幻灯片缩略图，选择【插入】选项卡，单击【音频】下拉按钮，选择【嵌入音频】选项。

弹出【插入音频】对话框，选择音频所在位置，选中音频文件，单击【打开】按钮。

可以看到音频已经插入幻灯片中，在【音频工具】选项卡中单击【音量】下拉按钮，选择【高】选项。

单击【音频工具】选项卡中的【裁剪音频】按钮。

弹出【裁剪音频】对话框，在【结束时间】微调框中输入“01:47.15”，单击【确定】按钮，即可完成设置插入的音频的操作。

2. 选中幻灯片缩略图，选择【插入】选项卡，单击【形状】下拉按钮，选择【动作按钮：前进或下一项】选项。

鼠标指针变为十字形状，拖动鼠标左键在幻灯片中绘制动作按钮，至合适大小释放鼠标左键。

弹出【动作设置】对话框，单击【超连接到】单选按钮，选择下一张幻灯片选项，勾选【播放声音】复选框，选择【捶打】选项，单击【确定】按钮。

返回到幻灯片，按钮处于被选中状态，自动切换至【绘图工具】选项卡，单击【形状样式】下拉按钮，在弹出的样式库中选择一种样式，通过以上步骤即可完成为幻灯片添加动作按钮与链接的操作。

第 10 章

一、填空题

1. 演讲者播放（全屏幕）、在展台浏览（全屏幕）
2. PDF 文件、图片

二、选择题

1. 对
2. 错

三、简答题

1. 打开演示文稿，单击【文件】按钮，在弹出的选项中选择【文件打包】选项，选择【将演示文档打包成文件夹】选项。

弹出【演示文件打包】对话框，在【文件夹名称】文本框中输入名称，在【位置】文本框中输入保存位置，单击【确定】按钮。

完成打包操作，弹出【已完成打包】对话框，单击【打开文件夹】按钮，打开文件所在文件夹，可以查看打包结果。

2. 打开演示文稿，选择【幻灯片放映】选项卡，单击【自定义放映】按钮。

弹出【自定义放映】对话框，单击【新建】按钮。

弹出【定义自定义放映】对话框，在左侧列表框中选择幻灯片，单击【添加】按钮，右侧列表框中即可显示选中的幻灯片，单击【确定】按钮。

返回【自定义放映】对话框，已经创建了名为“自定义放映 1”的放映，单击【放映】按钮，即可开始放映。